新課程

実力をつける，実力をのばす

体系数学2　幾何編
パーフェクトガイド

JN086599

　この本は，数研出版が発行するテキスト「新課程　体系数学2　幾何編」に沿って編集されたもので，テキストで学ぶ大切な内容をまとめた参考書です。

　テキストに取り上げられたすべての問題の解説・解答に加え，オリジナルの問題も掲載していますので，この本を利用して実力を確かめ，さらに実力をのばしましょう。

【この本の構成】

学習のめあて　そのページの学習目標を簡潔にまとめています。学習が終わったとき，ここに記された事柄が身についたかどうかを，しっかり確認しましょう。

学習のポイント　そのページの学習内容の要点をまとめたものです。

テキストの解説　テキストの本文や各問題について解説したものです。テキストの理解に役立てましょう。

テキストの解答　テキストの練習の解き方と解答をまとめたものです。答え合わせに利用するとともに，答えを間違ったり，問題が解けなかったときに参考にしましょう。
（テキストの確認問題，演習問題の解答は，次の確かめの問題，実力を試す問題の解答とともに，巻末にまとめて掲載しています。）

確かめの問題　テキストの内容を確実に理解するための補充問題を，必要に応じて取り上げています。基本的な力の確認に利用しましょう。

実力を試す問題　テキストで身につけた実力を試す問題です。問題の中には，少しむずかしい問題もありますが，どんどんチャレンジしてみましょう。

　この本の各ページは，「新課程　体系数学2　幾何編」の各ページと完全に対応していますので，効率よくそして確実に，学習を行うことができます。

　この本が，みなさまのよきガイド役となって，これから学ぶ数学がしっかりと身につくことを願っています。

目　次

この本の目次は，体系数学テキストの目次とぴったり一致しています。

1 幾何編の復習問題の解答

$\boxed{1}$ (1) 弧の長さは

$$2\pi \times 5 \times \frac{216}{360} = \mathbf{6\pi} \ (\mathbf{cm})$$

面積は

$$\pi \times 5^2 \times \frac{216}{360} = \mathbf{15\pi} \ (\mathbf{cm^2})$$

(2) 底面積は

$$\pi \times 4^2 = 16\pi \ (\mathrm{cm^2})$$

側面となる扇形の半径は，円錐の母線の長さに等しく　　12 cm

また，扇形の弧の長さは，底面の円周の長さに等しいから

$$2\pi \times 4 \quad \text{すなわち} \quad 8\pi \ \mathrm{cm}$$

よって，側面積は

$$\frac{1}{2} \times 8\pi \times 12 = 48\pi \ (\mathrm{cm^2})$$

したがって，表面積は

$$16\pi + 48\pi = \mathbf{64\pi} \ (\mathbf{cm^2})$$

(3) $\dfrac{1}{3} \times \left(\dfrac{1}{2} \times 6 \times 6\right) \times 6 = \mathbf{36} \ (\mathbf{cm^3})$

$\boxed{2}$ (1) 右の図のように ℓ に平行な直線 n を引く。
図において，
錯覚は等しいから

$$\angle a = 35°$$

よって　　$\angle b = 80° - 35° = 45°$

したがって　　$\angle x = \angle b = \mathbf{45°}$

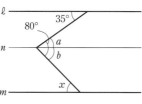

(2) 右の図のように各頂点を定める。
$\triangle$CDE において

$$\angle \mathrm{BEC}$$
$$= 75° + 40° = 115°$$

よって，$\triangle$ABE において

$$\angle x = 115° - 45° = \mathbf{70°}$$

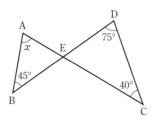

---

1 幾何編の復習問題

$\boxed{1}$ 次の問いに答えなさい。

(1) 半径が 5 cm，中心角が 216° の扇形の弧の長さと面積を求めなさい。

(2) 底面の半径が 4 cm，母線の長さが 12 cm である円錐の表面積を求めなさい。

(3) 右の図は，1 辺の長さが 6 cm の立方体である。この立方体の 4 点 A, B, C, F を頂点とする立体の体積を求めなさい。

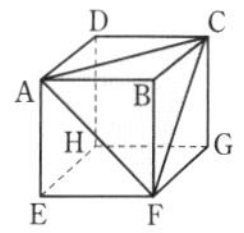

$\boxed{2}$ 下の図において，$\angle x$ の大きさを求めなさい。

(1)

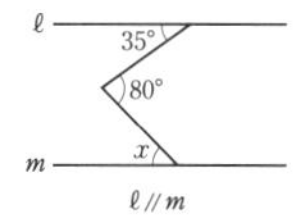

(2)

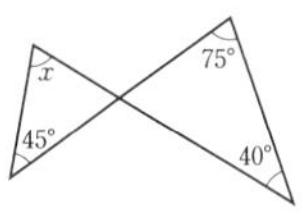

$\boxed{3}$ 右の図のように，$\square$ABCD の対角線の交点 O を通る直線が，2 辺 AB, DC とそれぞれ E, F で交わっている。
このとき，$\triangle$BOE $\equiv$ $\triangle$DOF であることを証明しなさい。

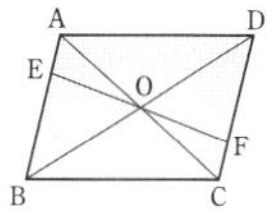

$\boxed{3}$ $\triangle$BOE と $\triangle$DOF において
平行四辺形の対角線は，それぞれの中点で交わるから

$$\mathrm{BO} = \mathrm{DO} \qquad \cdots\cdots ①$$

対頂角は等しいから

$$\angle \mathrm{BOE} = \angle \mathrm{DOF} \qquad \cdots\cdots ②$$

平行線の錯覚は等しいから

$$\angle \mathrm{EBO} = \angle \mathrm{FDO} \qquad \cdots\cdots ③$$

①，②，③より，1 組の辺とその両端の角がそれぞれ等しいから

$$\triangle \mathrm{BOE} \equiv \triangle \mathrm{DOF}$$

第1章　図形と相似

▌▌この章で学ぶこと▌▌

1．相似な図形（6～10ページ）

小学校で学んだ図形の拡大や縮小をもとにして，相似な2つの図形を考え，その性質を明らかにします。

また，相似な図形の相似比に着目して，辺の長さを求めることを学びます。

> **新しい用語と記号**
> 相似，∽，相似比，相似の位置，相似の中心

2．三角形の相似条件（11～16ページ）

2つの三角形が相似になるための条件を考えます。

また，相似な三角形を利用して，線分の長さを求めたり，図形の性質を明らかにしたりすることを学びます。

> **新しい用語と記号**
> 三角形の相似条件

3．平行線と線分の比（17～24ページ）

三角形と平行な直線からできる線分の比に関する性質を導き，それらを利用した問題を考えます。また，三角形の内角や外角の二等分線と線分の比に関して成り立つ性質を明らかにします。

4．中点連結定理（25～27ページ）

三角形の2辺の中点を結んだ線分の性質を考えるとともに，中点連結定理を利用して，図形の性質を証明します。

> **新しい用語と記号**
> 中点連結定理

5．相似な図形の面積比，体積比（28～34ページ）

相似な図形の相似比と面積の比の関係を考え，その結果を用いて，相似な図形の面積を求めます。

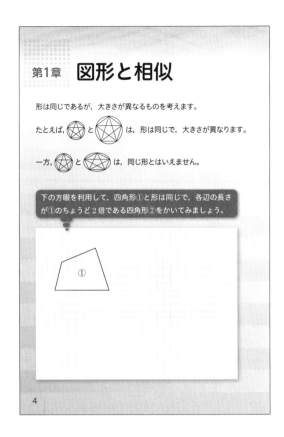

また，相似な立体の意味を明らかにして，相似な立体の相似比と表面積の比や体積の比の関係を考えます。

> **新しい用語と記号**
> 面積比，連比，相似，相似比，表面積比，体積比

6．相似の利用（35～38ページ）

相似な図形の性質を利用して，距離や高さを求めることや身のまわりの問題を考えます。

▌▌テキストの解説▌▌

□図形の拡大と縮小

○図形を，あらゆる方向に同じ割合でのばすことが拡大であり，同じ割合で縮めることが縮小である。

○図形を一定の方向にだけのばしたり縮めたりすることは，図形の拡大や縮小ではない。

○図形を拡大したり縮小したりすると，図形の大きさは変わるが，その形はもとの図形と同じである。

■■テキストの解説■■

□ 図形の拡大と縮小（前ページの続き）

○この章では，大きさは異なるが形が同じである２つの図形（このような２つの図形は相似であるという）について考察する。

□ 図形の拡大（前ページの続き）

○たとえば，方眼の上にかかれた図形を２倍に拡大するには，方眼の目が縦にも横にも２倍になった方眼を考えるとよい。そこに対応する点を順にとってそれらをつなげてできる図形はもとの図形の２倍の拡大図になる。

○次の図は，テキスト４ページの四角形①を，方眼を利用して２倍に拡大した四角形②である。

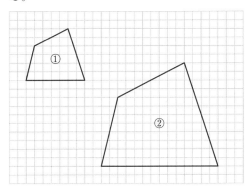

○次の図のように，

直線 CA 上に CA′＝2CA となる点 A′
直線 CB 上に CB′＝2CB となる点 B′
直線 CD 上に CD′＝2CD となる点 D′
をとると，四角形 A′B′C′D′ は四角形 ABCD を２倍に拡大した図形になる。

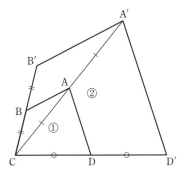

自分の中に自分と同じ形のより小さい形を含む図形を，フラクタル図形といいます。
フラクタル図形は，自然界の中に多く見られます。

←ロマネスコ
（アブラナ科の植物）

第１章

Fractal

←雪の結晶

→オウムガイ

自然界で見られるフラクタル図形には，わたしたちの生活に役立つ特徴をもつものもあり，自然界をお手本にしたものづくりが始まっています。たとえば，近年では，フラクタル図形の性質を利用した日よけが開発されています。調べてみましょう。

5

○左の図のどちらの場合も，四角形①と②の形は同じである。また，四角形②の各辺の長さは，四角形①の対応する各辺の長さの２倍になっている。

□ フラクタル図形

自分の中に自分と同じ形のより小さい形を含む図形を，フラクタル図形といい，フラクタル図形は，自然界の中に多く見られます。テキストに示したロマネスコ，オウムガイ，雪の結晶以外にも，山の形や雲の形，海岸線，樹木など，また，絵画や彫刻などの美術にも見られることが知られています。
樹木は木陰をつくり，暑さをやわらげたり，さわやかな空間をつくってくれます。
このような自然界をお手本にしたものづくりも始まっており，フラクタル図形の性質を利用した日よけが開発されています。

1. 相似な図形

学習のめあて

図形の拡大と縮小をもとに，相似な図形の意味を知ること。

学習のポイント

相似な図形

2つの図形の一方を拡大または縮小した図形が他方と合同になるとき，この2つの図形は **相似** であるという。

■■テキストの解説■■

□相似な図形

○図形の拡大と縮小，拡大図，縮図については，小学校で学んだ。

○ある図形を，その形を変えないで大きくすることが拡大であり，小さくすることが縮小である。

○拡大図や縮図ともとの図形を比べると，対応する角の大きさはそれぞれ等しく，対応する辺の長さの比はすべて等しい。

○テキストの四角形 ABCD を2倍に拡大した図形をかくには，方眼の目が縦にも横にも2倍になった方眼を考えるとよい。そこに四角形 ABCD の頂点 A，B，C，D と対応する点 E，F，G，H をとり，それらを結んで四角形 EFGH をつくれば，四角形 EFGH はもとの四角形 ABCD を2倍に拡大した図形になる。

□練習1

○次の点に着目して，△ABC と相似な三角形を選ぶ。

[1] それぞれの辺の長さの比

[2] それぞれの角の大きさ

○△ABC は直角三角形であるから，角の大き

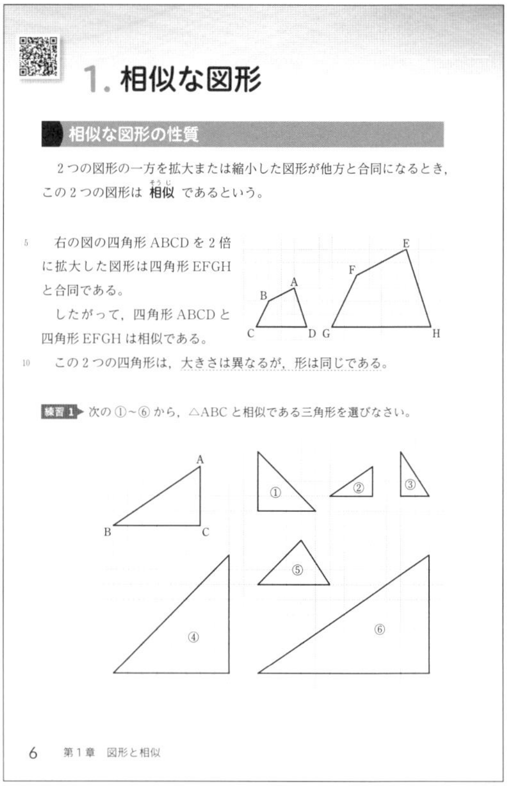

1. 相似な図形

相似な図形の性質

2つの図形の一方を拡大または縮小した図形が他方と合同になるとき，この2つの図形は **相似** であるという。

5　　右の図の四角形 ABCD を2倍に拡大した図形は四角形 EFGH と合同である。

したがって，四角形 ABCD と四角形 EFGH は相似である。

10　　この2つの四角形は，大きさは異なるが，形は同じである。

練習1 次の①～⑥から，△ABC と相似である三角形を選びなさい。

さに着目すると，⑤は△ABC と相似でないことがわかる。

○また，辺の長さに着目すると，①，④は二等辺三角形であることから，これらも△ABC と相似でないことがわかる。

○そこで，残りの②，③，⑥を調べる。

○④は①を2倍に拡大したもので，これら2つの三角形も相似である。

■■テキストの解答■■

練習1　②は△ABC を $\frac{1}{2}$ 倍に縮小した図形である。

③は②を時計の針の回転と同じ向きに $90°$ だけ回転移動した図形である。

⑥は△ABC を2倍に拡大した図形である。

よって，△ABC と相似である三角形は

②と③と⑥

学習のめあて

相似な図形の辺の長さや角の大きさについて成り立つ性質を理解すること。

学習のポイント

対応する点，辺，角

2つの相似な図形において，一方の図形を拡大または縮小したとき，

他方にぴったりと重なる点を対応する点
他方にぴったりと重なる辺を対応する辺
他方にぴったりと重なる角を対応する角

という。

相似な図形の性質

[1] 相似な図形では，対応する線分の長さの比は，すべて等しい。

[2] 相似な図形では，対応する角の大きさは，それぞれ等しい。

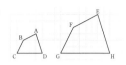

2つの相似な図形において，一方の図形を拡大または縮小して，他方にぴったりと重なる点，辺，角を，それぞれ対応する点，対応する辺，対応する角という。

相似な図形の対応する辺や対応する角の関係を考えよう。

5　右の図において，四角形 ABCD と四角形 EFGH は相似である。

この2つの四角形について，次のことが成り立つ。

10　[1] 辺の長さについて

AB：EF＝1：2，　BC：FG＝1：2，
CD：GH＝1：2，　DA：HE＝1：2

となり，対応する辺の長さの比はすべて等しい。

[2] 角の大きさについて

15　∠A＝∠E，∠B＝∠F，∠C＝∠G，∠D＝∠H

となり，対応する角の大きさはそれぞれ等しい。

一般に，相似な図形の対応する線分の長さの比や対応する角の大きさについて，次のことが成り立つ。

相似な図形の性質

20　[1] 相似な図形では，対応する線分の長さの比は，すべて等しい。

[2] 相似な図形では，対応する角の大きさは，それぞれ等しい。

▌▌テキストの解説▌▌

□ 相似な図形の性質

○2つの図形が相似であるとき，その一方の図形は他方の図形を拡大または縮小したものである。

○テキストの四角形 EFGH は四角形 ABCD を2倍に拡大したものであるから，四角形 EFGH の各辺の長さは，四角形 ABCD の各辺の長さの2倍である。

→　AB：EF＝1：2，BC：FG＝1：2，
CD：GH＝1：2，DA：HE＝1：2

→　対応する辺（AB と EF，BC と FG，CD と GH，DA と HE）の長さの比は，すべて等しい

○このとき，たとえば，対角線 AC には対角線 EG が対応し，AC：EG＝1：2も成り立つ。

○また，拡大，縮小した図形は，もとの図形と大きさは異なるが，形は同じである。

○したがって，四角形 ABCD の各角は四角形 EFGH の各角に重なる。

→　∠A＝∠E，∠B＝∠F，∠C＝∠G，∠D＝∠H

→　対応する角（∠A と ∠E，∠B と ∠F，∠C と ∠G，∠D と ∠H）の大きさは，それぞれ等しい。

○たとえば，四角形 ABCD を3倍に拡大した図形についても，$\frac{1}{2}$ 倍に縮小した図形についても，対応する辺と角について，同じことが成り立つ。

○また，四角形に限らず，どんな多角形を拡大，縮小しても同じことが成り立つ。

○相似な図形の性質は，拡大図や縮図ともとの図形について成り立つ性質を，相似の言葉を用いて言い直したものと考えればよい。

学習のめあて

相似な図形の対応する辺や対応する角について理解すること。

学習のポイント

記号∽

2つの図形が相似であることを，記号∽を使って表す。

例 △ABC と△DEF が相似であるとき，

$$△ABC∽△DEF$$

と書く。

■■テキストの解説■■

□相似な図形の表し方

○次の図のような2つの三角形 ABC と DEF が合同であるとき，対応する頂点の順に

$$△ABC≡△DEF$$

と書く。このことは既に学んでいる。

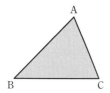

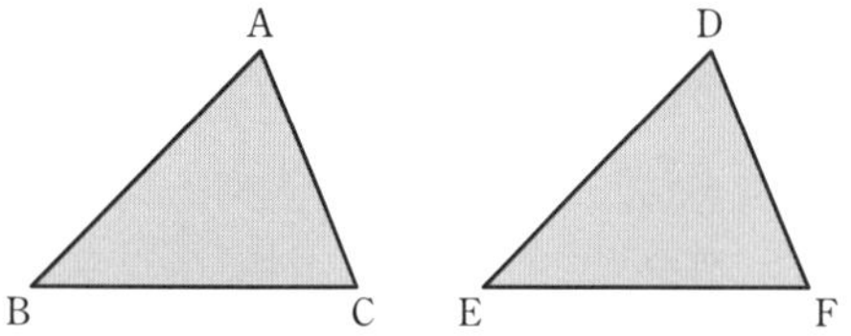

○相似な図形を表す場合も同じである。対応する頂点を周にそって順に並べて書くことに注意する。

□練習2

○四角形 ① を2倍に拡大したものが四角形 ② である。

○これら相似な四角形を，記号∽を使って表す。表す要領は三角形の場合と同じである。すなわち，対応する頂点(A と E，B と F，C と G，D と H)を四角形の周にそって並べて書く。

○(2) 頂点 A と E，B と F がそれぞれ対応するから，辺 AB と辺 EF が対応する。

2つの図形が相似であることを，記号 ∽ を使って表す。たとえば，三角形 ABC と三角形 DEF が相似であることは

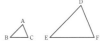

$$△ABC∽△DEF$$

と表し，「三角形 ABC 相似 三角形 DEF」と読む。
このように，相似な多角形について，記号 ∽ を用いるときは，対応する頂点を周にそって順に並べて書く。

練習2 次の図の①と②について，下の問いに答えなさい。

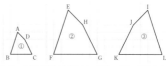

(1) 2つの図形が相似であることを，記号 ∽ を使って表しなさい。
(2) 次の辺や角に対応する辺や角を答えなさい。
  (ア) 辺 AB   (イ) ∠G

練習2の図において，③は②を裏返したものであり，2つの四角形は合同である。また，①と②は相似である。このような場合，①と③も相似であるといえる。

練習3 練習2の図の①と③について，次の問いに答えなさい。
(1) 2つの図形が相似であることを，記号 ∽ を使って表しなさい。
(2) 次の辺や角に対応する辺や角を答えなさい。
  (ア) 辺 BC   (イ) 辺 IJ   (ウ) ∠C   (エ) ∠I

8 　第1章 図形と相似

□練習3

○相似な図形を裏返した図形を考える。

○2つの図形が相似であるとは，2つの図形の一方を拡大または縮小した図形が他方と合同になることである(テキスト6ページ)。①を2倍に拡大した図形は③と合同であるから，①と③は相似である。

○このとき，対応する頂点(A と I，B と L，C と K，D と J)に注意する。

■■テキストの解答■■

練習2 (1) **四角形 ABCD∽四角形 EFGH**

(2) (ア) 辺 AB と対応する辺は **辺 EF**

(イ) ∠G と対応する角は **∠C**

練習3 (1) **四角形 ABCD∽四角形 ILKJ**

(2) (ア) 辺 BC と対応する辺は **辺 LK**

(イ) 辺 IJ と対応する辺は **辺 AD**

(ウ) ∠C と対応する角は **∠K**

(エ) ∠I と対応する角は **∠A**

相似な図形の相似比と対応する辺の長さの
比について理解すること。

学習のポイント

相似比

相似な図形で，対応する線分の長さの比を
相似比 という。

■■テキストの解説■■

□**相似比**

○相似比とは，拡大，縮小したときの比率であ
り，対応する辺の長さの比である。

○比 $a:b$ に対して，$\dfrac{a}{b}$ がその比の値である。

図形 ① を2倍に拡大した図形が ② であると
き，②と①の相似比は 2（← 比の値）である
ということもある。

□**練習4**

○1組の対応する辺の長さの比を考え，相似比
を求める。

○②と③は合同である。合同な図形は，相似な
図形の特別な場合と考えることができる。

□**例1，練習5**

○相似な図形において，相似比から対応する線
分の長さを求める。

○比について成り立つ次の性質を利用する。

$$a:b=c:d \quad \text{ならば} \quad ad=bc$$

この性質は，今後いろいろな場面で利用する
から，しっかり身につけておこう。

■■テキストの解答■■

練習4 (1) ①と③の対応する線分の長さの比
は

$$BC:LK=1:2$$

よって，①と③の相似比は **1:2**

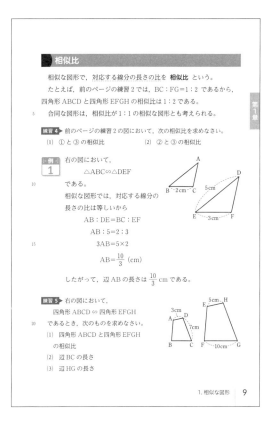

■**相似比**

相似な図形で，対応する線分の長さの比を **相似比** という。

たとえば，前のページの練習2では，BC：FG＝1：2 であるから，
四角形 ABCD と四角形 EFGH の相似比は 1：2 である。

合同な図形は，相似比が1：1の相似な図形とも考えられる。

練習4▶ 前のページの練習2の図において，次の相似比を求めなさい。
(1) ①と③の相似比　　(2) ②と③の相似比

例1 右の図において，
△ABC∽△DEF
である。
相似な図形では，対応する線分の
長さの比は等しいから
AB：DE＝BC：EF
AB：5＝2：3
3AB＝5×2
AB＝$\dfrac{10}{3}$ (cm)

したがって，辺 AB の長さは $\dfrac{10}{3}$ cm である。

練習5▶ 右の図において，
四角形 ABCD ∽ 四角形 EFGH
であるとき，次のものを求めなさい。
(1) 四角形 ABCD と四角形 EFGH
の相似比
(2) 辺 BC の長さ
(3) 辺 HG の長さ

1. 相似な図形　9

(2) ②と③の対応する線分の比は
$$FG:LK=1:1$$
よって，②と③の相似比は **1:1**

練習5 (1) 2つの四角形の対応する線分の長
さの比は　　AD：EH＝3：5
よって，相似比は **3:5**

(2) 相似な図形では，対応する線分の長さ
の比は等しいから
$$BC:FG=3:5$$
$$BC:10=3:5$$
$$BC\times5=10\times3$$
$$BC=6$$
したがって　　BC＝**6 cm**

(3)
$$DC:HG=3:5$$
$$7:HG=3:5$$
$$7\times5=HG\times3$$
$$HG=\dfrac{35}{3}$$
したがって　HG＝$\dfrac{35}{3}$ **cm**

学習のめあて

相似の位置にある図形と相似の中心について理解すること。

学習のポイント

相似の位置

2つの相似な図形で，対応する2点を通る直線がすべて1点Oで交わり，Oから対応する点までの距離の比がすべて等しいとき，それらの図形は **相似の位置** にあるといい，点Oを **相似の中心** という。相似の位置にある2つの図形で，相似の中心から対応する点までの距離の比は，2つの図形の相似比に等しい。

■■テキストの解説■■

□相似の中心

○拡大図や縮図をかくには，適当な点Oを決めて，もとの図形の頂点と点Oを結んだ直線上に，点Oからの距離の比（拡大・縮小の比率）が一定になる点をとればよい。

○相似の中心Oはどこにとってもよく，もとの図形の頂点であってもよい。

□練習6

○与えられた点を相似の中心として，もとの図形を$\frac{1}{2}$倍に縮小した図形をかく。

○(1) 相似の中心Oと頂点A，B，Cを結ぶ直線OA，OB，OC上に，それぞれ

$$OA'=\frac{1}{2}OA, \quad OB'=\frac{1}{2}OB, \quad OC'=\frac{1}{2}OC$$

となる点A'，B'，C'をとり，△A'B'C'をつくる。

○(2)も同様である。(1)は相似の中心がもとの図形の外部にある場合，(2)は相似の中心がもとの図形の内部にある場合であるが，いずれの場合も，求める図形は2つ得られることに注

■ 相似の位置

たとえば，四角形 ABCD を2倍に拡大した四角形 A'B'C'D' は，適当な点Oをとり，

OA'＝2OA， OB'＝2OB， OC'＝2OC， OD'＝2OD

となるように，頂点 A'，B'，C'，D' をとればかくことができる。

次の図は，四角形 ABCD を2倍に拡大した四角形 A'B'C'D' を2つかいたものである。これらの四角形は，四角形 ABCD と相似である。

この方法では，拡大または縮小した図形を2つかくことができる。

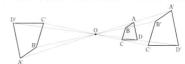

2つの相似な図形で，対応する2点を通る直線がすべて1点Oで交わり，Oから対応する点までの距離の比がすべて等しいとき，それらの図形は **相似の位置** にあるといい，点Oを **相似の中心** という。相似の位置にある2つの図形で，相似の中心から対応する点までの距離の比は，2つの図形の相似比に等しい。

練習6 次の図の点Oを相似の中心として，それぞれの図形を$\frac{1}{2}$倍に縮小した図形をかきなさい。

(1)　　　　　　　　　　(2)

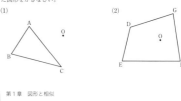

意する。

■■テキストの解答■■

練習6 (1) 求める図形は，次の図の△A'B'C'のようになる。

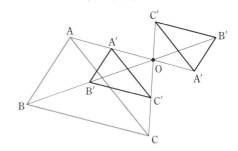

(2) 求める図形は，次の図の四角形D'E'F'G'のようになる。

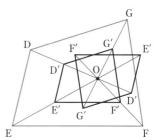

2．三角形の相似条件

学習のめあて

合同な三角形を利用して，2つの三角形が相似になるための条件を見つけること。

学習のポイント

合同な三角形

2つの三角形は，次のどれかが成り立つとき合同である。

[1]　3組の辺がそれぞれ等しい。

[2]　2組の辺とその間の角がそれぞれ等しい。

[3]　1組の辺とその両端の角がそれぞれ等しい。

■■ テキストの解説 ■■

□相似な三角形

○三角形をかくには，次の3つの方法がある。

[1]　3つの辺の長さを使う。

[2]　2つの辺の長さとその間の角の大きさを使う。

[3]　1つの辺の長さとその両端の角の大きさを使う。

○△ABC と△DEF について

AB：DE＝1：2，BC：EF＝1：2，
CA：FD＝1：2

∠A＝∠D，∠B＝∠E，∠C＝∠F

が成り立てば，△ABC と △DEF は相似であり，その相似比は1：2である。

○しかし，この6つの条件すべてがわからなくても，△ABC と△DEF は相似になることがわかる。その条件（次のページでまとめられる三角形の相似条件）を明らかにすることが，このページの目的である。

○△ABC と相似な三角形で，相似比が1：2である △DEF がかけたとすると，△DEF

---

2. 三角形の相似条件

■ 三角形の相似条件

2つの三角形が相似になるためには，辺や角についてどのような条件が必要になるだろうか。

5　その条件を調べるために，△ABC と相似比が1：2である△DEF をかくことを考えよう。

もし，△DEF がかけたとすると，△ABC と△DEF には次の性質がある。

10

AB：DE＝1：2，BC：EF＝1：2，CA：FD＝1：2
∠A＝∠D，∠B＝∠E，∠C＝∠F

したがって，このような性質をもつ△DEF と合同な三角形をかけばよい。

三角形の合同条件は

15　　① 3組の辺がそれぞれ等しい。

　　② 2組の辺とその間の角がそれぞれ等しい。

　　③ 1組の辺とその両端の角がそれぞれ等しい。

であるから，次のいずれかの条件を満たす△DEF をかけばよいことがわかる。

20

[1]　AB：DE＝1：2，BC：EF＝1：2，CA：FD＝1：2

[2]　AB：DE＝1：2，BC：EF＝1：2，∠B＝∠E

[3]　BC：EF＝1：2，∠B＝∠E，∠C＝∠F

2.三角形の相似条件　11

は辺や角について成り立つ6つの条件

AB：DE＝1：2，BC：EF＝1：2，
CA：FD＝1：2

∠A＝∠D，∠B＝∠E，∠C＝∠F

を満たす。

○たとえば，三角形の合同条件「3組の辺がそれぞれ等しい」により，

AB：DE＝1：2，BC：EF＝1：2，
CA：FD＝1：2

を満たす△DEF は，△ABC を2倍に拡大した三角形と合同になる。

したがって，△ABC∽△DEF が成り立ち，その相似比は1：2になる。

○他の2つの合同条件に着目しても，△ABC と相似で，相似比が1：2である △DEF を得ることができる。

学習のめあて

三角形の相似条件を理解すること。

学習のポイント

三角形の相似条件

2つの三角形は，次のどれかが成り立つとき相似である。

[1]　3組の辺の比がすべて等しい。

[2]　2組の辺の比とその間の角がそれぞれ等しい。

[3]　2組の角がそれぞれ等しい。

■■ テキストの解説 ■■

□練習7，三角形の相似条件

○テキスト前ページで調べたことを三角形の相似条件にまとめる。

○三角形の合同条件と三角形の相似条件は似ているから，対比して覚えるとよい。

○2組の角の大きさが等しい2つの三角形は，残りの角の大きさも等しく，2つの三角形は相似になる。

○したがって，条件[3]で，1組の辺の長さの比（辺 BC と辺 B′C′ の長さの比）は，相似であることと関係がないことに注意する。

■■ テキストの解答 ■■

練習7　まず，EF＝2BC となる線分 EF をかく。

[1]　点 E，F を中心として，それぞれ半径が 2BA，2CA の円をかき，その交点を D とする。D と E，D と F をそれぞれ結ぶ。

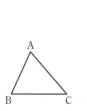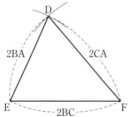

練習7　右の図の △ABC について，△ABC と相似比が 1：2 である △DEF を，前のページの [1]，[2]，[3] それぞれの方法でかきなさい。

前のページの [3] の BC：EF＝1：2 は，相似比を決定しているだけであり，相似であるための条件ではない。

一般に，**三角形の相似条件** は，次のようにまとめられる。

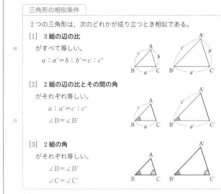

三角形の相似条件

2つの三角形は，次のどれかが成り立つとき相似である。

[1]　3組の辺の比
がすべて等しい。
$a：a′＝b：b′＝c：c′$

[2]　2組の辺の比とその間の角
がそれぞれ等しい。
$a：a′＝c：c′$
$∠B＝∠B′$

[3]　2組の角
がそれぞれ等しい。
$∠B＝∠B′$
$∠C＝∠C′$

注意　$a：a′＝b：b′＝c：c′$ は，比 $a：a′, b：b′, c：c′$ がすべて等しいことを表している。

12　第1章　図形と相似

[2]　点 E を中心として半径が 2BA の円をかき，その上に ∠DEF＝∠ABC となる点 D をとる。D と E，D と F をそれぞれ結ぶ。

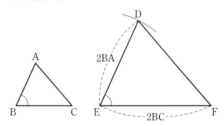

[3]　∠XEF＝∠ABC，∠YFE＝∠ACB となる半直線 EX，FY の交点を D とする。D と E，D と F をそれぞれ結ぶ。

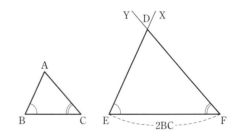

学習のめあて

三角形の相似条件を利用して，相似な三角形を見つけることができるようになること。

学習のポイント

三角形の相似条件

[1] 等しい角がない

→ 長さの比が等しい3組の辺をさがす

[2] 1組の角が等しい

→ その角をはさむ2組の辺の比を考える

[3] 長さの比が等しい辺がない

→ 大きさが等しい2組の角をさがす

▌▌テキストの解説▌▌

□練習8

○辺の長さの比と角の大きさに着目して，相似な三角形を見つける。

○3組の辺がわかっている三角形

→ △ABC と△PRQ

→ 3組の辺の長さの比を調べる

2組の辺とその間の角がわかっている三角形

→ △DEF と△OMN

→ 2組の辺の比とその間の角を調べる

2組の角がわかっている三角形

→ △GHI と△LKJ

→ 等しい2組の角を調べる

○記号∽を用いて相似な三角形を示すときは，対応する頂点の順に注意する。

□例2，練習9

○与えられた図形の中から，相似な三角形の組を見つける。

○大きさが等しい角については，たとえば，次のことを既に学んでいる。

・対頂角は等しい。

・平行線の同位角は等しい。錯角は等しい。

今後，これらの性質も利用して，相似な三角形を明らかにする。

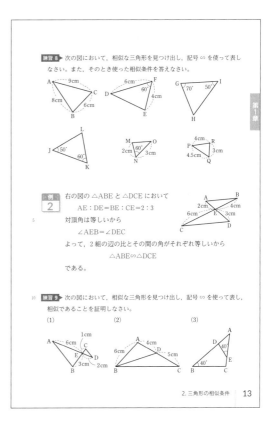

▌▌テキストの解答▌▌

練習8 ① △ABC と△PRQ において

AB：PR＝8：4＝2：1

BC：RQ＝6：3＝2：1

CA：QP＝9：4.5＝2：1

3組の辺の比がすべて等しいから

△ABC∽△PRQ

② △DEF と△OMN において

DF：ON＝6：3＝2：1

EF：MN＝4：2＝2：1

∠F＝∠N＝60°

2組の辺の比とその間の角がそれぞれ等しいから △DEF∽△OMN

③ △GHI において

∠H＝180°−(70°＋50°)＝60°

△GHI と△LKJ において

∠I＝∠J＝50°，∠H＝∠K＝60°

2組の角がそれぞれ等しいから

△GHI∽△LKJ

（練習9の解答は次ページ）

学習のめあて

相似な三角形を利用して，線分の長さを求めることができるようになること。

学習のポイント

相似な図形と線分の長さ

次の順に考える。

[1] 相似な三角形を見つける。

[2] 対応する辺の長さの比を考える。

■■テキストの解説■■

□例題1

○相似な三角形を利用して線分の長さを求める。

与えられた条件から，△ABC と△AED は相似であることがわかる。

○求めるものは線分 EC の長さ

→ 線分 AC の長さがわかればよい

→ △ABC∽△AED であることを利用

□練習10

○例題1と同じように，まず相似な三角形を見つける。

○△ABC∽△DAC であることを利用して，対応する線分の比を考える。

■■テキストの解答■■

（練習9は前ページの問題）

練習9 (1) △ABE∽△DCE

［証明］ △ABE と △DCE において

$$AE : DE = BE : CE = 3 : 1$$

対頂角が等しいから

$$\angle AEB = \angle DEC$$

2組の辺の比とその間の角がそれぞれ等しいから △ABE∽△DCE

(2) △ABC∽△ADB

［証明］ △ABC と △ADB において

$$AC = 4 + 5 = 9 \,(cm)$$ であるから

■ 相似な三角形と線分の長さ

相似な三角形を利用して，その相似比から，線分の長さを求めることを考えよう。

例題1 右の図において，

$$\angle ACB = \angle ADE$$

であるとき，線分 EC の長さを求めなさい。

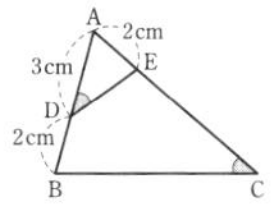

解答 △ABC と △AED において

仮定から $\angle ACB = \angle ADE$

共通な角であるから $\angle BAC = \angle EAD$

2組の角がそれぞれ等しいから

$$△ABC∽△AED$$

相似な三角形では，対応する辺の長さの比は等しいから

$$AC : AD = AB : AE$$

$$AC : 3 = (3+2) : 2$$

これを解くと $AC = \dfrac{15}{2}$ cm

したがって $EC = \dfrac{15}{2} - 2 = \dfrac{11}{2}$ (cm) 答

練習10 右の図において，

$$\angle ABC = \angle DAC$$

であるとき，線分 CD の長さを求めなさい。

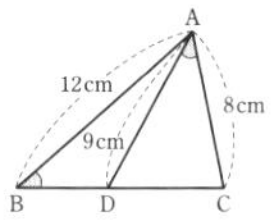

$$AB : AD = AC : AB = 3 : 2$$

共通な角であるから $\angle BAC = \angle DAB$

2組の辺の比とその間の角がそれぞれ等しいから △ABC∽△ADB

(3) △ABC∽△AED

［証明］ △ABC と △AED において

共通な角であるから $\angle BAC = \angle EAD$

また $\angle ABC = \angle AED = 40°$

2組の角がそれぞれ等しいから

$$△ABC∽△AED$$

練習10 △ABC と △DAC において

仮定から $\angle ABC = \angle DAC$

共通な角であるから $\angle ACB = \angle DCA$

2組の角がそれぞれ等しいから

$$△ABC∽△DAC$$

相似な三角形では，対応する辺の長さの比は等しいから

$$CA : CD = AB : DA$$

$$8 : CD = 12 : 9$$

これを解くと **CD = 6 cm**

学習のめあて

三角形が相似であることの証明ができるようになること。

学習のポイント

相似な三角形の証明

辺の長さの条件がない場合，等しい2組の角を見つける。

■■テキストの解説■■

□ 例題 2

○辺の比に関する条件は見つからないため，等しい角に着目する。

○三角形の相似の証明は，相似条件「2組の角がそれぞれ等しい」を利用することが多い。

□ 練習 11

○例題にならって，等しい2組の角を見つける。

○等式 $AB^2=BC\times BD$，$AC^2=BC\times CD$ の左辺どうし，右辺どうしを加えると，直角三角形の3辺について，次の等式が成り立つことがわかる。

$$AB^2+AC^2=BC^2$$

これは三平方の定理とよばれるもので，テキストの第4章で学習する。

□ 練習 12

○例題にならって，等しい2組の角を見つける。

○(2) (1)の結果を利用する。まず，線分 AB の長さを求める。

■■テキストの解答■■

練習 11　△ABC と△DAC において

　　共通な角であるから　∠BCA＝∠ACD

　　仮定から　∠BAC＝∠ADC＝90°

　　2組の角がそれぞれ等しいから

　　　　　△ABC∽△DAC

相似な三角形と証明問題

相似であるいろいろな三角形について，その証明問題を考えよう。

例題 2　∠BAC＝90° の △ABC において，頂点 A から辺 BC に垂線 AD を引く。このとき，次のことを証明しなさい。

$$\triangle ABC \backsim \triangle DBA, \quad AB\times AB=BC\times BD$$

証明　△ABC と △DBA において

　共通な角であるから

　　　∠ABC＝∠DBA

　仮定から

　　　∠BAC＝∠BDA＝90°

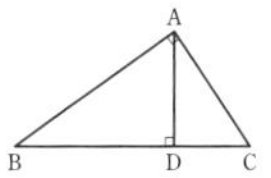

　2組の角がそれぞれ等しいから　△ABC∽△DBA

　相似な三角形では，対応する辺の長さの比は等しいから

　　　AB：DB＝BC：BA

　よって　　AB×AB＝BC×BD　**終**

線分 AB の長さの2乗を AB^2 と表す。この表し方を用いると，

　　　AB×AB＝BC×BD　は　　　$AB^2=BC\times BD$

と表される。

練習 11　例題2において，次のことを証明しなさい。

　　　△ABC∽△DAC，　　$AC^2=BC\times CD$

練習 12　右の図の △ABC において，頂点 B から辺 CA に垂線 BD を，頂点 C から辺 AB に垂線 CE を引く。このとき，次の問いに答えなさい。

　(1)　△ABD∽△ACE であることを証明しなさい。

　(2)　AE＝5 cm，AD＝DC＝6 cm のとき，線分 EB の長さを求めなさい。

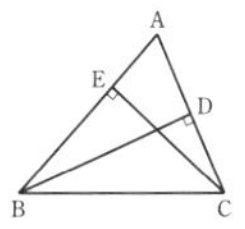

相似な三角形では，対応する辺の長さの比は等しいから

　　　AC：DC＝BC：AC

よって　　　$AC^2=BC\times CD$

練習 12　(1)　△ABD と△ACE において

　　共通な角であるから　∠BAD＝∠CAE

　　仮定から　　　∠BDA＝∠CEA＝90°

　　2組の角がそれぞれ等しいから

　　　　　△ABD∽△ACE

(2)　(1)より，△ABD∽△ACE であり，相似な三角形では，対応する辺の長さの比は等しいから

　　　　　AB：AC＝AD：AE

よって　　　AB：(6＋6)＝6：5

これを解くと　　$AB=\dfrac{72}{5}$ cm

したがって

$$EB=\frac{72}{5}-5=\frac{47}{5}\ (cm)$$

学習のめあて

図形の性質を利用して，三角形が相似であることを証明すること。

学習のポイント

二等辺三角形，正三角形の性質

二等辺三角形 → 2つの底角は等しい

正三角形 → 3つの内角は等しい

■■テキストの解説■■

□ 例題 3

○相似な三角形の証明。△ABE と △CBD を見比べて，長さの比が等しい辺の組や，大きさの等しい角の組を考える。

○仮定から，∠ABE＝∠CBD であることがすぐにわかる。したがって，等しい角の組がもう1つ見つかると，2つの三角形が相似であることは証明できる。

○残った仮定は CD＝CE で，△CDE は二等辺三角形であることがわかる。

二等辺三角形 → 2つの底角は等しい

□ 練習 13

○正三角形 ABC，ADE の内角に着目して，2つの三角形が相似であることを証明する。
(2)の証明では，(1)の結果も利用する。

■■テキストの解答■■

練習 13 (1) △ABD と △AEF において

正三角形の内角はすべて 60° であるから

∠ABD＝∠AEF＝60° …… ①

また ∠BAD＝∠BAC－∠DAC

＝60°－∠DAC

∠EAF＝∠DAE－∠DAC

＝60°－∠DAC

よって ∠BAD＝∠EAF …… ②

①，②より，2組の角がそれぞれ等しい

例題 **3** 右の図の四角形 ABCD において，対角線 AC，BD の交点を E とする。

∠ABE＝∠EBC，CD＝CE

が成り立っているとき，

△ABE∽△CBD

であることを証明しなさい。

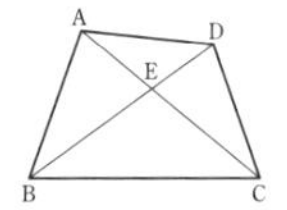

証明 △ABE と △CBD において

仮定から

∠ABE＝∠CBD …… ①

また，CD＝CE であるから，二等辺三角形 CDE の底角について

∠CED＝∠CDB …… ②

対頂角は等しいから

∠AEB＝∠CED …… ③

②，③より ∠AEB＝∠CDB …… ④

①，④より，2組の角がそれぞれ等しいから

△ABE∽△CBD 終

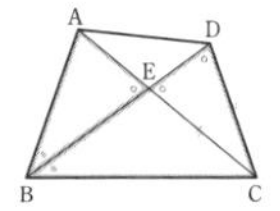

練習 13 右の図のように，正三角形 ABC の辺 BC 上に点 D をとり，AD を1辺とする正三角形 ADE をつくる。
辺 AC と DE の交点を F とするとき，次の問いに答えなさい。

(1) △ABD∽△AEF であることを証明しなさい。

(2) △ABD∽△DCF であることを証明しなさい。

(3) AB＝9 cm，BD＝3 cm であるとき，線分 AF の長さを求めなさい。

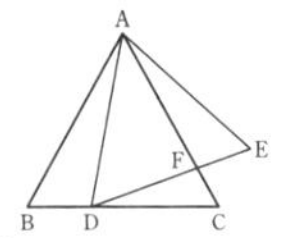

から △ABD∽△AEF

(2) △ABD と △DCF において

正三角形の内角はすべて 60° であるから

∠ABD＝∠DCF＝60° …… ③

(1)より，△ABD∽△AEF であり，相似な三角形では，対応する角の大きさは等しいから ∠BDA＝∠EFA

対頂角は等しいから ∠CFD＝∠EFA

よって ∠BDA＝∠CFD …… ④

③，④より，2組の角がそれぞれ等しいから △ABD∽△DCF

(3) (2)より，△ABD∽△DCF であり，相似な三角形では，対応する辺の長さの比は等しいから

AB：DC＝BD：CF

よって 9：(9－3)＝3：CF

これを解くと CF＝2 cm

したがって

AF＝9－2＝**7 (cm)**

3．平行線と線分の比

学習のめあて

相似な三角形を利用して，三角形と線分の
比の性質を明らかにすること。

学習のポイント

三角形と線分の比(1)

△ABC の辺 AB，AC 上に，それぞれ点
D，E をとるとき，次のことが成り立つ。

[1]　DE∥BC ならば

　　　AD：AB＝AE：AC＝DE：BC

[2]　DE∥BC ならば

　　　AD：DB＝AE：EC

▌▌テキストの解説▌▌

□三角形と線分の比(1)

○平行な 2 直線が他の直線と交わるとき

　[1]　同位角は等しい。

　[2]　錯角は等しい。

　相似な図形の証明においても，これらの性質
はよく使われる。

○DE∥BC であるとき，△ADE∽△ABC が
成り立つことはすぐにわかるから，対応する
辺の長さの比を考えると，三角形と線分の比
(1)の定理の[1]が得られる。

○三角形と線分の比(1)の定理の[2]の証明は，
テキストに示した図に，線分 DB や EC を
辺にもつ三角形がないから，くふうが必要と
なる。

○実際，この定理の[2]は，テキスト 18 ページ
練習 14 において，線分 DB や EC を辺にも
つ三角形や平行四辺形をつくり，これらに注
目して，証明する。

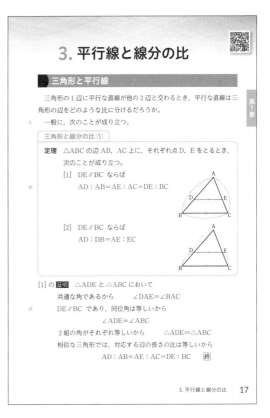

3．平行線と線分の比

三角形と平行線

　三角形の 1 辺に平行な直線が他の 2 辺と交わるとき，平行な直線は三
角形の辺をどのような比に分けるだろうか。

　一般に，次のことが成り立つ。

三角形と線分の比(1)

定理　△ABC の辺 AB，AC 上に，それぞれ点 D，E をとるとき，
　　　次のことが成り立つ。

　　　[1]　DE∥BC ならば
　　　　　AD：AB＝AE：AC＝DE：BC

　　　[2]　DE∥BC ならば
　　　　　AD：DB＝AE：EC

[1] の 証明　△ADE と △ABC において

　　　共通な角であるから　　　∠DAE＝∠BAC

　　　DE∥BC であり，同位角は等しいから
　　　　　∠ADE＝∠ABC

　　　2 組の角がそれぞれ等しいから　　　△ADE∽△ABC

　　　相似な三角形では，対応する辺の長さの比は等しいから
　　　　　AD：AB＝AE：AC＝DE：BC　終

▌▌テキストの解答▌▌

（練習 14 は次ページの問題）

練習 14　(1)　△ADE と △DBF において

　　　DE∥BC であり，同位角は等しいから

　　　　　∠ADE＝∠DBF　……①

　　　DF∥AC であり，同位角は等しいから

　　　　　∠DAE＝∠BDF　……②

　　　①，②より，2 組の角がそれぞれ等しい
　　　から

　　　　　△ADE∽△DBF

　(2)　(1)より，△ADE∽△DBF であり，相
　　　似な三角形では，対応する辺の長さの比
　　　は等しいから

　　　　　AD：DB＝AE：DF

　　　DE∥FC，DF∥EC より，四角形 DFCE
　　　は平行四辺形であるから

　　　　　DF＝EC

　　　よって　　　AD：DB＝AE：EC

学習のめあて

三角形と線分の比の性質を利用して，平行線によってできる線分の長さを求めること。

学習のポイント

三角形と線分の比(1)

△ABC の辺 AB，AC の延長上に，それぞれ点 D，E をとるとき，次のことが成り立つ。

[1] DE∥BC ならば

$$AD : AB = AE : AC = DE : BC$$

[2] DE∥BC ならば

$$AD : DB = AE : EC$$

■■■ テキストの解説 ■■■

□練習 14

〇三角形と線分の比(1)の定理の[2]の証明。

〇(1) 2組の等しい同位角を利用する。

〇(2) 四角形 DFCE が平行四辺形であることを利用する。

□三角形と線分の比の性質

〇辺 BC に平行な直線が 2 辺 AB，AC の延長と交わるときも，前ページで示した三角形と線分の比(1)の定理の[1]，[2]は成り立つ。

□例 3，練習 15

〇三角形と線分の比(1)の定理を用いて，平行線によってできる線分の長さを求める。

〇定理に合わせて，線分の長さの比の等式をつくる。比の等式から x，y の値を求めるには，次の性質を用いればよい。

$$a : b = c : d \quad ならば \quad ad = bc$$

■■■ テキストの解答 ■■■

（練習 14 の解答は前ページ）

練習 15 （1） DE∥BC より

練習 14　右の図において，DE∥BC，DF∥AC であるとき，次のことを証明しなさい。

(1) △ADE∽△DBF

(2) AD：DB＝AE：EC

上の練習 14 から，前のページの定理の[2]が成り立つことがわかる。前のページの三角形と線分の比の定理は，辺 BC に平行な直線が 2 辺 AB，AC の延長と交わるときも同様に成り立つ。

例 3　右の図において，DE∥BC のとき，x，y の値を求める。

DE∥BC より　AD：AB＝DE：BC

$$4 : (4+8) = x : 10$$

よって　$x = \dfrac{10}{3}$

また　　AD：DB＝AE：EC

$$4 : 8 = 3 : y$$

よって　$y = 6$

練習 15　次の図において，DE∥BC のとき，x，y の値を求めなさい。

(1) 　(2) 　(3)

次のページでは，三角形と線分の比(1)の逆について考えよう。

$$AD : DB = AE : EC$$

$$x : 2 = 6 : 3$$

よって　　$x = 4$

また　AE：AC＝DE：BC

$$6 : (6+3) = y : 9$$

よって　　$y = 6$

（2）　DE∥BC より

$$AD : AB = DE : BC$$

$$9 : (9+3) = 6 : x$$

よって　　$x = 8$

また　AD：AB＝AE：AC

$$9 : (9+3) = 8 : y$$

よって　　$y = \dfrac{32}{3}$

（3）　DE∥BC より

$$AE : AC = DE : BC$$

$$(9-x) : x = 3 : 6$$

$$6(9-x) = 3x$$

$$9x = 54$$

よって　　$x = 6$

学習のめあて

三角形と線分の比の定理について，その逆を理解すること。

学習のポイント

三角形と線分の比(2)

△ABC の辺 AB，AC 上に，それぞれ点 D，E をとるとき，次のことが成り立つ。

[1]　AD：AB＝AE：AC ならば
　　　　　DE∥BC

[2]　AD：DB＝AE：EC ならば
　　　　　DE∥BC

▌▌テキストの解説▌▌

□三角形と線分の比(2)の定理

○2点 D，E がそれぞれ辺 AB，AC の延長上にある場合も，三角形と線分の比の定理(1)の逆は成り立つ。

○一方，AD：AB ＝DE：BC の場合，DE∥BC とは限らないことに注意する。これは，右の図のような場合があるためである。

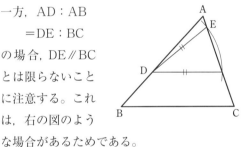

□練習 16

○定理の[2]の証明のための問題。設問に従って式の計算を進めればよい。

○$x：y＝a：b$ のとき，a，b は
　　　　$a＝kx$，$b＝ky$（k≠0）
と表すことができる。

○このことを利用して，別証のように証明することもできる。

□練習 17

○三角形と線分の比(2)の定理を利用する。
　　AF：FB と AE：EC，

三角形と線分の比 (2)

定理　△ABC の辺 AB，AC 上に，それぞれ点 D，E をとるとき，次のことが成り立つ。

[1]　AD：AB＝AE：AC ならば
　　　　　DE∥BC
[2]　AD：DB＝AE：EC ならば
　　　　　DE∥BC

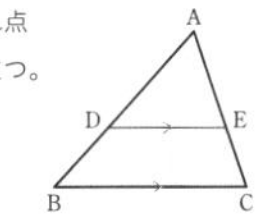

注意　AD：AB＝DE：BC の場合，DE∥BC とは限らない。

[1] の証明　△ADE と △ABC において

仮定から　　　　　AD：AB＝AE：AC
共通な角であるから　∠DAE＝∠BAC
2組の辺の比とその間の角がそれぞれ等しいから
　　　　　　　　　△ADE∽△ABC
よって　　　　　　∠ADE＝∠ABC
同位角が等しいから　DE∥BC　　終

練習 16　上の図において，DB＝AB−AD，EC＝AC−AE である。
このことを利用して，次のことを証明しなさい。
　　　AD：DB＝AE：EC ならば　AD：AB＝AE：AC

上の定理の [1] と練習 16 から，定理の [2] が成り立つことがわかる。

上の定理は，点 D が辺 AB の延長上，点 E が辺 AC の延長上にある場合にも成り立つ。

練習 17　右の図の線分 DE，EF，FD の中から，△ABC の辺に平行な線分を選びなさい。

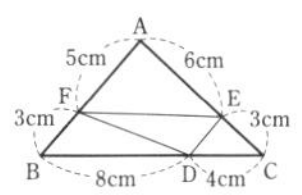

BD：DC と BF：FA，
CE：EA と CD：DB　をそれぞれ比べる。

▌▌テキストの解答▌▌

練習 16　DB＝AB−AD，EC＝AC−AE を
AD：DB＝AE：EC に代入して
　　AD：(AB−AD)＝AE：(AC−AE)
　　AD×(AC−AE)＝(AB−AD)×AE
　　　　AD×AC＝AB×AE
よって　　AD：AB＝AE：AC

別証　AE＝kAD，EC＝kDB（k≠0）
とおける。
　　AB＝AD＋DB，AC＝AE＋EC
であるから
　　AE：AC＝AE：(AE＋EC)
　　　　　　＝kAD：(kAD＋kDB)
　　　　　　＝kAD：k(AD＋DB)
　　　　　　＝AD：(AD＋DB)
　　　　　　＝AD：AB

（練習 17 の解答は次ページ）

19

テキスト 20 ページ

学習のめあて

平行線と線分の比について成り立つ性質を理解すること。

学習のポイント

平行線と線分の比

平行な 3 直線にある直線がそれぞれ点 A, B, C で交わり，他の直線がそれぞれ点 D, E, F で交わるとき，次のことが成り立つ。

AB : BC=DE : EF

テキストの解説

□平行線と線分の比

○三角形と線分の比の定理を用いると，平行線と線分の比の定理が導かれる。

○テキストでは，平行四辺形をつくって考えたが，2 点 A, F を通る直線と直線 m の交点を G とすると，BG∥CF であるから，三角形と線分の比の定理を利用して証明することもできる。

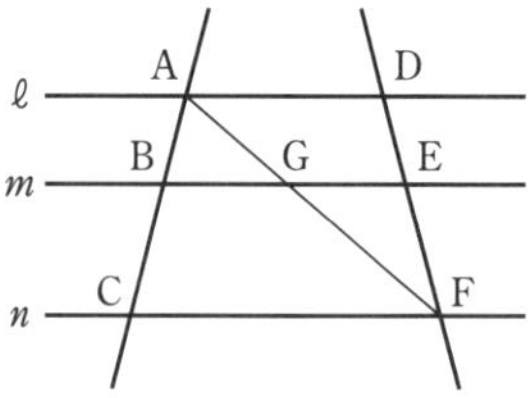

□練習 18

○ℓ∥m∥n であることから，平行線と線分の比の定理を利用して，x の値を求めることができる。

○(3) 右の図のように，1つの直線を移動して考えるとわかりやすい。

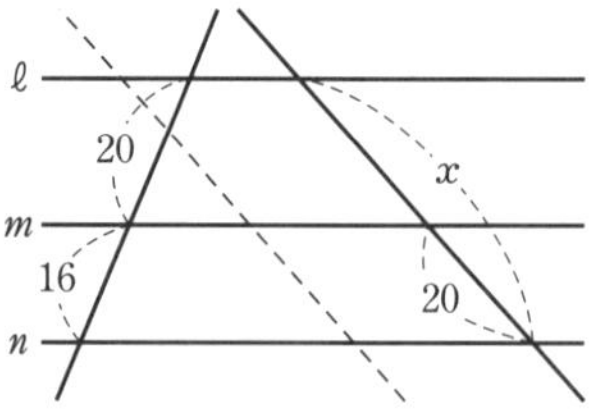

テキストの解答

(練習 17 は前ページの問題)

練習 17 [1] AF : FB=5 : 3

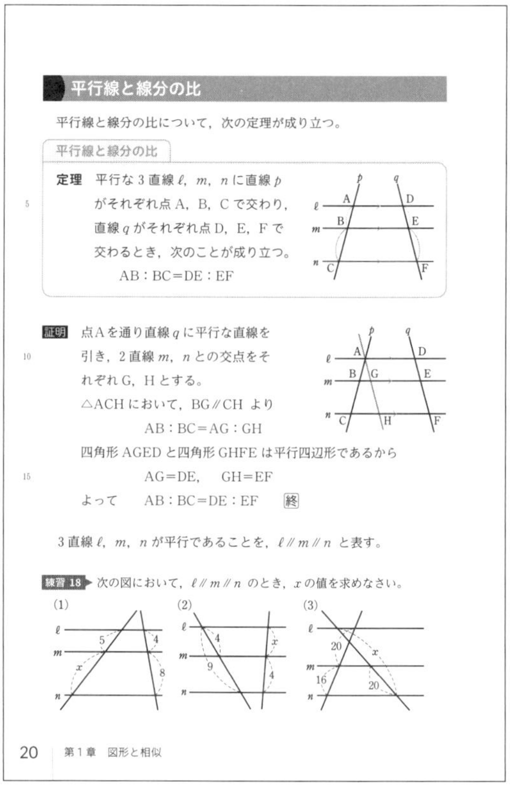
平行線と線分の比

平行線と線分の比について，次の定理が成り立つ。

平行線と線分の比

定理 平行な 3 直線 ℓ, m, n に直線 p がそれぞれ点 A, B, C で交わり，直線 q がそれぞれ点 D, E, F で交わるとき，次のことが成り立つ。

AB : BC=DE : EF

証明 点Aを通り直線 q に平行な直線を引き，2 直線 m, n との交点をそれぞれ G, H とする。

△ACH において，BG∥CH より

AB : BC=AG : GH

四角形 AGED と四角形 GHFE は平行四辺形であるから

AG=DE,　GH=EF

よって　AB : BC=DE : EF　終

3 直線 ℓ, m, n が平行であることを，ℓ∥m∥n と表す。

練習 18 次の図において，ℓ∥m∥n のとき，x の値を求めなさい。

(1)　(2)　(3)

20　第 1 章　図形と相似

AE : EC=6 : 3=2 : 1

よって，BC と EF は平行でない。

[2] BD : DC=8 : 4=2 : 1

BF : FA=3 : 5

よって，CA と FD は平行でない。

[3] CE : EA=3 : 6=1 : 2

CD : DB=4 : 8=1 : 2

よって，AB と DE は平行である。

以上から，△ABC の辺に平行な線分は，**DE** のみである。

練習 18 (1) ℓ∥m∥n より　5 : x=4 : 8

よって　$\boldsymbol{x=10}$

(2) ℓ∥m∥n より　4 : (9−4)=x : 4

よって　$\boldsymbol{x=\frac{16}{5}}$

(3) ℓ∥m∥n より

20 : 16=(x−20) : 20

20×20=16×(x−20)

よって　$\boldsymbol{x=45}$

学習のめあて

平行四辺形の性質と線分の比の性質を利用して，線分の長さを求めることができるようになること。

学習のポイント

平行四辺形

平行四辺形の2組の対辺は，それぞれ平行である（平行四辺形の定義）。

また，平行四辺形の2組の対辺は，それぞれ等しい（定理）。

▌▌テキストの解説▌▌

□例題4

○四角形 ABCD は平行四辺形であるから，2組の対辺は，それぞれ平行である。

したがって，AB∥DE から

$$DF : BF = DE : BA$$

○また，平行四辺形の2組の対辺は，それぞれ等しい。

したがって，AB＝DC から

$$DF : BF = DE : DC$$

○BD＝10 cm で，求めるものは線分 DF の長さであるから，DF＝x cm とおくと

$$BF = (10 - x) \text{ cm}$$

これらより x を含む比の等式が得られるから，それを解けばよい。

○その際，テキストの解答の図のように，考察の対象となる図形の一部分だけを取り出してみると考えやすくなる。

○DF : BF＝DE : DC＝2 : 3 であるから

$$DF : BD = 2 : 5$$

よって，DF＝$\dfrac{2}{5}$BD となることから，線分 DF の長さを求めてもよい。

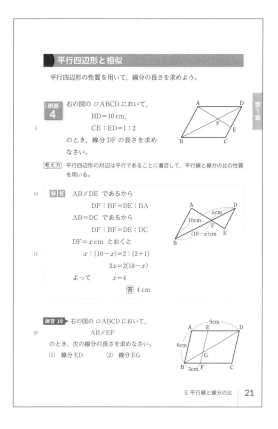

平行四辺形と相似

平行四辺形の性質を用いて，線分の長さを求めよう。

例題 4 右の図の ▱ABCD において，
BD＝10 cm，
CE : ED＝1 : 2
のとき，線分 DF の長さを求めなさい。

考え方 平行四辺形の対辺は平行であることに着目して，平行線と線分の比の性質を用いる。

解答 AB∥DE であるから
　　　DF : BF＝DE : BA
　　　AB＝DC であるから
　　　DF : BF＝DE : DC
　　　DF＝x cm とおくと
　　　　$x : (10 - x) = 2 : (2 + 1)$
　　　　　$3x = 2(10 - x)$
　　　　よって　　$x = 4$
　　　　　　　答 4 cm

練習 19 右の図の ▱ABCD において，
AB∥EF
のとき，次の線分の長さを求めなさい。
(1) 線分 ED　　(2) 線分 EG

3. 平行線と線分の比 21

□練習 19

○2組の対辺が平行であるから，四角形 ABFE は平行四辺形になる。

▌▌テキストの解答▌▌

練習 19 (1) AE∥BF，AB∥EF であるから，四角形 ABFE は平行四辺形である。

よって　　　　AE＝BF＝3 cm

したがって　ED＝9－3＝**6 (cm)**

(2) ▱ABFE において

$$EF = AB = 6 \text{ cm}$$

ED∥BF であるから

$$EG : FG = ED : FB$$

EG＝x cm とおくと

$$x : (6 - x) = 6 : 3$$

$$3x = 6(6 - x)$$

$$x = 4$$

よって　　　　EG＝**4 cm**

学習のめあて

補助線を引いて，平行線と線分の比を利用した問題を解くこと。

学習のポイント

補助線の利用

補助線を引いて，相似な三角形をつくる。

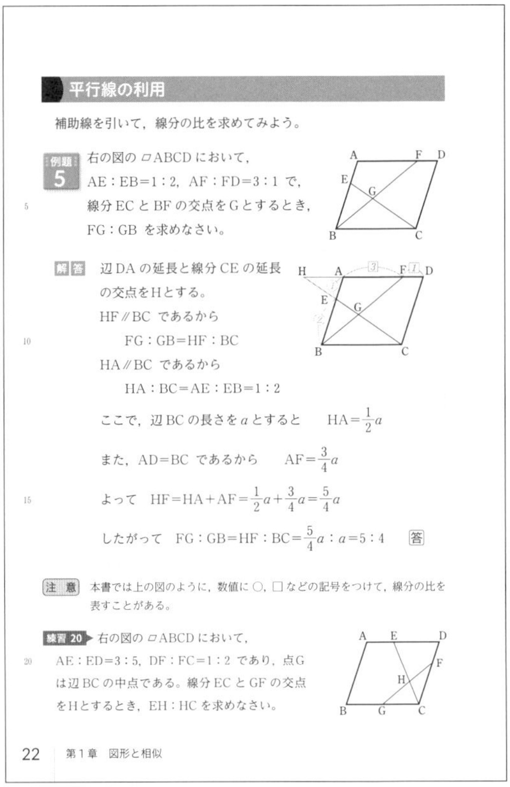

■■テキストの解説■■

□**例題5**

○求めるものはFG：GBであるから，FG，GB を辺にもつ相似な三角形があるとよい。

→ 辺 DA の延長と線分 CE の延長の交点を H とすると，FG，GB を辺にもつ相似な三角形 GFH と GBC ができる

→ FG：GB の代わりに HF：BC を求める

→ AE：EB，AF：FD を利用する

○次のように補助線を引いて考えてもよい。

点 E を通り辺 BC に平行な直線と線分 BF との交点を K とする。

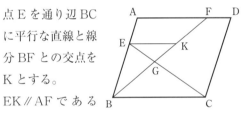

EK∥AF であるから

BK：KF＝BE：EA＝2：1 ……①

EK：AF＝BE：BA＝2：3

AF：BC＝3：4 であるから

EK：BC＝2：4＝1：2

EK∥BC であるから

BG：GK＝BC：EK＝2：1 ……②

①，②から，FG：GB を求める。

□**練習20**

○例題5にならうと，辺 AD の延長と線分 GF の延長の交点に着目すればよいことがわかる。

● 平行線の利用

補助線を引いて，線分の比を求めてみよう。

例題5 右の図の □ABCD において，
AE：EB＝1：2，AF：FD＝3：1で，
線分 EC と BF の交点を G とするとき，
FG：GB を求めなさい。

解答 辺 DA の延長と線分 CE の延長の交点を H とする。

HF∥BC であるから

FG：GB＝HF：BC

HA∥BC であるから

HA：BC＝AE：EB＝1：2

ここで，辺 BC の長さを a とすると HA＝$\frac{1}{2}a$

また，AD＝BC であるから AF＝$\frac{3}{4}a$

よって HF＝HA＋AF＝$\frac{1}{2}a+\frac{3}{4}a=\frac{5}{4}a$

したがって FG：GB＝HF：BC＝$\frac{5}{4}a：a$＝5：4 **答**

注意 本書では上の図のように，数値に○，□などの記号をつけて，線分の比を表すことがある。

練習20 右の図の □ABCD において，
AE：ED＝3：5，DF：FC＝1：2 であり，点 G は辺 BC の中点である。線分 EC と GF の交点を H とするとき，EH：HC を求めなさい。

■■テキストの解答■■

練習20 辺 AD の延長と線分 GF の延長の交点を I とする。

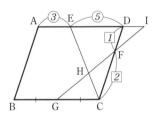

EI∥GC であるから EH：HC＝EI：GC

DI∥GC であるから

DI：GC＝DF：FC＝1：2

ここで，辺 AD の長さを a とすると

ED＝$\frac{5}{8}a$, GC＝$\frac{1}{2}a$

よって DI＝$\frac{1}{2}$GC＝$\frac{1}{2}×\frac{1}{2}a=\frac{1}{4}a$

ゆえに EI＝ED＋DI＝$\frac{5}{8}a+\frac{1}{4}a=\frac{7}{8}a$

したがって EH：HC＝EI：GC

$=\frac{7}{8}a：\frac{1}{2}a$＝**7：4**

学習のめあて

三角形の内角の二等分線と線分の比の性質について理解すること。

学習のポイント

三角形の内角の二等分線と線分の比

△ABC において，∠A の二等分線と辺 BC の交点を D とすると，次のことが成り立つ。

$$AB : AC = BD : DC$$

■テキストの解説■

□三角形の内角の二等分線と線分の比

○相似な三角形や平行線はないため，このままでは結論の式を得ることがむずかしい。

○そこで，平行線を引いて，比 AB：AC を移動することを考える。

○テキストのように，点 C を通り直線 AD に平行な直線と，辺 BA の延長との交点を E とすると，AD∥EC である。

平行な 2 直線 AD，EC が他の直線 AC と交わるとき，同位角，錯角は等しいから

∠BAD＝∠AEC，∠DAC＝∠ACE

∠A の二等分線より，∠BAD＝∠DAC であるから　　∠AEC＝∠ACE

よって，△ACE は，2 つの角が等しいから，二等辺三角形であり

AE＝AC　……①

△BCE において，AD∥EC であるから，三角形と線分の比の定理により

BD：DC＝BA：AE　……②

①，②により

BD：DC＝AB：AC

すなわち　AB：AC＝BD：DC

○テキスト 49 ページで学習する線分の比と面積の比の関係を利用して，次のように証明することもできる。

角の二等分線と線分の比

三角形の頂角の二等分線は，底辺を 2 つの線分に分ける。
一般に，次のことが成り立つ。

> 角の二等分線と線分の比

定理　△ABC において，∠A の二等分線と辺 BC の交点を D とすると，次のことが成り立つ。
$$AB : AC = BD : DC$$

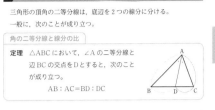

証明　点 C を通り直線 AD に平行な直線と，辺 BA の延長との交点を E とする。
AD∥EC であり，同位角，錯角は等しいから

∠BAD＝∠AEC
∠DAC＝∠ACE

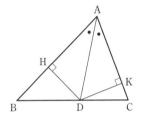

仮定から，∠BAD＝∠DAC であるから
∠AEC＝∠ACE

よって，△ACE は，2 つの角が等しいから二等辺三角形であり
AE＝AC　……①

△BCE において，AD∥EC であるから
BD：DC＝BA：AE　……②

①，②より　　BD：DC＝AB：AC
すなわち　　AB：AC＝BD：DC　【終】

○点 D から辺 AB，AC に引いた垂線をそれぞれ DH，DK とする。このとき，△ADH と △ADK において

AD は共通

∠DAH＝∠DAK，∠DHA＝∠DKA＝90°

よって　△ADH≡△ADK

対応する辺は等しいから　DH＝DK

△ADB と△ADC は，辺 AB，AC を底辺とみると，高さが等しいから，面積について

△ADB：△ADC＝AB：AC

また，辺 BD，CD を底辺とみると，高さが等しいから，面積について

△ADB：△ADC＝BD：DC

したがって　　AB：AC＝BD：DC

学習のめあて

三角形の外角の二等分線と線分の比の性質について理解すること。

学習のポイント

三角形の外角の二等分線と線分の比

$AB \neq AC$ である $\triangle ABC$ において，$\angle A$ の外角の二等分線と辺 BC の延長との交点を D とすると，次のことが成り立つ。

$$AB : AC = BD : DC$$

■■テキストの解説■■

□練習 21

○三角形の内角の二等分線と線分の比。定理にあてはめて計算する。

□練習 22

○(1)，(2)の設問を通して，三角形の外角の二等分線と線分の比の関係を考える。

○C を通る平行線によって，AC を AE に移す。

○外角の二等分線の場合，条件 $AB \neq AC$ が必要になる。AB＝AC の場合，$\angle A$ の外角の二等分線は辺 BC と平行になるため，辺 BC の延長との交点が存在しない。

□練習 23

○練習 21 と同様，定理にあてはめて計算する。

■■テキストの解答■■

練習 21 $\triangle ABC$ において，AD は $\angle BAC$ の二等分線であるから

$$AB : AC = BD : DC$$

(1) $\qquad 8 : 6 = 4 : x$

　よって　　　　　$x = 3$

(2) $\qquad 8 : 12 = x : (8 - x)$

$$8(8 - x) = 12x$$

　よって　　　　　$x = \dfrac{16}{5}$

練習 21 ▶ 次の図において，$\angle BAD = \angle DAC$ のとき，x 値を求めなさい。

(1) 　(2)

三角形の外角の二等分線について考えてみよう。

練習 22 ▶ 右の図において，点Dは直線 BC 上にあり，
$\angle FAD = \angle DAC$，$EC /\!/ AD$
のとき，次の問いに答えなさい。

(1) $\triangle AEC$ はどのような形の三角形か答えなさい。

(2) x の値を求めなさい。

一般に，次のことが成り立つ。

> **三角形の外角の二等分線と線分の比**
>
> **定理** $AB \neq AC$ である $\triangle ABC$ において，$\angle A$ の外角の二等分線と辺 BC の延長との交点をDとすると，次のことが成り立つ。
>
> $$AB : AC = BD : DC$$

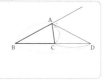

練習 23 ▶ 右の図の $\triangle ABC$ において，$\angle A$ の外角の二等分線と辺 BC の延長との交点をDとする。x の値を求めなさい。

練習 22 (1) $EC /\!/ AD$ であり，同位角，錯角は等しいから

$$\angle AEC = \angle FAD, \quad \angle ECA = \angle DAC$$

仮定から　　$\angle FAD = \angle DAC$

よって　　　$\angle AEC = \angle ECA$

したがって，$\triangle AEC$ は，

AE＝AC の二等辺三角形である。

(2) (1)より　　AE＝AC　　……①

$EC /\!/ AD$ であるから

$$BD : CD = BA : EA \quad ……②$$

①，②より　　BD : CD = BA : AC

よって，AC＝3 から　　$x : 6 = 5 : 3$

したがって　　　　　　$x = 10$

練習 23 $\triangle ABC$ において，AD は $\angle A$ の外角の二等分線であるから

$$AB : AC = BD : DC$$

$$6 : 4 = (3 + x) : x$$

$$6x = 4(3 + x)$$

よって　　　　　$x = 6$

4．中点連結定理

学習のめあて

中点連結定理を理解して，定理を利用する
ことができるようになること。

学習のポイント

中点連結定理

△ABC の辺 AB，AC の中点をそれぞれ
M，N とすると，次のことが成り立つ。

$$MN \parallel BC, \quad MN = \frac{1}{2}BC$$

▋▋テキストの解説▋▋

□中点連結定理

○ 19 ページで学んだ三角形と線分の比(2)の定
理により，MN∥BC が成り立つ。

○また，17 ページで学んだ三角形と線分の比
(1)の定理により，$MN = \frac{1}{2}BC$ が成り立つ。

○中点連結定理は，これまでに学んだ定理の特
別な場合である。

○右の図のように，
点 C を通り直線
AB に平行な直線
と，直線 MN の
交点を P とする。

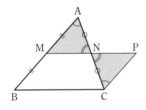

このとき，AN＝CN，∠MAN＝∠PCN，
∠ANM＝∠CNP であるから
△AMN≡△CPN が導かれ，AM＝CP，
MN＝PN となることがわかる。
よって　　BM＝CP，MP＝2MN
四角形 MBCP は，BM＝CP，BM∥CP よ
り，平行四辺形になるから
　　　MP∥BC すなわち MN∥BC
また，BC＝MP より　　BC＝2MN
○このように，中点連結定理は，相似の性質を

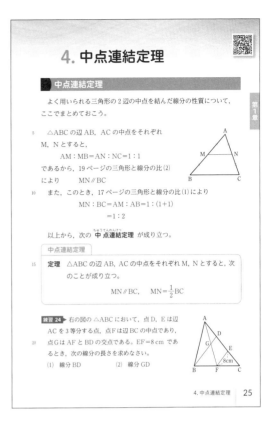

4.中点連結定理

中点連結定理

よく用いられる三角形の 2 辺の中点を結んだ線分の性質について，
ここでまとめておこう。

5　△ABC の辺 AB，AC の中点をそれぞれ
M，N とすると，
　　　AM：MB＝AN：NC＝1：1
であるから，19 ページの三角形と線分の比(2)
により　　　MN∥BC

10　また，このとき，17 ページの三角形と線分の比(1)により
　　　MN：BC＝AM：AB＝1：(1+1)
　　　　　　　　　　　　　　＝1：2

以上から，次の **中点連結定理** が成り立つ。

中点連結定理

15　**定理**　△ABC の辺 AB，AC の中点をそれぞれ M，N とすると，次
のことが成り立つ。
　　　　MN∥BC，　　 $MN = \frac{1}{2}BC$

練習 24 ▶ 右の図の △ABC において，点 D，E は辺
AC を 3 等分する点，点 F は辺 BC の中点であり，
20　点 G は AF と BD の交点である。EF＝8 cm であ
るとき，次の線分の長さを求めなさい。
　　(1)　線分 BD　　　(2)　線分 GD

4.中点連結定理　25

利用しなくても証明することができる。

□練習 24

○まず，△CBD に着目して，中点連結定理を
利用する。

▋▋テキストの解答▋▋

練習 24　(1)　△CBD において，点 E，F はそ
れぞれ辺 CD，CB の中点であるから，
中点連結定理により

$$EF \parallel BD, \quad EF = \frac{1}{2}BD$$

よって　BD＝2EF＝**16 (cm)**

(2)　△AEF において，EF∥BD より，
DG∥EF であるから
　　　DG：EF＝AD：AE＝1：2

よって　$DG = \frac{1}{2}EF$

したがって　　**GD＝4 (cm)**

学習のめあて

中点連結定理を利用して，図形の性質の証明ができるようになること。

学習のポイント

中点連結定理の利用

中点が2つ → 中点を結んで考える

▊▊テキストの解説▊▊

□練習 25

○相似な三角形の証明。中点連結定理により，3組の辺の比がすべて等しいことがわかる。

□例題 6

○中点連結定理を利用して，四角形の形状を明らかにする。四角形 ABCD を2つの三角形に分けて考えるところがポイントである。

○四角形 ABCD はどんな形でもよい。右の図のようにへこんだ四角形であっても，四角形 EFGH は平行四辺形になる。

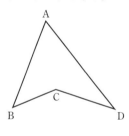

□練習 26

○例題6にならって考える。辺 BC を共有する △ABC と△DBC のそれぞれに着目する。

▊▊テキストの解答▊▊

練習 25 △ABC と △DEF において

中点連結定理により

$$ED=\frac{1}{2}AB, \ FE=\frac{1}{2}BC, \ DF=\frac{1}{2}CA$$

すなわち

$$AB=2ED, \ BC=2FE, \ CA=2DF$$

よって $AB:DE=BC:EF=CA:FD$
$$=2:1$$

3組の辺の比がすべて等しいから

練習 25 ▶ △ABC の辺 BC, CA, AB の中点を，それぞれ D, E, F とする。
このとき，△ABC∽△DEF であることを証明しなさい。

例題 6 四角形 ABCD の辺 AB, BC, CD, DA の中点をそれぞれ E, F, G, H とするとき，四角形 EFGH は平行四辺形であることを証明しなさい。

証明 BとDを結ぶ。

△ABD において，中点連結定理により

$$EH /\!/ BD, \ EH=\frac{1}{2}BD$$

△CDB において，中点連結定理により

$$FG /\!/ BD, \ FG=\frac{1}{2}BD$$

したがって $EH /\!/ FG, \ EH=FG$

よって，1組の対辺が平行でその長さが等しいから，四角形 EFGH は平行四辺形である。 **終**

練習 26 ▶ 辺 AD と BC が平行でない四角形 ABCD の辺 AB, CD の中点をそれぞれ M, N とし，対角線 AC, BD の中点をそれぞれ P, Q とするとき，四角形 MPNQ は平行四辺形であることを証明しなさい。

26 第1章 図形と相似

$$△ABC∽△DEF$$

練習 26 △ABC において，中点連結定理により

$$MP /\!/ BC, \ MP=\frac{1}{2}BC$$

△DBC において，中点連結定理により

$$QN /\!/ BC, \ QN=\frac{1}{2}BC$$

したがって $MP /\!/ QN, \ MP=QN$

よって，1組の対辺が平行でその長さが等しいから，四角形 MPNQ は平行四辺形である。

▍確かめの問題　　解答は本書167ページ

1 四角形 ABCD の辺 AB, BC, CD, DA の中点をそれぞれ E, F, G, H とする。

次の各場合，四角形 EFGH はどのような形になるか答えなさい。

(1) AC=BD　　　(2) AC⊥BD

学習のめあて

中点連結定理を台形に拡張して考えること。

学習のポイント

台形と中点連結定理

AD∥BC の台形 ABCD において，辺 AB，CD の中点をそれぞれ M，N とすると

$$MN \parallel BC, \quad MN = \frac{1}{2}(AD + BC)$$

■■テキストの解説■■

□ 例題 7

○中点連結定理を台形に拡張した場合の証明。仮定は簡潔であるが，その証明には，工夫が必要である。

○たとえば，AC と MN の交点を P として

$$MP = \frac{1}{2}BC, \quad PN = \frac{1}{2}AD$$

よって，$MN = MP + PN = \frac{1}{2}(AD + BC)$ が成り立つ，といえるようにも感じる。しかし，P が線分 AC の中点であることは明らかでないため，この証明は不完全である。

○そこで，テキストの証明のように，△ADN と合同な △ECN をつくって考える。

○線分 AD と BC は離れているから，これらの和を 1 つの線分で表すことができれば，線分 MN と比較しやすくなる。AD+BC を 1 つの線分 BE で表すところが，この証明のポイントといえる。

□ 練習 27

○A と M を結び，その延長と辺 BC との交点を E とする。例題 7 と同じように，BC−AD を線分 MN と比較しやすい 1 つの線分で表す。

■■テキストの解答■■

練習 27 A と M を結び，その延長と辺 BC の

例題 7　AD∥BC の台形 ABCD において，辺 AB, CD の中点をそれぞれ M, N とするとき，次のことを証明しなさい。

$$MN \parallel BC, \quad MN = \frac{1}{2}(AD + BC)$$

証明　A と N を結び，その延長と辺 BC の延長との交点を E とする。
△ADN と △ECN において
仮定から　　DN=CN
対頂角は等しいから
　　　　∠AND=∠ENC
AD∥BE であり，錯角は等しいから
　　　　∠ADN=∠ECN
1 組の辺とその両端の角がそれぞれ等しいから
　　　　△ADN≡△ECN
よって　　AN=EN ……①，　AD=EC ……②
△ABE において，①と AM=BM から，中点連結定理により
　　　　MN∥BC
また，$MN = \frac{1}{2}BE$ で，②より BE=AD+BC であるから
　　　　$MN = \frac{1}{2}(AD + BC)$　終

練習 27　AD∥BC，AD＜BC の台形 ABCD において，対角線 DB，AC の中点をそれぞれ M, N とするとき，次のことを証明しなさい。
　　　　$MN \parallel BC, \quad MN = \frac{1}{2}(BC - AD)$

交点を E とする。
△AMD と △EMB において
仮定から　　DM=BM
対頂角は等しいから　　∠AMD=∠EMB
AD∥BC であり，錯角は等しいから
　　　　∠ADM=∠EBM
1 組の辺とその両端の角がそれぞれ等しいから
　　　　△AMD≡△EMB
よって　　AM=EM ……①
　　　　AD=EB ……②
△AEC において，①と AN=CN から，中点連結定理により
　　　　MN∥EC
点 E は辺 BC 上にあるから
　　　　MN∥BC
また，$MN = \frac{1}{2}EC$ で，②より
EC=BC−AD であるから
　　　　$MN = \frac{1}{2}(BC - AD)$

5．相似な図形の面積比，体積比

学習のめあて

相似な三角形の相似比と面積の比の関係について知ること。

学習のポイント

相似な三角形の面積比

相似比が $k:1$ である 2 つの三角形の面積比は $k^2:1$ である。

また，相似比が $m:n$ である 2 つの三角形の面積比は $m^2:n^2$ である。

■■テキストの解説■■

□相似な三角形の面積比（相似比が $k:1$）

○△A′B′C′ と △ABC が相似で，その相似比が $k:1$ であるということは，△A′B′C′ が △ABC を k 倍に拡大または縮小した図形であることを表している。

○たとえば，△ABC の高さは変えずに，底辺だけを 2 倍にした三角形を △A′B′C′ とする。このとき，△A′B′C′ の面積は △ABC の面積の 2 倍になり　△A′B′C′：△ABC＝2：1

○また，△ABC の底辺は変えずに，高さだけを 2 倍にした三角形を △A′B′C′ とすると　　　　△A′B′C′：△ABC＝2：1

○さらに，△ABC の底辺を 2 倍にして，高さも 2 倍にした三角形を △A′B′C′ とすると　　　△A′B′C′：△ABC＝$(2×2):1=2^2:1$

○△ABC を $\frac{1}{2}$ 倍に縮小した △A′B′C′ は，底辺も高さも $\frac{1}{2}$ 倍になるから，

$$△A′B′C′：△ABC＝\left(\frac{1}{2}\right)^2:1$$

○一般に，△ABC を k 倍に拡大・縮小した △A′B′C′ に対し

$$△A′B′C′：△ABC＝k^2:1$$

5．相似な図形の面積比，体積比

▶ 相似な図形の面積比

　△A′B′C′ と △ABC は相似で，その相似比は $k:1$ であるとする。このとき，△A′B′C′ の面積 S' と，△ABC の面積 S について考えてみよう。

　△ABC の底辺が a，高さが h であるとき，△A′B′C′ の底辺は ka，高さは kh となる。

　よって　　$S'=\frac{1}{2}×ka×kh=\frac{1}{2}k^2ah$，　$S=\frac{1}{2}ah$

　したがって　$S':S=\frac{1}{2}k^2ah:\frac{1}{2}ah=k^2:1$

　相似比が $k:1$ である 2 つの三角形の面積の比は $k^2:1$ となっていることがわかる。今後，面積の比のことを単に **面積比** という。

　次に，相似比が $m:n$ である △A′B′C′ と △ABC について，考えてみよう。

　△ABC の底辺を na，高さを nh とすると，△A′B′C′ の底辺は ma，高さは mh となる。

　△A′B′C′ の面積を S'，△ABC の面積を S とすると

　　$S'=\frac{1}{2}×ma×mh=\frac{1}{2}m^2ah$，　　$S=\frac{1}{2}×na×nh=\frac{1}{2}n^2ah$

　したがって　　$S':S=\frac{1}{2}m^2ah:\frac{1}{2}n^2ah=m^2:n^2$

　相似比が $m:n$ である 2 つの三角形の面積比は $m^2:n^2$ となっていることがわかる。

28　第 1 章　図形と相似

となる。

□相似な三角形の面積比（相似比が $m:n$）

○△A′B′C′ と △ABC が相似で，その相似比が $m:n$ であるとする。

○比は，その各項に同じ数をかけても，同じ数でわっても変わらないから

$$m:n＝\frac{m}{n}:\frac{n}{n}=\frac{m}{n}:1$$

このことにより，△A′B′C′ は△ABC を $\frac{m}{n}$ 倍に拡大または縮小した図形であるということもできる。

○したがって，△A′B′C′ と △ABC の面積比は

$$△A′B′C′：△ABC＝\frac{m^2}{n^2}:1$$

すなわち　△A′B′C′：△ABC＝$m^2:n^2$

○テキストでは，三角形の底辺と高さを文字で表して，これらのことを説明している。

学習のめあて

相似比を利用して，相似な三角形の面積比を求めることができるようになること。

学習のポイント

三角形の相似比と面積比

相似比が $m:n$ である2つの三角形の面積比は $m^2:n^2$ である。

▌▌テキストの解説▌▌

□ 例4

○相似な三角形の相似比と面積比。面積を求めることができなくても，相似比から，面積比は求めることができる。

○まず，2つの相似な三角形に着目して，その相似比を考える。

□ 練習28

○例4と同様，BC∥DE であるから，△ABC∽△ADE が成り立つ。

○それぞれの場合について，与えられた線分の長さから，相似比を求める。

□ 練習29

○四角形 DBCE の面積を求めるから，△ABC と四角形 DBCE の面積比を考える。

○△ABC：△ADE＝16：9 であるから

$$\triangle ADE = \frac{9}{16}\triangle ABC = \frac{9}{16}\times 80 = 45$$

これを △ABC の面積からひいても，結果は同じである。

▌▌テキストの解答▌▌

練習 28 (1) △ABC∽△ADE であり，相似比は AC：AE＝(3+2)：3＝5：3

したがって，△ABC と △ADE の面積比は

△ABC：△ADE＝$5^2:3^2$＝**25：9**

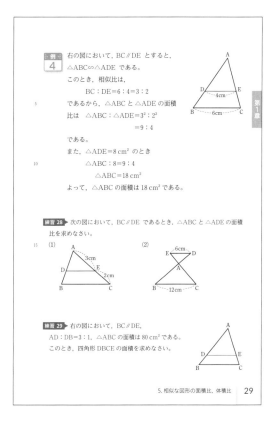

例4 右の図において，BC∥DE とすると，△ABC∽△ADE である。

このとき，相似比は，
BC：DE＝6：4＝3：2
であるから，△ABC と △ADE の面積比は △ABC：△ADE＝$3^2:2^2$
＝9：4
である。
また，△ADE＝8 cm^2 のとき
△ABC：8＝9：4
△ABC＝18 cm^2
よって，△ABC の面積は 18 cm^2 である。

練習 28 次の図において，BC∥DE であるとき，△ABC と △ADE の面積比を求めなさい。

(1) 3cm 2cm

(2) 6cm 12cm

練習 29 右の図において，BC∥DE，AD：DB＝3：1，△ABC の面積は 80 cm^2 である。このとき，四角形 DBCE の面積を求めなさい。

(2) △ABC∽△ADE であり，相似比は
BC：DE＝12：6＝2：1
したがって，△ABC と △ADE の面積比は
△ABC：△ADE＝$2^2:1^2$＝**4：1**

練習 29 △ABC∽△ADE であり，相似比は
AB：AD＝(3+1)：3＝4：3
よって，△ABC と △ADE の面積比は
△ABC：△ADE＝$4^2:3^2$＝16：9
四角形 DBCE は，△ABC から △ADE を除いたものである。
よって，△ABC と四角形 DBCE の面積比は △ABC：(四角形 DBCE の面積)
＝16：(16−9)＝16：7
したがって
80：(四角形 DBCE の面積)＝16：7

(四角形 DBCE の面積)＝$\frac{7}{16}\times 80$

＝**35 (cm^2)**

学習のめあて

相似な図形の相似比と面積比の関係について理解すること。

学習のポイント

相似な図形の面積比

2つの相似な図形の相似比が $m:n$ であるとき，それらの面積比は $m^2:n^2$ である。

■■テキストの解説■■

□相似な図形の面積比

○多角形は1つの頂点を通る対角線によって，いくつかの三角形に分割することができる。

○2つの多角形が相似であるとき，分割されたおのおのの三角形も相似である。

たとえば，次の図の2つの五角形 ABCDE と A'B'C'D'E' が相似であるとする。

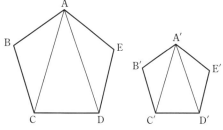

このとき，△ABC と △A'B'C' において

$$AB:A'B'=BC:B'C'$$

$$\angle ABC=\angle A'B'C'$$

が成り立つから，△ABC と △A'B'C' は相似である。

○相似な図形の面積比の性質は，一般の相似な図形についても成り立つ。

○たとえば，すべての円は相似である。円 P の半径を r，円 Q の半径を r' とすると，2つの円 P，Q の相似比は $r:r'$ であり，面積比は次のようになる。

$$(P の面積):(Q の面積)$$
$$=\pi r^2:\pi r'^2=r^2:r'^2$$

三角形以外の多角形についても，相似比と面積比の関係を調べてみよう。

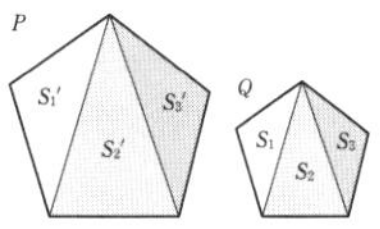

右の図の2つの五角形 P，Q は相似で，相似比は $m:n$ であるとする。

P，Q を上の図のように三角形に分割すると

$$S_1':S_1=m^2:n^2 \qquad より \qquad n^2S_1'=m^2S_1$$

よって $S_1'=\dfrac{m^2}{n^2}S_1$ 同様に $S_2'=\dfrac{m^2}{n^2}S_2$，$S_3'=\dfrac{m^2}{n^2}S_3$

P，Q の面積を，それぞれ S'，S とすると

$$S':S=(S_1'+S_2'+S_3'):(S_1+S_2+S_3)$$
$$=\left(\dfrac{m^2}{n^2}S_1+\dfrac{m^2}{n^2}S_2+\dfrac{m^2}{n^2}S_3\right):(S_1+S_2+S_3)$$
$$=\dfrac{m^2}{n^2}(S_1+S_2+S_3):(S_1+S_2+S_3)$$
$$=\dfrac{m^2}{n^2}:1=m^2:n^2$$

この結果は，多角形に限らず，円など一般の平面図形についても成り立つ。

以上のことをまとめると，次のようになる。

> **相似な図形の面積比**
>
> 2つの相似な図形の相似比が $m:n$ であるとき，それらの面積比は $m^2:n^2$ である。

練習 30 平面上の相似な2つの図形 F，G の相似比が $5:2$ のとき，F と G の面積比を求めなさい。また，F の面積が $500\ \mathrm{cm}^2$ のとき，G の面積を求めなさい。

□練習 30

○相似な図形の相似比と面積比。与えられた相似比から面積比が決まる。

■■テキストの解答■■

練習 30 F と G の面積比は

$$(F の面積):(G の面積)=5^2:2^2=25:4$$

よって $500:(G の面積)=25:4$

$$(G の面積)=\mathbf{80\ (cm^2)}$$

■確かめの問題 　解答は本書 167 ページ

1 平行四辺形 ABCD の辺 CD 上に点 E があり，$CE:ED=2:3$ であるとする。

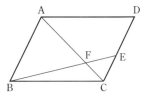

AC と BE の交点を F とするとき，△ABF と △CEF の面積比を求めなさい。

学習のめあて

相似な 3 つの図形の相似比と面積比を，連比の考えとともに理解すること。

学習のポイント

連比

3 つの数量 a, b, c について，

比 $a:b:c$ を a, b, c の **連比** という。

■■テキストの解説■■

□例 5，練習 31

○連比を考えるときは，1 つの数量を基準として，他の数量との関係を比に表す。

○$a:b=5:3$, $b:c=4:1$ であるとき，b を基準の 1 として考えると，テキスト例 5 のようになる。

○また，3 と 4 の最小公倍数 12 を基準にすると

$$a:b=5:3=20:12$$
$$b:c=4:1=12:3$$

よって　　$a:b:c=20:12:3$

□練習 32

○3 つの相似な三角形の相似比と面積比。

○△ABC の 3 辺の長さをもとに，相似な三角形の対応する辺の長さの比を考える。

■■テキストの解答■■

練習 31 (1) $a:b=1:2=\dfrac{1}{2}:1$

$$b:c=4:5=1:\dfrac{5}{4}$$

であるから

$$a:b:c=\dfrac{1}{2}:1:\dfrac{5}{4}=\mathbf{2:4:5}$$

別解　$a:b=1:2=2:4$, $b:c=4:5$

であるから

$$a:b:c=\mathbf{2:4:5}$$

相似な 3 つの図形の相似比と面積比

右の図において，DE∥FG∥BC であるとき，
△ADE と △AFG と △ABC
は相似である。相似比と面積比を求めてみよう。

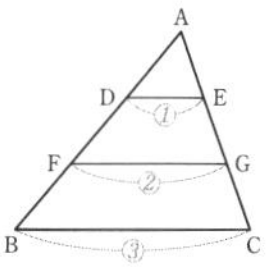

△ADE と △AFG について
相似比は　1：2
面積比は　$1^2:2^2=1:4$
△ADE と △ABC について
相似比は　1：3
面積比は　$1^2:3^2=1:9$

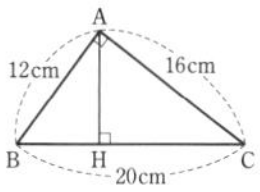

このことを，まとめて次のように表す。
3 つの三角形 △ADE，△AFG，△ABC の
相似比は　1：2：3，　面積比は　1：4：9
比 $a:b:c$ を，a, b, c の 連比 という。

例 5 $a:b=5:3$, $b:c=4:1$ のとき，$a:b:c$ を求める。

$a:b=\dfrac{5}{3}:1$, $b:c=1:\dfrac{1}{4}$ であるから　――bを1にする

$$a:b:c=\dfrac{5}{3}:1:\dfrac{1}{4}=20:12:3$$

練習 31　次の場合について，$a:b:c$ を最も簡単な整数の比で表しなさい。
(1) $a:b=1:2$, $b:c=4:5$　　(2) $a:b=4:3$, $b:c=2:7$

練習 32　右の図において，次の相似比，面積比を求めなさい。
(1) △HBA と △HAC と △ABC の相似比
(2) △HBA と △HAC と △ABC の面積比

---

(2) $a:b=4:3=\dfrac{4}{3}:1$

$$b:c=2:7=1:\dfrac{7}{2}$$

であるから

$$a:b:c=\dfrac{4}{3}:1:\dfrac{7}{2}=\mathbf{8:6:21}$$

練習 32 (1)　△HBA∽△HAC であり，相似比は

　　　BA：AC$=12:16=3:4$

△HAC∽△ABC であり，相似比は

　　　AC：BC$=16:20=4:5$

よって，△HBA と △HAC と △ABC の相似比は　　**3：4：5**

(2)　△HBA と △HAC の面積比は

　　　$3^2:4^2=9:16$

△HAC と △ABC の面積比は

　　　$4^2:5^2=16:25$

よって，△HBA と△HAC と △ABC の面積比は　　**9：16：25**

学習のめあて

拡大・縮小をもとに，相似な立体の意味について理解すること。

学習のポイント

相似な立体

1つの立体を一定の割合に拡大または縮小した立体は，もとの立体と **相似** であるという。

相似な立体において，対応する線分の長さの比を **相似比** という。

相似な立体の性質

相似な立体の対応する線分の長さの比と対応する角の大きさについて，次のことが成り立つ。

[1]　相似な立体では，対応する線分の長さの比は，すべて等しい。

[2]　相似な立体では，対応する角の大きさは，それぞれ等しい。

■■テキストの解説■■

□相似な立体

○相似な立体の定義は，平面上の図形の場合と同じである。ある立体を拡大または縮小すると，その大きさは変わるが形は変わらない。このとき，もとの立体と拡大・縮小した立体は相似になる。

○テキストの例のように，四面体 ABCD を k 倍に拡大した四面体を A′B′C′D′ とする。このとき，△OAB と △OA′B′ において

$$OA : OA′ = 1 : k, \quad OB : OB′ = 1 : k$$
$$\angle AOB = \angle A′OB′$$

よって，2組の辺の比とその間の角がそれぞれ等しいから　△OAB∽△OA′B′

したがって　　　AB : A′B′ = 1 : k

○他の対応する辺についても同じことが成り立つから，2つの四面体の対応する辺の比は，

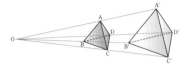

● 相似な立体

立体においても，相似な図形を考えることができる。

たとえば，上の図で

$$OA′ : OA = OB′ : OB = OC′ : OC = OD′ : OD = k : 1$$

であるとき，三角錐 A′B′C′D′ は，三角錐 ABCD を k 倍に拡大したものになる。

1つの立体を一定の割合で拡大または縮小した立体は，もとの立体と **相似** であるという。

一般に，相似立体の対応する線分の長さの比と対応する角の大きさについて，次のことが成り立つ。

> **相似な立体の性質**
>
> [1]　相似な立体では，対応する線分の長さの比は，すべて等しい。
> [2]　相似な立体では，対応する角の大きさは，それぞれ等しい。

相似な立体においても，対応する線分の長さの比を **相似比** という。

練習 33　次の各組の立体のうち，つねに相似であるものを選びなさい。

(1)　2つの立方体　　　　　(2)　2つの直方体
(3)　2つの正四面体　　　　(4)　2つの正四角錐
(5)　2つの円柱　　　　　　(6)　2つの球

32　第1章　図形と相似

すべて 1 : k で等しいことがわかる。

○このとき，△ABC と △A′B′C′ において

$$AB : A′B′ = BC : B′C′ = CA : C′A′$$

よって，3組の辺の比がすべて等しいから

$$△ABC∽△A′B′C′$$

したがって

$$\angle A = \angle A′, \quad \angle B = \angle B′, \quad \angle C = \angle C′$$

○他の対応する角についても同じことが成り立つから，2つの四面体の対応する角の大きさは，それぞれ等しいことがわかる。

□練習 33

○大きさがちがっても形は変わらない立体を考える。

○平面図形で考えると，正方形，正三角形，円は，それぞれつねに相似である。

■■テキストの解答■■

練習 33　つねに相似であるものは

　(1)の立方体，(3)の正四面体，(6)の球

学習のめあて

相似な立体の表面積比と体積比について理解すること。

学習のポイント

相似な立体の表面積比，体積比

2つの相似な立体の相似比が $m:n$ であるとき，それらの表面積比は $m^2:n^2$ であり，体積比は $m^3:n^3$ である。

■■テキストの解説■■

□相似な立体の表面積比，体積比

○ P を角柱または角錐とし，P を拡大または縮小した立体を Q として，相似比を $m:n$ とする。

このとき，P と Q の各面の面積比は，それぞれ $m^2:n^2$ となるから，P と Q の表面積比は $m^2:n^2$ となる。また，P と Q の体積比は，同様に考えて，$m^3:n^3$ となる。

○この結果は，一般の相似な立体についても成り立つ。

□練習 34

○直方体 P と Q のそれぞれについて表面積を計算し，それらの比を求める。

□練習 35，練習 36

○相似な立体の表面積比，体積比の性質にあてはめて計算する。

■■テキストの解答■■

練習 34 P の表面積を S，Q の表面積を S' とする。縦の長さ，横の長さ，高さが
P は ma，mb，mc，Q は na，nb，nc
であるから
$$S=2\times ma\times mb+2\times mb\times mc$$
$$+2\times mc\times ma$$

▶ 相似な立体の表面積比，体積比

相似な立体の表面積の比，体積の比について調べよう。

今後，表面積の比を単に **表面積比**，体積の比を単に **体積比** という。

右の図のような相似比が $m:n$ である直方体 P，Q について，その体積は，それぞれ次のようになる。

$$(P \text{の体積})=ma\times mb\times mc=m^3abc$$
$$(Q \text{の体積})=na\times nb\times nc=n^3abc$$

したがって
$$(P \text{の体積}):(Q \text{の体積})=m^3abc:n^3abc=m^3:n^3$$
となる。

練習 34 ▶ 上の直方体 P，Q について，P と Q の表面積比を求めなさい。

一般に，相似な立体について，次のことが成り立つ。

相似な立体の表面積比，体積比

2つの相似な立体の相似比が $m:n$ であるとき，それらの表面積比は $m^2:n^2$ であり，体積比は $m^3:n^3$ である。

練習 35 ▶ 相似な2つの立体の相似比が $3:4$ のとき，表面積比と体積比を求めなさい。

練習 36 ▶ 相似な2つの立体 P，Q がある。P と Q の相似比が $5:3$ で，P の表面積は $700\,\text{cm}^2$，体積は $1000\,\text{cm}^3$ である。Q の表面積と体積を求めなさい。

$$=m^2\times(2ab+2bc+2ca)$$
$$S'=2\times na\times nb+2\times nb\times nc$$
$$+2\times nc\times na$$
$$=n^2\times(2ab+2bc+2ca)$$

よって，$2ab+2bc+2ca$ は共通であるから，求める表面積比は
$$S:S'=m^2:n^2$$

練習 35 相似比が $3:4$ であるから
表面積比は　$3^2:4^2=9:16$
体積比は　　$3^3:4^3=27:64$

練習 36 Q の表面積を S，体積を V とする。
P と Q の相似比は $5:3$ であるから，表面積比は　$5^2:3^2=25:9$
よって　　$700:S=25:9$
$$S=252\,(\text{cm}^2)$$
また，P と Q の体積比は
$$5^3:3^3=125:27$$
よって　　$1000:V=125:27$
$$V=216\,(\text{cm}^3)$$

学習のめあて

相似な立体について，その表面積や体積を
求めることができるようになること。

学習のポイント

角錐，円錐の切断と相似な立体

角錐，円錐を底面に平行な平面で切るとき，
切り取られた小さな角錐，円錐は，もとの
角錐，円錐と相似である。

■■テキストの解説■■

□例題8

○円錐Pを底面に平行な平面で切り，小さな
円錐Qとそれを除いた立体Aに分ける。こ
のとき，2つの円錐PとQは相似になる。

○PとQの相似比を決める線分には，対応す
る高さや，対応する底面の円の半径などが考
えられる。

○また，例題に与えられた母線の長さからも相
似比は決まり，PとQの相似比は

$$(8+4):4=3:1$$

になる。

○そこで，

PとQの相似比 → PとQの体積比
→ PとAの体積比

の順で考え，Aの体積を求める。

○Qの体積をV'とすると

$$54\pi:V'=27:1$$
$$V'=2\pi$$

Pの体積からQの体積をひいて，Aの体積
を求めてもよい。

○Aのような立体を円錐台という。

□練習37

○相似な立体の表面積比，体積比。2つの正四
角錐PとQは相似である。

○PとQの高さの条件から，2つの立体の相

相似な立体の相似比を用いて，表面積や体積の問題を考えよう。

例題8 右の図の立体Aは，円錐Pを底面に平
行な平面で切り，上部の小さい円錐Q
を除いたものである。
もとの円錐Pの体積が54π cm³のとき，
立体Aの体積Vを求めなさい。

考え方 円錐PとQが相似であることを利用する。

解答 円錐PとQは相似であり，その相似比は

$$(8+4):4=12:4=3:1$$

よって，円錐PとQの体積比は

$$3^3:1^3=27:1$$

したがって，円錐Pと立体Aの体積比は

$$27:(27-1)=27:26$$

よって $V=54\pi\times\dfrac{26}{27}=52\pi$ (cm³) **答**

練習37 右の図のように，正四角錐Pを底面に平行な
平面で切り，正四角錐Qと，QからQを除いた立体
Aに分ける。
正四角錐Qの高さが，正四角錐Pの高さの半分であ
るとき，次のものを求めなさい。

(1) PとQの表面積比
(2) PとQの体積比
(3) Pの体積が56 cm³のとき，Qの体積
(4) Aの体積が35 cm³のとき，Pの体積

似比が決まる。

○Qの高さがPの高さの半分であるから

$$(P\text{の高さ}):(Q\text{の高さ})=2:1 \leftarrow \text{相似比}$$

■■テキストの解答■■

練習37 正四角錐PとQは相似であり，その
相似比は$2:1$である。

(1) 表面積比は $2^2:1^2=4:1$

(2) 体積比は $2^3:1^3=8:1$

(3) (2)の結果から

$$(Q\text{の体積})=(P\text{の体積})\times\frac{1}{8}$$
$$=56\times\frac{1}{8}=7 \text{ (cm}^3)$$

(4) 正四角錐Pと立体Aの体積比は

$$8:(8-1)=8:7$$

よって

$$(P\text{の体積})=(A\text{の体積})\times\frac{8}{7}$$
$$=35\times\frac{8}{7}=40 \text{ (cm}^3)$$

6．相似の利用

学習のめあて

縮図を利用して，距離や高さを求めること
ができるようになること。

学習のポイント

縮図の利用

縮図を利用して，距離や高さを求めるとき，
次の順に考える。

[1] 求めるものを辺にもつ図形を決める。

[2] [1]の縮図をかき，対応する辺の長さ
の比を考える。

[3] 比を利用して距離や高さを求める。

■テキストの解説■

□例6

○間に建物があり，直接2地点 A，B 間の距
離が測りにくい。

○このような場合は，縮図を利用して，A，B
間の距離を考えることができる。

○テキストに示したように，2地点 A，B 間
の距離を見通すことができる地点 C を決め，
2地点 A，C 間の距離と2地点 B，C 間の
距離，∠ACB の大きさを測る。

○実際に測った距離と角の大きさは，
AB＝14 m，BC＝11 m，∠ACB＝80°
である。

○3地点 A，B，C を順に結ぶと，大きな三角
形ができる。

○この三角形の縮図を考える。
テキストでは，500分の1の縮図を考えている。

□練習38

○△A′B′C′ は，500分の1の縮図であるから，
A′B′ の長さを500倍する。単位に注意する。

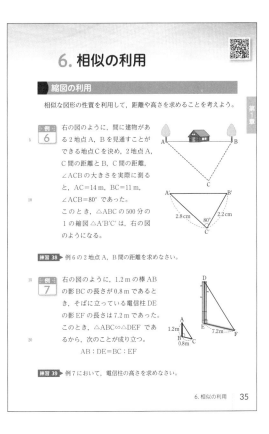

6．相似の利用

縮図の利用

相似な図形の性質を利用して，距離や高さを求めることを考えよう。

例6 右の図のように，間に建物があ
る2地点 A，B を見通すことが
できる地点 C を決め，2地点 A，
C 間の距離と B，C 間の距離，
∠ACB の大きさを実際に測る
と，AC＝14 m，BC＝11 m，
∠ACB＝80° であった。
このとき，△ABC の500分の
1の縮図 △A′B′C′ は，右の図
のようになる。

練習38 例6の2地点 A，B 間の距離を求めなさい。

例7 右の図のように，1.2 m の棒 AB
の影 BC の長さが0.8 m であると
き，そばに立っている電信柱 DE
の影 EF の長さは7.2 m であった。
このとき，△ABC∽△DEF であ
るから，次のことが成り立つ。
AB：DE＝BC：EF

練習39 例7において，電信柱の高さを求めなさい。

6．相似の利用 35

□例7，練習39

○棒と電信柱とそれらの陰の長さの関係。

○棒と電信柱とそれらの陰の長さから，
△ABC と △DEF ができる。

○△ABC と △DEF において，
∠B＝∠E＝90°，∠BAC＝∠EDF であり，
2組の角がそれぞれ等しいから
△ABC∽△DEF

よって AB：DE＝BC：EF

○練習39 例7の結果を利用する。

■テキストの解答■

練習38 △A′B′C′ の辺 A′B′ の長さを測ると
3.2 cm であるから，3.2×500＝1600 より
AB＝1600 cm すなわち AB＝**16 m**

練習39 AB：DE＝BC：EF が成り立つから
1.2：DE＝0.8：7.2
DE＝10.8
よって，電信柱の高さは **10.8 m**

学習のめあて

縮図を利用して，建物の高さを求めることができるようになること。

学習のポイント

縮図の利用

縮図を利用して，建物の高さを求めるとき，次の順に考える。

[1]　求めるものを辺にもつ図形を決める。

[2]　[1]の縮図をかき，対応する辺の長さの比を考える。

[3]　比を利用して高さを求める。

▌▌テキストの解説▌▌

□例題9

○縮図を利用して，校舎の高さを求める。

○[1]　校舎から 18 m 離れた地点 B から，校舎の先端 A を見上げる角を測る。

○テキストの図のように，校舎の，地面から目の高さ 1.6 m の位置を C とすると

$$\angle ABC = 41°, \quad \angle ACB = 90°$$

である。

○まず，校舎の AC の部分の距離を求める。

○[2]　△ABC の 600 分の 1 の縮図 △A′B′C′ をかいて，A′C′ の長さを測る。

○[3]　（A′C′ の長さ）×600 として，AC の距離を求める。

○単位をそろえて，目の高さ 1.6 m をたす。これが求める校舎の高さである。

○目の高さをたすことを忘れないように注意する。

○テキストでは 600 分の 1 の縮図を利用している。1800÷600＝3（cm）のように，計算しやすい縮図を考えるとよい。

□練習40

○縮図を利用して，ビルの高さを求める。

校舎から 18 m 離れた地点から，校舎の先端を見上げる角を測ったところ，その大きさは 41° になった。目の高さを 1.6 m とするとき，校舎の高さを，縮図をかいて求めなさい。

解答　△ABC の 600 分の 1 の縮図 △A′B′C′ は，右の図のようになる。

A′C′ の長さを測ると 2.6 cm である。

よって，2.6×600＝1560 より

AC＝1560 cm

すなわち　AC＝15.6 m

したがって，15.6＋1.6＝17.2 より，校舎の高さは

17.2 m　**答**

練習 40　あるビルの高さを測るために，ビルの真下から 50 m 離れた地点からビルの屋上を見上げる角を測ったところ，その大きさは 30° になった。目の高さを 1.5 m とするとき，ビルの高さを，縮図をかいて求めなさい。

○例題 9 と同じように考える。

○2000 分の 1 の縮図を利用するとよい。

○ビルの高さを求めるとき，目の高さをたすことを忘れないように注意する。

▌▌テキストの解答▌▌

練習 40　△ABC の 2000 分の 1 の縮図 △A′B′C′ をかくと，右の図のようになる。

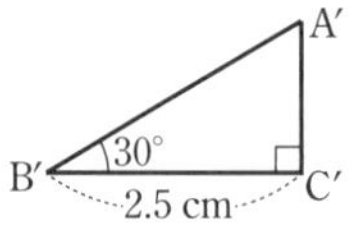

A′C′ の長さを測ると 1.4 cm である。

よって，1.4×2000＝2800 より

AC＝2800 cm

すなわち　AC＝28 m

したがって，28＋1.5＝29.5 より，ビルの高さは

29.5 m

学習のめあて

相似な図形の性質を利用して，身のまわりの問題を解決することができるようになること。

学習のポイント

相似の利用

2つの相似な図形の面積比や体積比を利用して，ものの値段や容器の容積を求めることができる。

相似な図形の面積比

2つの相似な図形の相似比が $m:n$ であるとき，それらの面積比は $m^2:n^2$ である。

相似な立体の体積比

2つの相似な立体の相似比が $m:n$ であるとき，それらの体積比は $m^3:n^3$ である。

相似の利用

相似な図形の性質を利用して，身のまわりの問題を考えよう。

例題 10 ある店では，直径 10 cm と直径 15 cm の 2 種類のチーズケーキを販売している。2 種類のチーズケーキは相似な円柱とみることができる。また，チーズケーキの値段は体積に比例して決められている。直径 10 cm のチーズケーキの値段が 480 円であるとき，直径 15 cm のチーズケーキの値段を求めなさい。

解答 直径 10 cm と直径 15 cm のチーズケーキは相似であり，その相似比は　　10：15＝2：3

よって，体積比は　　$2^3:3^3=8:27$

直径 15 cm のチーズケーキの値段を x 円とすると

$$8:27=480:x$$

これを解くと　　$x=1620$

よって，直径 15 cm のチーズケーキの値段は　1620 円　**答**

練習 41 ある店のメニューには，S サイズと M サイズの円形のパンケーキがあり，S サイズのパンケーキの直径は 8 cm，M サイズのパンケーキの直径は 14 cm である。また，パンケーキの値段は円の面積に比例して決められている。S サイズのパンケーキの値段が 400 円であるとき，M サイズのパンケーキの値段を求めなさい。

練習 42 水筒 A と B は相似であり，その相似比は 3：4 である。水筒 A の容量が 810 mL であるとき，水筒 B の容量を求めなさい。

▊▊テキストの解説▊▊

□例題 10

○チーズケーキの値段を，相似の考えを利用して求める。

○2 種類のチーズケーキを，相似な円柱とみると，直径 10 cm と 15 cm のチーズケーキの相似比は，10：15＝2：3 である。

○これらの体積比は，$2^3:3^3=8:27$ となる。

○チーズケーキの値段は体積に比例する。

○直径 10 cm のチーズケーキの値段がわかっている。直径 15 cm のチーズケーキの値段を x 円として等式をつくり，それを解く。

□練習 41

○2 サイズの円形のパンケーキの値段を，相似の考えを利用して求める。

○パンケーキの値段は，円の面積に比例する。

○面積比は，2 乗の比になることに注意する。

□練習 42

○水筒の容積を求める。相似比と一方の容積が

わかっている。例題 10 と同じように考える。

▊▊テキストの解答▊▊

練習 41 S サイズと M サイズのパンケーキは相似であり，その相似比は

$$8:14=4:7$$

よって，面積比は　$4^2:7^2=16:49$

M サイズのパンケーキの値段を x 円とすると　　$16:49=400:x$

これを解くと　$x=1225$

したがって，M サイズのパンケーキの値段は　**1225 円**

練習 42 水筒 A と B の相似比は，3：4 であるから，それらの体積比は

$$3^3:4^3=27:64$$

水筒 B の容量を x mL とすると

$$27:64=810:x$$

これを解くと　$x=1920$

よって，水筒 B の容量は　　**1920 mL**

学習のめあて

相似な図形の性質を利用して，身の回りの問題を解決することができるようになること。

学習のポイント

相似の利用

容器に入れる水の量を，相似な図形の性質を利用して求める。

相似な立体の体積比

２つの相似な立体の相似比が $m:n$ であるとき，それらの体積比は $m^3:n^3$ である。

■■テキストの解説■■

□例題11

○円錐の容器に，指定された高さまで水を入れるときの水の量を求める。

○水面の高さが 8 cm のときに水が入った部分の円錐が A，水面の高さが 10 cm のときに水が入った部分の円錐が B である。

○円錐 A と B は，大きさは異なるが形が同じであるから，相似である。

○その相似比は，$8:10=4:5$ である。

○体積比は，$4^3:5^3=64:125$ となる。

○円錐 A の体積が 320 cm³ であるから，

$$64:125=320:(B の体積)$$

これを解くと　$(B の体積)=625$ cm³

○求めるものは，加える水の量であるから，

$$(B の体積)-(A の体積)$$

を考える。

○テキストでは，円錐 A と B の相似比を，水面の高さを利用して求めている。

一般に，相似な図形では，対応する線分の長さは，すべて等しいから，たとえば，円錐では，底面の半径や母線の長さに注目して相似比を求めることができる。

例題11 右の図のような円錐の容器に 320 cm³ の水を入れたところ，水面の高さは 8 cm になった。水面をさらに 2 cm 高くするには，何 cm³ の水を加えればよいか答えなさい。

解答 水面の高さが 8 cm のときに水が入った部分の円錐を A，水面の高さが $8+2=10$ (cm) のときに水が入った部分の円錐を B とする。

このとき，A と B は相似であり，その相似比は

$$8:10=4:5$$

よって，体積比は　　$4^3:5^3=64:125$

A の体積は 320 cm³ であるから

$$64:125=320:(B の体積)$$

これを解くと　$(B の体積)=625$ cm³

よって，$625-320=305$ より，加える水の量は　305 cm³ **答**

練習43 高さが 6 cm である右の図のような円錐の容器がある。この容器の中にコップ1杯分の水を入れ，水面が底面と平行になるようにしたところ，水の高さは 2 cm になった。この容器を水でいっぱいにするには，あとコップ何杯分の水を入れるとよいか答えなさい。

□練習43

○円錐の容器にコップ1杯分の水を入れたときの円錐の高さがわかっている。

○コップ1杯分の水が入った部分の円錐と容器の円錐は相似である。

○例題11と同じように考える。

■■テキストの解答■■

練習43　コップ1杯分の水が入った部分の円錐を A，容器の円錐を B とする。

このとき，A と B は相似であり，A の水の高さは 2 cm，B の容器の高さは 6 cm であるから，その相似比は

$$2:6=1:3$$

よって，体積比は

$$1^3:3^3=1:27$$

$27-1=26$ より，容器を水でいっぱいにするには，あとコップ **26杯分** の水をいれるとよい。

確認問題

解答は本書 153 ページ

▌▌テキストの解説▌▌

□問題 1

○相似な三角形の証明。

○2つの三角形は，次のどれかが成り立つとき
相似である。

[1]　3組の辺の比がすべて等しい。

[2]　2組の辺の比とその間の角がそれぞれ
等しい。

[3]　2組の角がそれぞれ等しい。

○仮定は

①　∠A＝90°　②　DE∥BC　③　DF⊥BC

△ADE と△FBD を比べると，①と③から

∠EAD＝∠DFB

残りの仮定 ② を用いて，もう 1 組の角が等し
いことを示す。

□問題 2

○三角形と線分の比，平行線と線分の比。平行
線を利用して，線分の長さを求める。

○いずれの場合も，定理にあてはめて考えれば，
x，y の値は求まる。

□問題 3

○三角形の内角の二等分線と線分の比。

○(2)は(1)の結果を利用する。

(1)の結果により，$BD＝\dfrac{56}{13}$ cm であることが

わかるから　　$AE：ED＝BA：BD$

$$＝8：\dfrac{56}{13}＝13：7$$

○∠ACB の二等分線と線分 AD の交点を F と
する。このとき，$CD＝\dfrac{35}{13}$ cm であるから

$$AF：FD＝CA：CD$$

$$＝5：\dfrac{35}{13}＝13：7$$

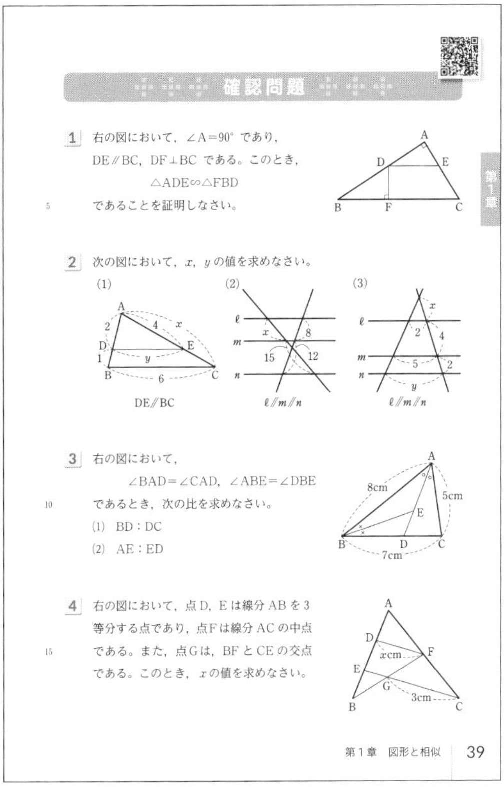

1 右の図において，∠A＝90° であり，
DE∥BC，DF⊥BC である。このとき，
△ADE∽△FBD
であることを証明しなさい。

2 次の図において，x，y の値を求めなさい。
(1)　(2)　(3)
DE∥BC　ℓ∥m∥n　ℓ∥m∥n

3 右の図において，
∠BAD＝∠CAD，∠ABE＝∠DBE
であるとき，次の比を求めなさい。
(1)　BD：DC
(2)　AE：ED
8cm　5cm　7cm

4 右の図において，点 D，E は線分 AB を 3
等分する点であり，点 F は線分 AC の中点
である。また，点 G は，BF と CE の交点
である。このとき，x の値を求めなさい。
$x$cm　3cm

第 1 章　図形と相似　39

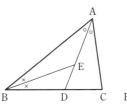
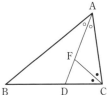

○AE：ED＝AF：FD であるから，E と F は
同じ点である。このことは，3 つの内角の二
等分線が 1 点で交わることを示している（三
角形の内角の二等分線の交点を，三角形の内
心という。内心については，テキスト 86 ペ
ージで詳しく学ぶ）。

□問題 4

○中点連結定理と線分の比。点 D，E は線分
AB を 3 等分するから，点 D は線分 AE の
中点であり，点 E は線分 BD の中点である。

○△AEC において，線分 DF と EC
△BFD において，線分 DF と EG
の関係をそれぞれ考える。

演習問題 A

解答は本書 153 ページ

▌▌テキストの解説▌▌

□問題 1

○相似な三角形を利用して線分の長さを求める。

○図に与えられた線分の長さから，△ADC と △BEF に着目すればよいことがすぐにわかる。そこで，この 2 つの三角形が相似になることを示す。

○図から　　∠ADC＝∠BEF

残りの 1 組の角が等しいことを示すには，次の 2 通りの方法がある。

[1]　EF∥AC であることから

∠ACD＝∠BFE

[2]　∠DAC＋∠DAB＝90°

∠EBF＋∠DAB＝90°

であることから

∠DAC＝∠EBF

□問題 2

○平行線を利用して線分の長さを求める。

○(1)　AB：CD　→　AE：ED　→　BF：FD の順に考える。

○(2)　線分 EF と線分 AB，CD の間に，次のことが成り立つ。

EF：AB＝DF：DB

EF：CD＝BF：BD

このどちらかの関係と(1)の結果を利用すると，線分 EF の長さを求めることができる。

□問題 3

○線分 EG，FG はともに中点を結んだ線分であるから，中点連結定理を利用することを考える。

○(1)　∠EGF を 2 つの角に分けて考える。

(2)　仮定 AB＝CD に着目する。

◦◦◦◦◦◦◦◦◦◦ 演習問題 A ◦◦◦◦◦◦◦◦◦◦

1 右の図において，線分 AC の長さを求めなさい。

2 右の図において，AB∥EF∥CD である。

(1) BF：FD を求めなさい。

(2) 線分 EF の長さを求めなさい。

3 右の図において，AB＝CD であり，点 E，F，G はそれぞれ線分 AD，BC，BD の中点である。

(1) ∠EGF の大きさを求めなさい。

(2) △EFG はどんな三角形か答えなさい。

4 右の図において，AB∥FE，BC∥DF で，△ABC の面積は 98 cm² である。このとき，四角形 BEFD の面積を求めなさい。

40 第 1 章 図形と相似

□問題 4

○相似な図形の相似比と面積比。

○△ABC と△ADF，△FEC は相似である。四角形 BEFD の面積を求める代わりに，まず△ADF と△FEC の面積を求める。

（四角形 BEFD の面積）

＝△ABC－△ADF－△FEC

▌確かめの問題

解答は本書 167 ページ

1　平行四辺形 ABCD の辺 AD 上の点 E に対して，線分 BE と対角線 AC の交点を F とする。また，F を通り AD に平行な直線と辺 CD の交点を G とし，線分 BG と対角線 AC の交点を H とする。

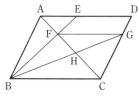

AE：ED＝2：3 であるとき，次の比を求めなさい。

(1)　AF：FC　　(2)　FH：HC

演習問題B

解答は本書 154 ページ

■ テキストの解説 ■

□問題 5

○三角形と線分の比の関係を利用して，正方形の 1 辺の長さを求める。

○正方形の 1 辺の長さを x cm として，線分の比の関係式をつくる。

○次のように考えて解くこともできる。

線分 BF は∠ABC の二等分線であるから

$$AF : FC = BA : BC = 6 : 8 = 3 : 4$$

AB∥EF であるから

$$BE : EC = AF : FC = 3 : 4$$

$$BE : BC = 3 : (3+4) = 3 : 7$$

よって $BE = \dfrac{3}{7} BC = \dfrac{3}{7} \times 8 = \dfrac{24}{7}$ (cm)

□問題 6

○平行線を利用して，比の等式をつくる。

問題文に示された「線分の比が BP：PD と等しい線分の組を見つける」をもとにして考える。

○この指示がないと少しむずかしいが，その場合も，結論の式 $AP^2 = PQ \times PR$ をもとにして考えるとよい。

○$AP^2 = PQ \times PR$ が成り立つということは，$AP : PR = PQ : AP$ が成り立つということである。そこで，AP：PR，PQ：AP に等しい線分の比を考える。

□問題 7

○立体 PQD-EGH の辺 EP，GQ，HD を延長して考える。

○2 直線 EP，GQ の交点は，平面 AEHD 上にも平面 CGHD 上にもある。したがって，その交点は，2 平面の交線 HD 上にある。

→ EP，GQ，HD の交点を O とすると，三角錐 O-PQD と O-EGH ができる

---

5 右の図の直角三角形 ABC において，3 辺 AB，BC，CA 上にそれぞれ点 D，E，F をとり，四角形 DBEF が正方形になるようにする。
このとき，正方形 DBEF の 1 辺の長さを求めなさい。

6 ▱ABCD の頂点 A を通る直線が線分 BD，BC および辺 DC の延長と交わる点を，それぞれ P，Q，R とする。このとき，線分の比が BP：PD と等しい線分の組を見つけることで

$$AP^2 = PQ \times PR$$

が成り立つことを証明しなさい。

7 右の図の立体 ABCD-EFGH は，1 辺の長さが 6 cm の立方体であり，点 P，Q はそれぞれ辺 AD，CD の中点である。この立方体を 4 点 P，Q，G，E を通る平面で切るとき，立方体 ABCD-EFGH と立体 PQD-EGH の体積比を求めなさい。

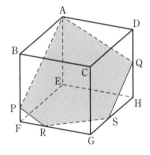

■ 実力を試す問題

解答は本書 170 ページ

1 右の図のように，1 辺が 6 cm の立方体 ABCD-EFGH がある。点 P は辺 BF 上の点で BP=5 cm，点 Q は辺 DH 上の点で DQ=3 cm である。3 点 A，P，Q を通る平面と辺 FG，GH の交点を，それぞれ R，S とする。

(1) 線分 FR と SH の長さを求めなさい。

(2) 立方体 ABCD-EFGH を 3 点 A，P，Q を通る平面で 2 つの立体に分けたとき，小さい方の立体の体積を求めなさい。

ヒント **1** (1) 直線 PR と AQ の位置関係，QS と AP の位置関係をそれぞれ考える。
(2) 小さい方の立体のまま体積を求めることはむずかしい。テキストの問題 7 と同じように考えてみる。

41

学習のめあて

用紙の短い辺と長い辺の長さの比について
知ること。

学習のポイント

用紙の2辺の長さの比

用紙の2辺の長さの比は一定で

（短い辺の長さ）：（長い辺の長さ）＝$1:\sqrt{2}$

■■テキストの解説■■

□用紙の規格と2辺の長さの比

○用紙には A 判と B 判の規格がある。A 判は
国際規格のサイズであり，B 判は国内規格の
サイズである。

○A 判の用紙は，面積が $1\,\text{m}^2$ である A0 判を
基準として，次のように区別される。

A0 判	$841\,\text{mm} \times 1189\,\text{mm}$
A1 判	$594\,\text{mm} \times 841\,\text{mm}$
A2 判	$420\,\text{mm} \times 594\,\text{mm}$
A3 判	$297\,\text{mm} \times 420\,\text{mm}$
A4 判	$210\,\text{mm} \times 297\,\text{mm}$
A5 判	$148\,\text{mm} \times 210\,\text{mm}$

…………

○B 判の用紙は，面積が $1.5\,\text{m}^2$ である B0 判
を基準として，次のように区別される。

B0 判	$1030\,\text{mm} \times 1456\,\text{mm}$
B1 判	$728\,\text{mm} \times 1030\,\text{mm}$
B2 判	$515\,\text{mm} \times 728\,\text{mm}$
B3 判	$364\,\text{mm} \times 515\,\text{mm}$
B4 判	$257\,\text{mm} \times 364\,\text{mm}$
B5 判	$182\,\text{mm} \times 257\,\text{mm}$

…………

○これらの用紙について，短い辺の長さと長い
辺の長さの比を計算すると，どれも $1:1.41$
程度になることがわかる。

○この 1.41 は，2 の正の平方根 $\sqrt{2}$ の近似値
である（$\sqrt{2}=1.41421356\cdots\cdots$）。

○1 辺の長さが 1 である正方形の対角線の長さ
は $\sqrt{2}$ になる。このことについて詳しくは，
第 4 章で学習する。

○左に示した規格の用紙を，次のように折り曲
げる。

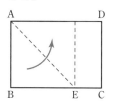

線分 AB が線分 AD 上
に重なるように折る

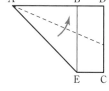

線分 AE が線分 AD 上
に重なるように折る

○上のように折ると，図の線分 AE は AD に
ぴったりと重なる。このことは，AB＝1 と
すると AD＝AE＝$\sqrt{2}$ となることを意味し
ているから，この用紙の 2 辺の長さの比は
$1:\sqrt{2}$ であることがわかる。

○体系数学テキストは A5 判であり，本書は
B5 判である。

学習のめあて

用紙の面積と2辺の長さの比の関係について理解を深めること。

学習のポイント

用紙の2辺の長さの比

用紙の2辺の長さの比は一定で

（短い辺の長さ）：（長い辺の長さ）$=1:\sqrt{2}$

■■テキストの解説■■

□ 用紙の規格と2辺の長さの比

○用紙の短い辺と長い辺の長さの比は $1:\sqrt{2}$ で一定である。

○このことは，A判であってもB判であっても変わりはない。

○B5判である本書を下に，A5判である体系数学テキストを上にして，右の図のように2冊の本を重ねる。

このとき，図の点Eは
長方形 ABCD の対角線 BD 上にある。

このことは，A5判の用紙の2辺の長さの比とB5判の用紙の2辺の長さの比が同じであることを示している。

○A4判やB4判の用紙を準備して，同じことを確かめてみるとよい。2辺の長さの比が一定であることを実感することができる。

□ サイズの異なる用紙と相似比

○A0判の半分がA1判，A1判の半分がA2判，A2判の半分がA3判，……であり，B0判の半分がB1判，B1判の半分がB2判，B2判の半分がB3判，……である。

○したがって，A1判とA0判，A2判とA1判，A3判とA2判，……の面積比も，B1判とB0判，B2判とB1判，B3判とB2判，……

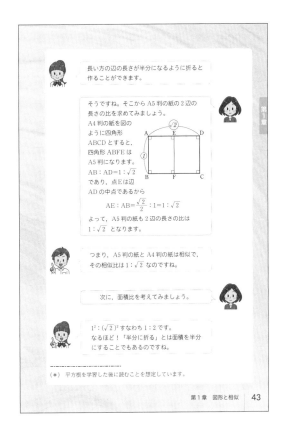

の面積比も，すべて1：2である。

○テキストに示したように，2辺の長さの比が $1:\sqrt{2}$ である長方形を半分にすると，半分になった長方形の2辺の長さの比も $1:\sqrt{2}$ になる。したがって，2つの長方形は相似であり，2つの長方形の相似比は $1:\sqrt{2}$ になる。

○A1判とA0判，A2判とA1判，A3判とA2判，……の相似比も，B1判とB0判，B2判とB1判，B3判とB2判，……の相似比も，すべて $1:\sqrt{2}$ である。

○このように，$1:\sqrt{2}$ は，1つのサイズの用紙の2辺の長さの比を表しているだけでなく，隣り合う2つのサイズの用紙の相似比も表している。

$1:\sqrt{2}$ を白銀比とよぶこともあるわよ。相似な図形は，私たちの身近な場面にも現れることがわかりますね。

第2章　線分の比と計量

■■この章で学ぶこと■■

1．三角形の重心（46～48ページ）

線分の内分点と外分点の意味を学びます。また，三角形の3つの中線が1点で交わり，その点は各中線を2:1に内分することを明らかにします。この点は，三角形の重心とよばれ，第3章で学習する三角形の五心の1つになっています。

新しい用語と記号

内分，内分点，外分，外分点，重心

2．線分の比と面積比（49～53ページ）

高さが等しい三角形の面積比は，その底辺の長さの比に等しく，底辺の長さが等しい三角形の面積比は，その高さの比に等しくなります。これらの性質を利用して，いろいろな図形の面積比と線分の比を考えます。

3．チェバの定理（54～55ページ）

三角形の各頂点を通る3つの直線が1点で交わるとき，チェバの定理が成り立ちます。この項目では，面積の関係を利用してチェバの定理を証明するとともに，定理を用いて，線分の比を求めることを考えます。

新しい用語と記号

チェバの定理

4．メネラウスの定理（56～57ページ）

三角形の各辺またはその延長が1つの直線と交わるとき，メネラウスの定理が成り立ちます。この項目では，平行線の性質を利用してメネラウスの定理を証明するとともに，定理を用いて，線分の比を求めることを考えます。

新しい用語と記号

メネラウスの定理

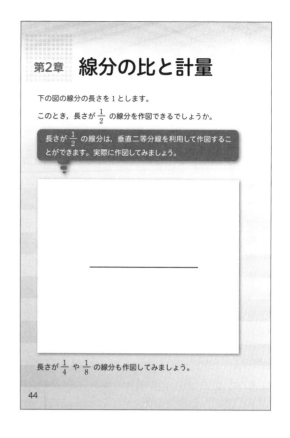

第2章　線分の比と計量

下の図の線分の長さを1とします。

このとき，長さが $\frac{1}{2}$ の線分を作図できるでしょうか。

> 長さが $\frac{1}{2}$ の線分は，垂直二等分線を利用して作図することができます。実際に作図してみましょう。

長さが $\frac{1}{4}$ や $\frac{1}{8}$ の線分も作図してみましょう。

44

■■テキストの解説■■

□長さが半分の線分の作図

○作図については，既に次の図形の作図方法を学んでいる。

垂直二等分線，角の二等分線，垂線

○長さ1の線分 AB から，長さ $\frac{1}{2}$ の線分を得るには，次の順で，線分 AB の垂直二等分線を作図すればよい。

① 線分の両端 A，B をそれぞれ中心として，等しい半径の円をかく。

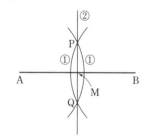

② ①でかいた2円の交点を P，Q として，直線 PQ を引く。

このとき，線分 AB と直線 PQ の交点を M とすると，$AM = BM = \frac{1}{2}$ である。

▌▌テキストの解説▌▌

□長さが $\frac{1}{4}$ の線分の作図（前ページの続き）

○長さ $\frac{1}{4}$ の線分の作図には，前ページで作図

した長さ $\frac{1}{2}$ の線分を利用する。

○長さ $\frac{1}{2}$ の線分 AM（または BM）から，長さ

$\frac{1}{4}$ の線分を得るには，次の順で，線分 AM

（または BM）の垂直二等分線を作図すれば

よい。線分 AM を使う場合

① 線分の両端 A，M を中心として，等し
い半径の円をかく。

② ①でかいた2円の交点を R，S として，
直線 RS を引く。

このとき，線分 AM と直線 RS の交点を N

とすると，$AN=MN=\frac{1}{4}$ である。

線分 BM を使っても同じである。

□長さが $\frac{1}{8}$ の線分の作図（前ページの続き）

○上と同じようにして，線分 AN の垂直二等
分線を作図し，線分 AN とこの垂直二等分
線の交点を L とすると　　$AL=NL=\frac{1}{8}$

□三角形の重心の考察

○① テキストで示したように，厚紙で適当な
大きさ，また，形も適当な三角形を作り，
小さな穴を2か所開ける。

② 1か所の穴に糸
を通してぶら下げ，
糸の延長線を三角
形にかき込む。
このとき，穴に通
した糸におもりの
ついた糸を結ぶと，

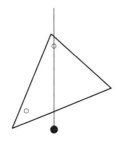

次の実験をしてみましょう。

① 厚紙で適当な大きさの三角形を作り，図のように小さな穴を2か所開けます。
② 1か所の穴に糸を通してぶら下げ，糸の延長線を三角形にかき込みます。
③ もう1か所の穴に糸を通してぶら下げ，糸の延長線を三角形にかき込みます。
④ ②と③でかいた2直線の交点に糸をつけてぶら下げてみましょう。
三角形は，どのようになるでしょうか。

④で求めた2直線の交点は，この章で学ぶ三角形の重心に関係しています。

延長線がかきやすくなる。

実際，おもりのついた糸は，鉛直に下がる。
この鉛直線上の1点を三角形上に記録し，
穴とこの1点を結ぶ。

③ もう1か所の穴に糸を通してぶら下げ，
糸の延長線を三角形にかき込む。
②と同じようにするとよい。

④ ②と③でかいた
2直線の交点に糸
をつけてぶら下げ
ると，右の図のよ
うになり，三角形
は，水平になる。

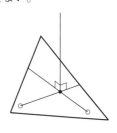

○鉛筆を横にして手の
指の上にのせてバランスをとると平行になる
1点がある。三角形では，②と③でバランス
がとれる直線を探し，④でバランスがとれる
点を探している。

○④で求めた2直線の交点は，この章で学ぶ三
角形の重心に関係している。

1．三角形の重心

学習のめあて

線分を内分する点と外分する点の意味を知ること。

学習のポイント

線分の内分点

m, n を正の数とする。点 P が線分 AB 上にあって，AP：PB＝m：n が成り立つとき，P は線分 AB を m：n に **内分** するといい，P を **内分点** という。

線分の外分点

m, n を異なる正の数とする。点 Q が線分 AB の延長上にあって，AQ：QB＝m：n が成り立つとき，Q は線分 AB を m：n に **外分** するといい，Q を **外分点** という。

▌▌テキストの解説▌▌

□内分点，外分点

○点 P が線分 AB 上にあるとき，すなわち直線上で 3 点 A，P，B がこの順に並ぶとき，P は線分 AB の内分点である。

○点 Q が線分 AB の延長上にあるとき，すなわち 3 点が A，B，Q の順，または Q，A，B の順に並ぶとき，Q は線分 AB の外分点である。外分点は，B を越える延長上にある場合と，A を越える延長上にある場合がある。

○線分 AB を m：n に内分（外分）する点と，n：m に内分（外分）する点は，まったく異なる点である。

○$m＝n$ のとき，線分を m：n に内分する点は線分の中点である。

○$m＝n$ のとき，線分を m：n に外分する点は存在しないことに注意する。

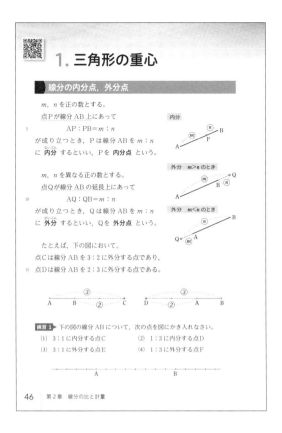

1. 三角形の重心

線分の内分点，外分点

m, n を正の数とする。
点Pが線分 AB 上にあって
$$AP：PB＝m：n$$
が成り立つとき，P は線分 AB を m：n に **内分** するといい，P を **内分点** という。

m, n を異なる正の数とする。
点Qが線分 AB の延長上にあって
$$AQ：QB＝m：n$$
が成り立つとき，Q は線分 AB を m：n に **外分** するといい，Q を **外分点** という。

たとえば，下の図において，
点Cは線分 AB を 3：2 に外分する点であり，
点Dは線分 AB を 2：3 に外分する点である。

練習 1 下の図の線分 AB について，次の点を図にかき入れなさい。
(1) 3：1 に内分する点C　　(2) 1：3 に内分する点D
(3) 3：1 に外分する点E　　(4) 1：3 に外分する点F

46　第2章　線分の比と計量

□練習 1

○線分の内分点と外分点。それぞれの点のちがいに注意する。

▌▌テキストの解答▌▌

練習 1 (1)，(2)　線分 AB の内分点 C，D は下の図のようになる。

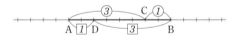

(3)，(4)　線分 AB の外分点 E，F は下の図のようになる。

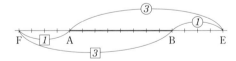

以上を1つの図に表すと，下のようになる。

学習のめあて

三角形の 3 つの中線が 1 点で交わることを理解すること。

学習のポイント

三角形の中線

三角形の 3 つの中線は 1 点で交わり，その点は各中線を 2：1 に内分する。

三角形の重心

三角形の 3 つの中線が交わる点を，三角形の **重心** という。

▌▌テキストの解説▌▌

□三角形の重心

○三角形の頂点とその対辺の中点を結んだ線分が中線である。

○テキストに示したように，中線 AL，BM の交点 G は，線分 AL を 2：1 に内分する点である。また，中線 AL，CN の交点 G′ も線分 AL を 2：1 に内分する。

○したがって，G と G′ は一致する。このことは，中線 AL，BM の交点と，中線 AL，CN の交点が一致することであり，3 つの中線が 1 点で交わることを意味している。

○三角形の 3 つの中線が 1 点で交わることは，平行四辺形の性質を用いて，次のように証明することもできる。

(証明) △ABC の中線 BE，CF の交点を G とし，直線 AG と辺 BC の交点を D とする。

AG の延長上に AG＝GH となる点 H をとると

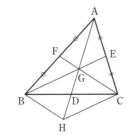

　　△AHC において　　GE∥HC

　　△ABH において　　GF∥HB

重心

前の章で学んだ中点連結定理を用いると，三角形の中線について，次の定理が証明できる。

▷ 三角形の中線

定理　三角形の 3 つの中線は 1 点で交わり，その点は各中線を 2：1 に内分する。

証明　△ABC において，図 [1] のように，中線 AL と BM の交点を G とし，図 [2] のように，中線 AL と CN の交点を G′ とする。2 点 G，G′ が一致すれば，3 つの中線が 1 点で交わることがわかる。

図 [1] で，L，M はそれぞれ辺 CB，CA の中点であるから，中点連結定理により

$$ML \parallel AB, \quad ML = \frac{1}{2}AB$$

よって　　AG：GL＝AB：ML＝2：1

図 [2] で，同様に，交点 G′ について

　　　　AG′：G′L＝AC：NL＝2：1

G と G′ はともに線分 AL 上にあり，どちらも線分 AL を 2：1 に内分する点であるから，この 2 点は一致する。

よって，△ABC の 3 つの中線は 1 点 G で交わり，AG：GL＝2：1 である。

また，BG：GM＝2：1，CG：GN＝2：1 も同様に成り立つから，G は各中線を 2：1 に内分する。　　**終**

三角形の 3 つの中線が交わる点を，三角形の **重心** という。

よって，四角形 BHCG は対辺がそれぞれ平行となるから，平行四辺形である。

平行四辺形の対角線はそれぞれの中点で交わるから，BC，GH の交点 D は線分 BC の中点である。すなわち，AD は A を通る中線である。

したがって，3 つの中線は 1 点で交わる。

○上の証明では，まず 2 つの中線 BE，CF の交点 G を定め，その交点 G と A を通る線分 AD が，A を通る中線であることを示した。頂点 A を通る中線はただ 1 つしかないから，上で示したことにより，3 つの中線は 1 点で交わることになる。

○1 点で交わることの証明はわかりにくいが，テキストの証明と比べて考えてみよう。

学習のめあて

三角形の重心の性質を利用して，線分の長さを求めることができるようになること。

学習のポイント

三角形の重心

[1]　三角形の3つの中線は1点（重心）で交わる。

[2]　重心は，各中線を $2:1$ に内分する。

■■ テキストの解説 ■■

□ 例題 1

○重心の性質を用いて，線分の長さを求める。

仮定からわかることは

[1]　$AG:GD=2:1$

[2]　$EF \parallel BC$　→　三角形と線分の比の性質

これらを利用することを考える。

○(1)　$AG:GD=2:1$ であることから，線分 GD の長さはすぐに求まる。

○(2)　$EF \parallel BC$ であることから，三角形と線分の比の性質を利用する。

□ 練習 2

○(1)　点 G は △ABC の重心

　→　G は中線 AD を $2:1$ に内分する。

○(2)　線分 BC の長さを用いればよいことはすぐにわかる。

○しかし，$EF:BC=AG:AD$ であることは明らかでない。

そこで，平行線と線分の比の性質を利用して，比 $AG:AD$ を他の線分の比に移すことを考える。

■■ テキストの解答 ■■

練習 2　(1)　点 G は △ABC の重心であるから

$$AG:AD=2:(2+1)$$
$$AG:9=2:3$$

三角形の重心の性質を用いて，線分の長さを求めよう。

例題 1　右の図において，点 G は △ABC の重心であり，G を通る直線 EF は辺 BC に平行である。このとき，次の線分の長さを求めなさい。

(1)　線分 GD

(2)　線分 GF

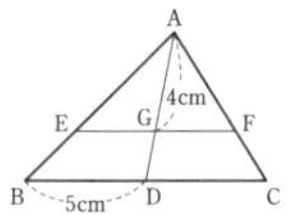

解答　(1)　三角形の重心は，各中線を $2:1$ に内分するから

$$AG:GD=2:1$$

よって　　　　$4:GD=2:1$

したがって　　　$GD=2\,cm$　**答**

(2)　線分 AD は △ABC の中線であるから

$$DC=BD=5\,cm$$

$GF \parallel DC$ であるから

$$AG:AD=GF:DC$$

よって　　　$4:(4+2)=GF:5$

したがって　　$GF=\dfrac{10}{3}\,cm$　**答**

練習 2　右の図において，点 G は △ABC の重心であり，G を通る直線 EF は辺 BC に平行である。このとき，次の線分の長さを求めなさい。

(1)　線分 AG

(2)　線分 EF

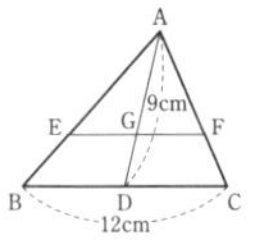

よって　　　　$AG=6\,cm$

(2)　$EF \parallel BC$ であるから

$$AE:AB=AG:AD=2:3$$

一方　　　$EF:BC=AE:AB$

よって　　　$EF:BC=2:3$

$$EF:12=2:3$$

したがって　　　$EF=8\,cm$

■ 確かめの問題　　　解答は本書 167 ページ

1　右の図の △ABC において，点 D, E はそれぞれ辺 BC, CA の中点とし，F は線分 AD, BE の交点とする。また，線分 AF の中点を G とし，CG と BE の交点を H とする。$BE=15\,cm$ のとき，次の線分の長さを求めなさい。

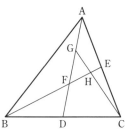

(1)　線分 BF　　　　(2)　線分 EH

2．線分の比と面積比

学習のめあて
高さが等しい 2 つの三角形の面積比について理解すること。

学習のポイント
高さが等しい三角形の面積比
高さが等しい三角形の面積比は，その底辺の長さの比に等しい。

■■テキストの解説■■

□線分の比と三角形の面積比
○テキストに示したように，高さが等しい三角形の面積比は，その底辺の長さの比に等しい。

○同じように考えると，底辺の等しい 2 つの三角形の面積比は，高さの比に等しいこともわかる。

○既に学んだように，相似な 2 つの三角形の面積比は，相似比の 2 乗に等しい。この項目で学ぶ面積比の関係と，相似な三角形の面積比を混同しないように注意する。

○相似比が $a:b$ である 2 つの三角形は，底辺の長さの比が $a:b$ であり，高さの比も $a:b$ になる。したがって，面積比は $a \times a:b \times b$ すなわち $a^2:b^2$ である。
底辺が a，b で，高さが等しい 2 つの三角形の場合，底辺の比は $a:b$ であるが，高さの比は $1:1$ であるため，面積比は $a:b$ である。

□例1
○高さが等しい 2 つの三角形の面積比。
○△ABD と △ADC は，底辺をそれぞれ BD，DC とみると，高さが等しくなる。したがって，面積比は，底辺の比 BD：DC に等しい。このことは，△ABD と △ABC についても同様である。

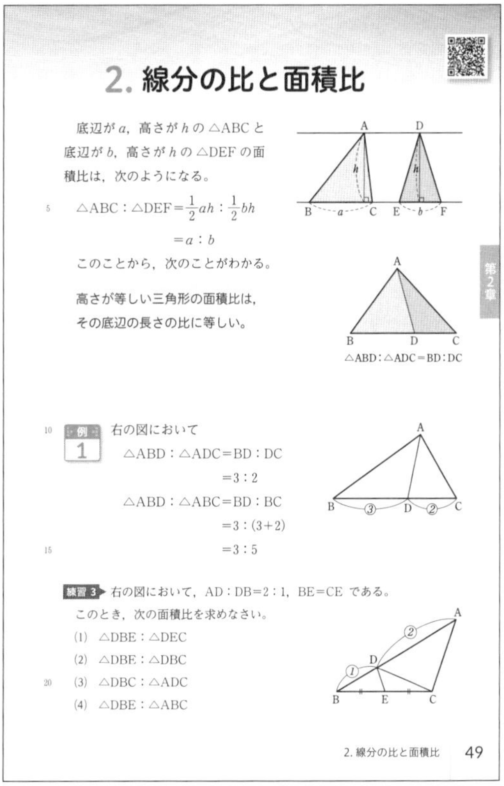

2．線分の比と面積比

底辺が a，高さが h の △ABC と底辺が b，高さが h の △DEF の面積比は，次のようになる。

△ABC：△DEF $=\dfrac{1}{2}ah:\dfrac{1}{2}bh$

$=a:b$

このことから，次のことがわかる。

高さが等しい三角形の面積比は，その底辺の長さの比に等しい。

△ABD：△ADC＝BD：DC

例1 右の図において
△ABD：△ADC＝BD：DC
$=3:2$
△ABD：△ABC＝BD：BC
$=3:(3+2)$
$=3:5$

練習3 右の図において，AD：DB＝2：1，BE＝CE である。
このとき，次の面積比を求めなさい。
(1) △DBE：△DEC
(2) △DBE：△DBC
(3) △DBC：△ADC
(4) △DBE：△ABC

□練習3
○ 2 つの三角形を高さが等しい三角形とみて，底辺の長さの比を考える。
○△DBC　→　(2)では BC を底辺とみる
　　　　　　(3)では DB を底辺とみる

■■テキストの解答■■

練習3 (1)　△DBE：△DEC＝BE：EC
　　　　　　　　　　　＝1：1

(2)　△DBE：△DBC＝BE：BC
　　　　　　　　　＝1：2

(3)　△DBC：△ADC＝BD：DA
　　　　　　　　　＝1：2

(4)　△DBE＝S とすると
　(2)から　　　△DBC＝$2S$
　(3)から　　　△ADC＝2△DBC＝$4S$
　よって
　　△DBE：△ABC＝$S:(2S+4S)$
　　　　　　　　　＝1：6

学習のめあて

高さが等しい2つの三角形の面積比の関係を用いて，いろいろな図形の面積を求めること。

学習のポイント

三角形の重心と面積比

重心が三角形の各中線を $2:1$ に内分することに着目する。

■■テキストの解説■■

□例題2

○点 G が重心であることから，線分の比について，次のことがわかる。

$$AM:MC=1:1, \quad BL:LC=1:1$$
$$AG:GL=2:1, \quad BG:GM=2:1$$

○面積を求める図形は四角形。ただちに面積を求めることができない場合，次の方針で考えるとよい。

［1］ いくつかの図形に分ける。

［2］ ある図形から，余分な部分を除く。

解答は，この［2］の方針によるものである。

○［1］の方針で考えると，次のようになる。

$$\triangle GLC=\frac{1}{3}\triangle ALC=\frac{1}{3}\times\frac{1}{2}\triangle ABC$$
$$=\frac{1}{6}\triangle ABC=2\ (\text{cm}^2)$$
$$\triangle GMC=\frac{1}{3}\triangle BMC=\frac{1}{3}\times\frac{1}{2}\triangle ABC$$
$$=\frac{1}{6}\triangle ABC=2\ (\text{cm}^2)$$

よって $S=\triangle GLC+\triangle GMC=4\ (\text{cm}^2)$

□練習4

○ CG と辺 AB の交点を D として，△ABC と △DBC，△DBC と △GBC の順に考える。

○テキストの練習4の下に示されているように，三角形は3つの中線によって，面積の等しい6つの三角形に分けられる。

三角形の重心や平行線の性質を用いて，図形の面積や面積比を求めることを考えよう。

例題2 面積が $12\ \text{cm}^2$ の △ABC がある。
辺 BC，CA の中点をそれぞれ L，M とし，AL と BM の交点を G とするとき，四角形 CMGL の面積 S を求めなさい。

（考え方）点 G は △ABC の重心であるから，各中線を $2:1$ に内分する。

（解答） AM：MC＝1：1 であるから

$$\triangle BCM=\frac{1}{2}\triangle ABC=\frac{1}{2}\times 12=6\ (\text{cm}^2)$$

点 G は △ABC の重心であるから

$$AG:GL=2:1$$

よって

$$\triangle BLG=\frac{1}{3}\triangle ABL$$
$$=\frac{1}{3}\times\frac{1}{2}\triangle ABC=\frac{1}{6}\times 12=2\ (\text{cm}^2)$$

したがって，四角形 CMGL の面積 S は

$$S=\triangle BCM-\triangle BLG=6-2=4\ (\text{cm}^2) \quad \text{（答）}$$

練習4 △ABC の重心を G とする。このとき，△ABC と △GBC の面積比を求めなさい。

例題2の△BLG の面積の求め方と同様に考えると，△ABC の3つの中線によって分けられる6つの三角形の面積は，すべて等しくなることがわかる。

■■テキストの解答■■

練習4 直線 CG と
辺 AB との交点
を D とする。
$AD:DB=1:1$
であるから

$$\triangle DBC=\frac{1}{2}\triangle ABC$$

点 G は △ABC の重心であるから

$$CG:GD=2:1$$

よって $\triangle GBC=\dfrac{2}{3}\triangle DBC$

$$=\frac{2}{3}\times\frac{1}{2}\triangle ABC$$
$$=\frac{1}{3}\triangle ABC$$

したがって

$$\triangle ABC:\triangle GBC=\triangle ABC:\frac{1}{3}\triangle ABC$$
$$=3:1$$

学習のめあて

線分の比を利用して，面積の関係を考える
ことができるようになること。

学習のポイント

線分の比と面積比

高さが等しい2つの三角形の面積比
→ 底辺の比に着目する

■■ テキストの解説 ■■

□ **例題3**

○平行四辺形と三角形の面積比。平行四辺形の
特徴に着目する。

平行四辺形 → 対辺は平行

→ 平行線で線分の比を移す

○平行四辺形 ABCD をもとに，次の順に面積
の関係を考える。

$\triangle$ABC → $\triangle$EBC → $\triangle$GBC

与えられた線分の比から，GE：GC を求め
る点がポイントになる。

□ **練習5**

○平行四辺形と三角形の面積比。

○設問に従って線分の比を求め，その結果を利
用することを考える。

■■ テキストの解答 ■■

練習5 (1) AD∥EF，AD＝BC であるから

EG：GD＝EF：AD＝1：3

よって EG：ED＝1：(1＋3)

＝**1：4** ……①

(2) AD∥EC，AD＝BC であるから

EH：HD＝EC：AD＝2：3

よって EH：ED＝2：(2＋3)

＝**2：5** ……②

(3) ①，②より

$EG = \dfrac{1}{4}ED$，$EH = \dfrac{2}{5}ED$

例題 **3** □ABCD において，辺 AB の中点
を E，辺 CD を 2：1 に内分する点
を F とする。CE と BF の交点を
G とするとき，△GBC の面積は
□ABCD の面積の何倍となるか求
めなさい。

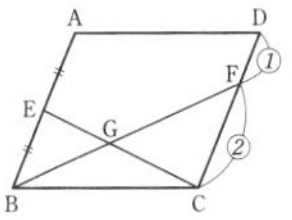

解答 □ABCD の面積を S とすると $\triangle ABC = \dfrac{1}{2}S$

AE：EB＝1：1 であるから

$\triangle EBC = \dfrac{1}{2}\triangle ABC = \dfrac{1}{2} \times \dfrac{1}{2}S = \dfrac{1}{4}S$

また，EB∥FC，AB＝CD であるから

$GE : GC = BE : FC = \dfrac{1}{2}AB : \dfrac{2}{3}CD$

$= 3 : 4$

したがって

$\triangle GBC = \dfrac{4}{7}\triangle EBC = \dfrac{4}{7} \times \dfrac{1}{4}S = \dfrac{1}{7}S$

よって，△GBC の面積は □ABCD の面積の $\dfrac{1}{7}$ 倍

答 $\dfrac{1}{7}$ 倍

練習 5 右の図のような □ABCD において，
BE＝EF＝FC であるとき，次の比を求めな
さい。
(1) EG：ED (2) EH：ED
(3) EG：EH (4) EG：GH
(5) (△AGH の面積)：(□ABCD の面積)

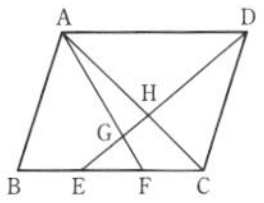

したがって

$EG : EH = \dfrac{1}{4}ED : \dfrac{2}{5}ED = \textbf{5 : 8}$

(4) EG：GH＝5：(8－5)＝**5：3**

(5) □ABCD の面積を S とすると

$\triangle AED = \dfrac{1}{2}S$

(1)，(4)より

$GH = \dfrac{3}{5}EG = \dfrac{3}{5} \times \dfrac{1}{4}ED = \dfrac{3}{20}ED$

よって，GH：ED＝3：20 であるから

$\triangle AGH = \dfrac{3}{20}\triangle AED$

$= \dfrac{3}{20} \times \dfrac{1}{2}S$

$= \dfrac{3}{40}S$

したがって

(△AGH の面積)：(□ABCD の面積)

$= \dfrac{3}{40}S : S$

＝**3：40**

学習のめあて
三角形の面積と線分の比の関係について理解すること。

学習のポイント
三角形の面積と線分の比
底辺 OA を共有する △OAB，△OAC において，2直線 OA，BC が点 P で交わるとすると　△OAB：△OAC＝PB：PC

■テキストの解説■

□三角形の面積と線分の比
○底辺を共有する2つの三角形の面積比は，高さの比に等しい。そこで，相似な三角形を利用して，高さの比を他の線分の比に移すと，三角形の面積と線分の比の定理が得られる。

○底辺 OA を共有する △OAB と △OAC について，P が線分 OA の延長上にある場合も線分 OA 上にある場合も，定理は成り立つ。

○また，△OAB と △OAC が直線 OA に関して反対側にある場合も同じ側にある場合も定理は成り立つ。しかし，同じ側にある場合，△OAB と △OAC の面積は等しくないことに注意する（OA と BC が交わらない）。

□練習6
○(1)，(2)　それぞれ2つの三角形は底辺を共有するから，定理を利用することを考える。

○(3)　(1)，(2)の結果を利用する。

■テキストの解答■

練習6

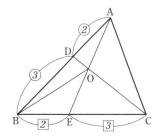

49ページと同様に考えると，次のことがいえる。

　底辺の長さが等しい三角形の面積比は，その高さの比に等しい。

さらに，このことから，次の定理も成り立つ。

三角形の面積と線分の比

定理　底辺 OA を共有する △OAB，△OAC において，2直線 OA，BC が点Pで交わるとすると
　　　△OAB：△OAC＝PB：PC

証明　2点B，Cから直線 OA に，それぞれ垂線 BH，CK を引くと　△BPH∽△CPK
　　　よって　　BH：CK＝PB：PC　……①
　　　△OAB と △OAC は底辺を共有するから，
　　　その面積比は
　　　　　△OAB：△OAC＝BH：CK　……②
したがって，①，②により　　△OAB：△OAC＝PB：PC　終

上の定理は，右の図のように，点 P が線分 OA 上にあるときや，2点 B，C が直線 OA について同じ側にあるときも成り立つ。

練習6　右の図において，
　　AD：DB＝BE：EC＝2：3
のとき，次の面積比を求めなさい。
(1) △OAB：△OAC　(2) △OBC：△OAC
(3) △ABC：△OAC

52　第2章　線分の比と計量

---

(1)　△OAB と △OAC は，辺 OA を共有しているから
　　　△OAB：△OAC＝EB：EC＝**2：3**

(2)　△OBC と △OAC は，辺 OC を共有しているから
　　　△OBC：△OAC＝DB：DA＝**3：2**

(3)　(1)，(2)の結果から

$$\triangle OAB = \frac{2}{3}\triangle OAC$$

$$\triangle OBC = \frac{3}{2}\triangle OAC$$

　このとき
$$\begin{aligned}
\triangle ABC &= \triangle OAB + \triangle OBC + \triangle OAC \\
&= \frac{2}{3}\triangle OAC + \frac{3}{2}\triangle OAC + \triangle OAC \\
&= \frac{19}{6}\triangle OAC
\end{aligned}$$

　よって　△ABC：△OAC
$$= \frac{19}{6}\triangle OAC : \triangle OAC = \mathbf{19:6}$$

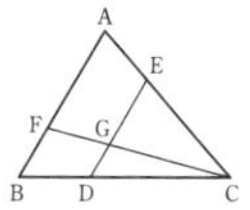

学習のめあて

面積と線分の比の関係を利用して，いろいろな図形の面積を求めること。

学習のポイント

線分の比と三角形の面積

線分の比を三角形の辺の比や高さの比と結びつけて考える。

■■テキストの解説■■

□例題4

○これまでに学んだ次のことを利用する。

[1] 相似な三角形の面積比は相似比の2乗の比に等しい。

[2] 高さが等しい三角形の面積比は底辺の長さの比に等しい。

○平行線を利用して，線分の比を移す。

□練習7

○例題4にならって考える。

■■テキストの解答■■

練習7

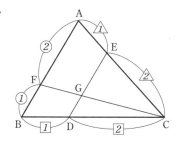

(1) △FBC と △ABC は，底辺をそれぞれ FB，AB としたときの高さが等しいから，面積比は

$$△FBC：△ABC＝FB：AB＝1：3$$

よって $△FBC＝\dfrac{1}{3}×54＝\textbf{18 (cm}^2\textbf{)}$

(2) △EDC と △ABC において

共通な角であるから ∠DCE＝∠BCA

また CE：CA＝2：3

第1章で学んだ相似な図形の面積比や，この章で学んだ線分の比と面積比の関係を用いて，いろいろな図形の面積を求めよう。

例題4 右の図において，

DE∥BC，AE：EC＝2：3

で，△ABC の面積が 75 cm² のとき，次の三角形の面積を求めなさい。

(1) △ADE　(2) △EFC

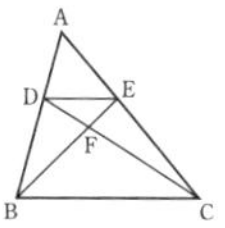

解答 (1) △ADE∽△ABC で，相似比は 2：5 であるから

$$△ADE：△ABC＝2^2：5^2＝4：25$$

よって $△ADE＝\dfrac{4}{25}△ABC＝\dfrac{4}{25}×75＝12 (cm^2)$ **答**

(2) AE：EC＝2：3 であるから

$$△DCE＝\dfrac{3}{2}△ADE＝\dfrac{3}{2}×12＝18 (cm^2)$$

また，DE∥BC であるから

$$DF：CF＝DE：CB＝2：5$$

よって $△EFC＝\dfrac{5}{7}△DCE＝\dfrac{5}{7}×18＝\dfrac{90}{7} (cm^2)$ **答**

練習7 右の図において，

BD：DC＝AE：EC＝BF：FA＝1：2

で，△ABC の面積が 54 cm² のとき，次のものを求めなさい。

(1) △FBC の面積

(2) △EDC の面積

(3) 四角形 FBDG と △EGC の面積比

CD：CB＝2：3

2組の辺の比とその間の角がそれぞれ等しいから △EDC∽△ABC

相似比は，2：3 であるから

$$△EDC：△ABC＝2^2：3^2＝4：9$$

よって $△EDC＝\dfrac{4}{9}×54＝\textbf{24 (cm}^2\textbf{)}$

(3) △GDC と △FBC は相似で，相似比は 2：3 であるから

$$△GDC：△FBC＝2^2：3^2＝4：9$$

よって

$$△GDC＝\dfrac{4}{9}△FBC＝\dfrac{4}{9}×18＝8 (cm^2)$$

このとき （四角形 FBDG の面積）

$$＝△FBC－△GDC$$
$$＝18－8＝10 (cm^2)$$

また △EGC＝△EDC－△GDC

$$＝24－8＝16 (cm^2)$$

したがって，四角形 FBDG と △EGC の面積比は 10：16＝**5：8**

53

3．チェバの定理

学習のめあて

三角形の頂点を通る3直線が1点で交わる場合に成り立つ事柄について理解すること。

学習のポイント

チェバの定理

△ABCの辺上にもその延長上にもない点Oがある。頂点A，B，CとOを結ぶ直線AO，BO，COが，向かい合う辺BC，CA，ABまたはその延長と，それぞれ点P，Q，Rで交わるとき，次の等式が成り立つ。

$$\frac{BP}{PC} \times \frac{CQ}{QA} \times \frac{AR}{RB} = 1$$

■■テキストの解説■■

□チェバの定理

○テキスト52ページで学習した三角形の面積と線分の比の定理を利用して，チェバの定理を証明する。

○これまで，線分の比は $a:b$ の形で用いてきたが，ここでは線分の比を，比の値の形でも利用する。

○ $\quad$ BP：PC＝△OAB：△OCA

→ 線分の比と面積の比が等しい

→ 比の値どうしも等しい

→ $\dfrac{BP}{PC} = \dfrac{\triangle OAB}{\triangle OCA}$

○次のように考えても同じである。

$\quad$ BP：PC＝△OAB：△OCA

→ 比の性質から

$\quad$ BP×△OCA＝PC×△OAB

→ 両辺を PC×△OCA でわると

$\dfrac{BP}{PC} = \dfrac{\triangle OAB}{\triangle OCA}$

○いろいろな位置にある点Oについて，線分

3．チェバの定理

チェバの定理

三角形の頂点を通る3直線が1点で交わるとき，次の **チェバの定理** が成り立つ。

チェバの定理

定理 △ABCの辺上にもその延長上にもない点Oがある。頂点A，B，CとOを結ぶ直線AO，BO，COが，向かい合う辺BC，CA，ABまたはその延長と，それぞれP，Q，Rで交わるとき，次の等式が成り立つ。

$$\frac{BP}{PC} \times \frac{CQ}{QA} \times \frac{AR}{RB} = 1$$

証明 点Oが△ABCの内部にあるとき，三角形の面積と線分の比の定理により

$\quad$ BP：PC＝△OAB：△OCA

すなわち $\dfrac{BP}{PC} = \dfrac{\triangle OAB}{\triangle OCA}$ ……①

同様にして

$\dfrac{CQ}{QA} = \dfrac{\triangle OBC}{\triangle OAB}$ ……②

$\dfrac{AR}{RB} = \dfrac{\triangle OCA}{\triangle OBC}$ ……③

①，②，③から

$\dfrac{BP}{PC} \times \dfrac{CQ}{QA} \times \dfrac{AR}{RB} = \dfrac{\triangle OAB}{\triangle OCA} \times \dfrac{\triangle OBC}{\triangle OAB} \times \dfrac{\triangle OCA}{\triangle OBC} = 1$

点Oが△ABCの外部にあるときも，同様にして証明される。 ■終

54 第2章 線分の比と計量

の比と面積の比の関係を調べてみるとよい。

○チェバの定理は，三角形と線分の比の性質を利用して，次のように証明することもできる。

（証明）B，CからAPに平行な直線を引き，それぞれが直線CR，BQと交わる点をX，Yとする。このとき

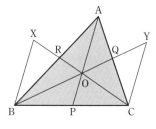

$$\frac{BP}{PC} = \frac{BO}{OY} = \frac{XB}{YC}$$

$$\frac{CQ}{QA} = \frac{YC}{OA},$$

$$\frac{AR}{RB} = \frac{OA}{XB}$$

よって $\quad \dfrac{BP}{PC} \times \dfrac{CQ}{QA} \times \dfrac{AR}{RB}$

$\quad = \dfrac{XB}{YC} \times \dfrac{YC}{OA} \times \dfrac{OA}{XB}$

$\quad = 1$

学習のめあて

チェバの定理を利用して，線分の比を求めることができるようになること。

学習のポイント

チェバの定理の利用

定理の式に，正しく線分の比をあてはめる。

■■ テキストの解説 ■■

□例2

○チェバの定理を利用して，線分の比を求める。

三角形の頂点を通る3直線の交点が三角形の内部にあり，定理の3点 P，Q，R がすべて辺上にある場合。

○ $CQ:QA=2:5 \rightarrow \dfrac{CQ}{QA}=\dfrac{2}{5}$

$\dfrac{BP}{PC}=\dfrac{10}{3} \rightarrow BP:PC=10:3$

のように，比の形の式と分数の形の式を，正しく使えるようにする。

□練習8，練習9

○例2にならって考える。

○三角形の頂点を通る3直線の交点が三角形の内部にある場合も外部にある場合も，チェバの定理は同じように成り立つ。

■■ テキストの解答 ■■

練習8 (1) 仮定から $\dfrac{BP}{PC}=\dfrac{6}{5}$，$\dfrac{CQ}{QA}=\dfrac{3}{2}$

△ABC にチェバの定理を用いると

$$\dfrac{6}{5}\times\dfrac{3}{2}\times\dfrac{AR}{RB}=1$$

$$\dfrac{AR}{RB}=\dfrac{5}{9}$$

よって　　$AR:RB=\textbf{5:9}$

(2) 仮定から

$$\dfrac{BP}{PC}=\dfrac{1}{1}，\dfrac{CQ}{QA}=\dfrac{1}{1+2}=\dfrac{1}{3}$$

例 2 右の図において，BP：PC を求める。
CQ：QA＝2：5，AR：RB＝3：4
であるから

$$\dfrac{CQ}{QA}=\dfrac{2}{5}，\dfrac{AR}{RB}=\dfrac{3}{4}$$

△ABC にチェバの定理を用いると

$$\dfrac{BP}{PC}\times\dfrac{2}{5}\times\dfrac{3}{4}=1$$

$$\dfrac{BP}{PC}=\dfrac{10}{3}$$

よって　　BP：PC＝10：3

練習8 次の図において，AR：RB を求めなさい。

(1)
BP：PC＝6：5
AQ：QC＝2：3

(2)
BP：PC＝1：1
AC：CQ＝2：1

練習9 △ABC の辺 AB を3：2に内分する点を R，辺 AC を2：1に内分する点を Q とする。BQ と CR の交点を O とし，AO と BC の交点を P とするとき，BP：PC を求めなさい。

前のページのチェバの定理における3点 P，Q，R のうち，三角形の辺上にある交点は，1個または3個である。

△ABC にチェバの定理を用いると

$$\dfrac{1}{1}\times\dfrac{1}{3}\times\dfrac{AR}{RB}=1$$

$$\dfrac{AR}{RB}=3$$

よって　　$AR:RB=\textbf{3:1}$

練習9 仮定から

$$\dfrac{CQ}{QA}=\dfrac{1}{2}，$$

$$\dfrac{AR}{RB}=\dfrac{3}{2}$$

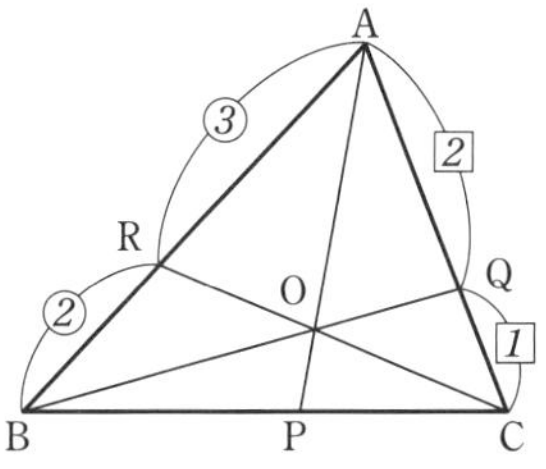

△ABC にチェバの定理を用いると

$$\dfrac{BP}{PC}\times\dfrac{1}{2}\times\dfrac{3}{2}=1$$

$$\dfrac{BP}{PC}=\dfrac{4}{3}$$

よって　　BP：PC＝**4：3**

4. メネラウスの定理

学習のめあて

1つの直線が三角形の各辺またはその延長と交わる場合に成り立つ事柄について理解すること。

学習のポイント

メネラウスの定理

△ABC の辺 BC, CA, AB またはその延長が, 三角形の頂点を通らない直線 ℓ とそれぞれ点 P, Q, R で交わるとき, 次の等式が成り立つ。

$$\frac{\text{BP}}{\text{PC}} \times \frac{\text{CQ}}{\text{QA}} \times \frac{\text{AR}}{\text{RB}} = 1$$

▌▌テキストの解説▌▌

□メネラウスの定理

○メネラウスの定理もチェバの定理も, 結果の等式は同じであるから覚えやすい。ただし, 3点 P, Q, R のうち, 辺の延長上にある点 (辺の外分点) の個数が

チェバの定理　　→　0個か2個

メネラウスの定理　→　1個か3個

という違いがある。

○メネラウスの定理の証明でも, 線分の比 $\frac{\text{BP}}{\text{PC}}$ などを他の比に変えて考えるところは, チェバの定理と同じである。

ただし, 面積の比ではなく, 線分の比に変えて考える。

○そのために, 補助線として, △ABC の頂点 C を通り, 直線 ℓ に平行な直線を引く。この平行線によって, 比 $\frac{\text{BP}}{\text{PC}}$, $\frac{\text{CQ}}{\text{QA}}$ をそれぞれ $\frac{\text{BR}}{\text{RD}}$, $\frac{\text{DR}}{\text{RA}}$ に移すことができる。

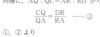

4. メネラウスの定理

■ メネラウスの定理

1つの直線が三角形の各辺またはその延長と交わるとき, 次の **メネラウスの定理** が成り立つ。

メネラウスの定理

> **定理**　△ABC の辺 BC, CA, AB またはその延長が, 三角形の頂点を通らない直線 ℓ とそれぞれ点 P, Q, R で交わるとき, 次の等式が成り立つ。
> $$\frac{\text{BP}}{\text{PC}} \times \frac{\text{CQ}}{\text{QA}} \times \frac{\text{AR}}{\text{RB}} = 1$$

証明　△ABC の頂点 C を通り, 直線 ℓ に平行な直線を引き, 直線 AB との交点を D とする。

三角形と線分の比の定理により

$$\text{BP} : \text{PC} = \text{BR} : \text{RD}$$

すなわち　$\frac{\text{BP}}{\text{PC}} = \frac{\text{BR}}{\text{RD}}$ ……①

同様に, AQ:QC=AR:RD から

$$\frac{\text{CQ}}{\text{QA}} = \frac{\text{DR}}{\text{RA}} \quad \cdots\cdots ②$$

①, ② より

$$\frac{\text{BP}}{\text{PC}} \times \frac{\text{CQ}}{\text{QA}} \times \frac{\text{AR}}{\text{RB}}$$

$$= \frac{\text{BR}}{\text{RD}} \times \frac{\text{DR}}{\text{RA}} \times \frac{\text{AR}}{\text{RB}} = 1 \quad \text{終}$$

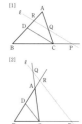

メネラウスの定理は, 上の図の [1], [2] いずれの場合にも成り立つ。

○直線 ℓ の位置によって, 頂点 A を通る補助線を引いたり, 頂点 B を通る補助線を引いたりすることに注意する。

○メネラウスの定理は, 三角形の面積と線分の比の性質を利用して, 次のように証明することもできる。

（証明）　右下の図において, 三角形の面積と線分の比の定理により

$$\frac{\text{BP}}{\text{PC}} = \frac{\triangle\text{QBP}}{\triangle\text{QCP}}$$

$$\frac{\text{CQ}}{\text{QA}} = \frac{\triangle\text{PCQ}}{\triangle\text{PAQ}}$$

$$\frac{\text{AR}}{\text{RB}} = \frac{\triangle\text{APQ}}{\triangle\text{BPQ}}$$

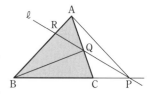

よって　$\dfrac{\text{BP}}{\text{PC}} \times \dfrac{\text{CQ}}{\text{QA}} \times \dfrac{\text{AR}}{\text{RB}}$

$$= \frac{\triangle\text{QBP}}{\triangle\text{QCP}} \times \frac{\triangle\text{PCQ}}{\triangle\text{PAQ}} \times \frac{\triangle\text{APQ}}{\triangle\text{BPQ}}$$

$$= 1$$

テキスト 57 ページ

学習のめあて

メネラウスの定理を利用して，線分の比を求めることができるようになること。

学習のポイント

メネラウスの定理の利用

定理の式に，正しく線分の比をあてはめる。

テキストの解説

□例 3，練習 10

○メネラウスの定理を利用して，線分の比を求める。チェバの定理の場合と同じように，線分の比を正しくあてはめて計算する。

□練習 11

○直線 BG と辺 AC の交点を M とすると，証明すべきことは，AM：MC＝1：1 が成り立つことである。

○メネラウスの定理を利用する図形は，△ALC と直線 BG である。これまでと同じように，△ABC だけを考えていると証明ができないので注意する。

テキストの解答

練習 10 (1) 仮定から

$$\frac{BP}{PC}=\frac{3+2}{2}=\frac{5}{2},\quad \frac{AR}{RB}=\frac{2}{3}$$

△ABC と直線 PR にメネラウスの定理を用いると $\frac{5}{2}\times\frac{CQ}{QA}\times\frac{2}{3}=1$

$$\frac{CQ}{QA}=\frac{3}{5}$$

よって　CQ：QA＝**3：5**

(2) 仮定から

$$\frac{BP}{PC}=\frac{2+3}{3}=\frac{5}{3},\quad \frac{AR}{RB}=\frac{1}{1+4}=\frac{1}{5}$$

△ABC と直線 PQ にメネラウスの定理を用いると

例 3　右の図において，BP：PC を求める。

CQ：QA＝1：2，AR：RB＝3：1

であるから

$$\frac{CQ}{QA}=\frac{1}{2},\quad \frac{AR}{RB}=\frac{3}{1}$$

△ABC と直線 QR にメネラウスの定理を用いると

$$\frac{BP}{PC}\times\frac{1}{2}\times\frac{3}{1}=1$$

$$\frac{BP}{PC}=\frac{2}{3}$$

よって　BP：PC＝2：3

第2章

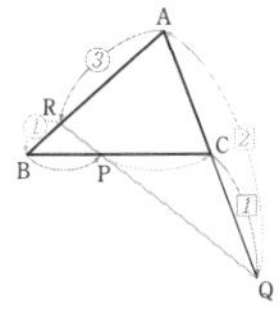

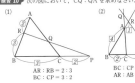

練習 10 次の図において，CQ：QA を求めなさい。

(1)

AR：RB＝2：3
BC：CP＝3：2

(2)

BC：CP＝2：3
AR：AB＝1：4

練習 11 △ABC の 1 つの中線 AL を 2：1 に内分する点を G とするとき，直線 BG は辺 AC の中点を通ることを証明しなさい。

注意　練習 11 の点 G は，△ABC の重心である。

前のページのメネラウスの定理における 3 点 P，Q，R のうち，三角形の辺の延長上にある交点は，1 個または 3 個である。

4. メネラウスの定理　57

$$\frac{5}{3}\times\frac{CQ}{QA}\times\frac{1}{5}=1$$

$$\frac{CQ}{QA}=3$$

よって　CQ：QA＝**3：1**

練習 11　直線 BG と辺 AC との交点を M とする。

仮定から

$$\frac{CB}{BL}=\frac{2}{1},\quad \frac{LG}{GA}=\frac{1}{2}$$

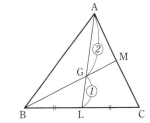

△ACL と直線 BG にメネラウスの定理を用いると

$$\frac{2}{1}\times\frac{1}{2}\times\frac{AM}{MC}=1$$

$$\frac{AM}{MC}=1$$

よって　AM：MC＝1：1

したがって，直線 BG は辺 AC の中点を通る。

学習のめあて

チェバの定理の逆が成り立つことを理解すること。

学習のポイント

チェバの定理の逆

△ABC の辺 BC, CA, AB またはその延長上に，それぞれ点 P, Q, R があり，この3点のうち，1個または3個が辺上にあるとする。

このとき，BQ と CR が交わり，かつ

$$\frac{BP}{PC} \times \frac{CQ}{QA} \times \frac{AR}{RB} = 1$$

が成り立てば，3直線 AP, BQ, CR は1点で交わる。

■■ テキストの解説 ■■

□ チェバの定理の逆

○チェバの定理を利用して，その逆が成り立つことを証明する。

○証明は少しわかりにくいかもしれないが，P と P′ が一致するという論法は，3つの中線が1点で交わることの証明と同じである。

○3点 P, Q, R のうち，1個または3個が辺上にあるという仮定から，P が辺上にあるとすると，2点 Q, R はともに辺上にあるか，ともに辺上にないかのどちらかである。
そして，このいずれの場合も，2直線 BQ, CR の交点を O とすると，直線 AO は辺 BC と交わる。

○この交点を P′ とすると，△ABC にチェバの定理を用いると

$$\frac{BP'}{P'C} \times \frac{CQ}{QA} \times \frac{AR}{RB} = 1$$

一方，仮定により

$$\frac{BP}{PC} \times \frac{CQ}{QA} \times \frac{AR}{RB} = 1$$

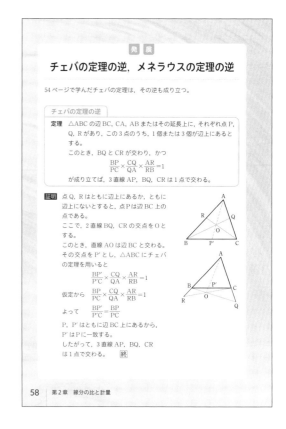

発展

チェバの定理の逆，メネラウスの定理の逆

54 ページで学んだチェバの定理は，その逆も成り立つ。

> **チェバの定理の逆**
>
> **定理** △ABC の辺 BC, CA, AB またはその延長上に，それぞれ点 P, Q, R があり，この3点のうち，1個または3個が辺上にあるとする。
> このとき，BQ と CR が交わり，かつ
> $$\frac{BP}{PC} \times \frac{CQ}{QA} \times \frac{AR}{RB} = 1$$
> が成り立てば，3直線 AP, BQ, CR は1点で交わる。

証明 点 Q, R はともに辺上にあるか，ともに辺上にないとすると，点 P は辺 BC 上の点である。
ここで，2直線 BQ, CR の交点を O とする。
このとき，直線 AO は辺 BC と交わる。
その交点を P′ とし，△ABC にチェバの定理を用いると
$$\frac{BP'}{P'C} \times \frac{CQ}{QA} \times \frac{AR}{RB} = 1$$
仮定から $\frac{BP}{PC} \times \frac{CQ}{QA} \times \frac{AR}{RB} = 1$
よって $\frac{BP'}{P'C} = \frac{BP}{PC}$
P, P′ はともに辺 BC 上にあるから，P′ は P に一致する。
したがって，3直線 AP, BQ, CR は1点で交わる。 **終**

が成り立つから　　$\dfrac{BP'}{P'C} = \dfrac{BP}{PC}$

○2点 P, P′ はともに辺 BC 上にあるから，このことは，2点 P, P′ が辺 BC を同じ比に内分することを意味している。

○したがって，P と P′ は同じ点であり，直線 AP は2直線 BQ, CR の交点 O を通る。
すなわち，3直線は1点 O で交わる。

○2点 P, P′ がともに辺 BC 上にないと，このことは結論できないことに注意する。
たとえば，点 P が辺 BC を 2:1 に内分する点で，点 P′ が辺 BC を 2:1 に外分する点であっても，$\dfrac{BP'}{P'C} = \dfrac{BP}{PC}$ は成り立つ。

○チェバの定理の逆を用いると，△ABC の3つの中線 AP, BQ, CR が1点で交わることは，次のことから明らかとなる。

$$\frac{BP}{PC} \times \frac{CQ}{QA} \times \frac{AR}{RB} = \frac{1}{1} \times \frac{1}{1} \times \frac{1}{1}$$
$$= 1$$

学習のめあて

メネラウスの定理の逆が成り立つことを理解すること。

学習のポイント

メネラウスの定理の逆

△ABC の辺 BC，CA，AB またはその延長上に，それぞれ点 P，Q，R があり，この3点のうち，1個または3個が辺の延長上にあるとする。

このとき

$$\frac{BP}{PC}\times\frac{CQ}{QA}\times\frac{AR}{RB}=1$$

が成り立てば，3点 P，Q，R は一直線上にある。

■■テキストの解説■■

□メネラウスの定理の逆

○メネラウスの定理を利用して，その逆が成り立つことを証明する。

○証明の方法は，チェバの定理の逆の証明と同様である。

○3点 P，Q，R のうち，1個または3個が辺の延長上にあるという仮定から，P が辺の延長上にあるとすると，2点 Q，R はともに辺上にあるか，ともに辺上にないかのどちらかである。

そして，このいずれの場合も，直線 QR と BC の交点を P′ とすると，P′ は辺 BC の延長上にある。

○このとき，△ABC と直線 P′R にメネラウスの定理を用いると

$$\frac{BP'}{P'C}\times\frac{CQ}{QA}\times\frac{AR}{RB}=1$$

一方，仮定により

$$\frac{BP}{PC}\times\frac{CQ}{QA}\times\frac{AR}{RB}=1$$

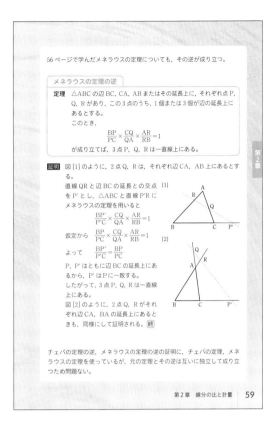

56ページで学んだメネラウスの定理についても，その逆が成り立つ。

メネラウスの定理の逆

定理 △ABC の辺 BC，CA，AB またはその延長上に，それぞれ点 P，Q，R があり，この3点のうち，1個または3個が辺の延長上にあるとする。
このとき，
$$\frac{BP}{PC}\times\frac{CQ}{QA}\times\frac{AR}{RB}=1$$
が成り立てば，3点 P，Q，R は一直線上にある。

証明 図[1]のように，2点 Q，R は，それぞれ辺 CA，AB 上にあるとする。

直線 QR と 辺 BC の延長との交点 [1]
を P′ とし，△ABC と直線 P′R に
メネラウスの定理を用いると
$$\frac{BP'}{P'C}\times\frac{CQ}{QA}\times\frac{AR}{RB}=1$$
仮定から $\frac{BP}{PC}\times\frac{CQ}{QA}\times\frac{AR}{RB}=1$ [2]

よって $\frac{BP'}{P'C}=\frac{BP}{PC}$

P，P′ はともに辺 BC の延長上にあるから，P′ は P に一致する。
したがって，3点 P，Q，R は一直線上にある。
図[2]のように，2点 Q，R がそれぞれ辺 CA，BA の延長上にあるときも，同様にして証明される。終

チェバの定理の逆，メネラウスの定理の逆の証明に，チェバの定理，メネラウスの定理を使っているが，元の定理とその逆は互いに独立して成り立つため問題ない。

が成り立つから $\frac{BP'}{P'C}=\frac{BP}{PC}$

○2点 P，P′ はともに辺 BC の延長上にあるから，このことは，2点 P，P′ が辺 BC を同じ比に外分することを意味している。

○チェバの定理の逆で説明したように，2点がともに辺の延長上にあるというところは重要である。

○したがって，P と P′ は同じ点であり，直線 QR は点 P を通る。すなわち，3点 P，Q，R は一直線上にある。

○一般に，3直線が1点で交わることの証明や，3点が一直線上にあることの証明は，考えにくいことが多い。そのような場合に，チェバの定理の逆やメネラウスの定理の逆を利用することを考えてみるとよい。

> この本の次のページに，1点で交わることや一直線上にあることを証明する問題を取り上げたので，これらにも取り組んでみましょう。

学習のめあて

チェバの定理，メネラウスの定理に共通する覚え方を知ること。

学習のポイント

チェバの定理，メネラウスの定理

結論の式は，ともに次の形。

$$\frac{B\bigcirc}{\bigcirc C}\times\frac{C\square}{\square A}\times\frac{A\triangle}{\triangle B}=1$$

■■ テキストの解説 ■■

□チェバの定理，メネラウスの定理の覚え方

○チェバの定理もメネラウスの定理も，その結論の式 $\dfrac{BP}{PC}\times\dfrac{CQ}{QA}\times\dfrac{AR}{RB}=1$ は同じである。

○その式を

分子→分母→分子→分母→分子→分母

の順に見ていくと

BP → PC → CQ → QA → AR → RB

となって，

頂点 → 分点 → 頂点 →……→ 頂点

のように，三角形を1周することがわかる。この特徴に着目すると，結論の式も覚えやすい。

■確かめの問題　　解答は**本書168ページ**

1　△ABCの辺ABの中点をDとし，辺ACを3：2に内分する点をEとする。また，BEとCDの交点をOとし，AOと辺BCの交点をFとする。このとき，次の比を求めなさい。

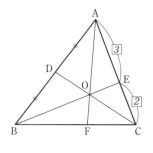

(1)　BF：FC　　(2)　AO：OF

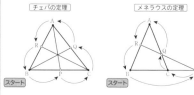

チェバの定理，メネラウスの定理の覚え方

チェバの定理の結論の式とメネラウスの定理の結論の式は同じ形をしており，複雑で覚えにくい。

ここでは，この式の覚え方について考える。

それぞれ上の図のように，頂点Bをスタートして，

頂点→分点→頂点→……→頂点

と，三角形を1周する。

$$\frac{BP}{PC}\times\frac{CQ}{QA}\times\frac{AR}{RB}=1$$

どちらも頂点と分点を交互にたどり，三角形を1周すると考えると覚えやすい。

チェバの定理のチェバ，メネラウスの定理のメネラウスはともに人名である。

チェバ（1647年～1734年）：イタリアの数学者
メネラウス（紀元100年頃）：ギリシャの数学者

■実力を試す問題　　解答は**本書170ページ**

1　△ABCの辺BC上に点Pをとり，∠APB，∠APCの二等分線が辺AB，ACと交わる点を，それぞれR，Qとする。このとき，3直線AP，BQ，CRは1点で交わることを証明しなさい。

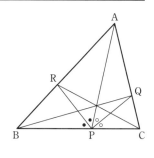

2　△ABCの重心をGとし，辺AB，BCをそれぞれ1：3，3：2に内分する点をD，Eとする。

このとき，3点D，G，Eは一直線上にあることを証明しなさい。

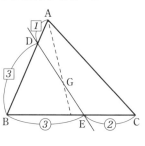

確認問題

解答は本書 156 ページ

▌▌テキストの解説▌▌

□問題 1

○三角形と線分の比。

○与えられた条件と，そこから導かれる事柄を整理すると，次のようになる。

[1]　点 D，E は辺 BC，AC の中点

→　BE，AD の交点 G は△ABC の重心

→　重心は中線 AD を 2：1 に内分する

[2]　BE∥DF

→　GE∥DF

→　GE：DF＝AG：AD

→　AG：GD を利用する

○(2)は，次のように考えてもよい。

BE∥DF であるから

$$DF：BE＝CD：CB＝1：2$$

よって　　$DF＝\dfrac{1}{2}BE$

G は△ABC の重心で，BG：GE＝2：1 であるから　　$GE＝\dfrac{1}{3}BE$

したがって

$$GE：DF＝\dfrac{1}{3}BE：\dfrac{1}{2}BE＝2：3$$

□問題 2

○線分の比と面積比。

○(1)　△ABD と△ABC は底辺を BD，BC とみると高さが等しい。高さが等しい三角形の面積比は底辺の長さの比に等しい。

○(2)　△ABP と△ABD の面積比を考え，(1) の結果を利用する。

□問題 3

○チェバの定理を利用して，線分の比を求める。

三角形の頂点は A，B，C，各辺の分点は P，Q，R で，定理とまったく同じであるから，

確認問題

1　右の図の△ABC において，点 D，E はそれぞれ辺 BC，AC の中点で，BE∥DF である。線分 AD と BE の交点を G とするとき，次の線分の比を求めなさい。
(1)　AG：GD　　(2)　GE：DF

2　右の図において，
AP：PD＝2：3，BD：DC＝3：4 である。次の面積比を求めなさい。
(1)　△ABD：△ABC
(2)　△ABP：△ABC

3　次の図において，BP：PC を求めなさい。
(1)

(2)

AR：RB＝2：1
AQ：QC＝3：4

AB：BR＝5：2
AC：CQ＝4：1

4　右の図において，
AD：DB＝2：1，AE：EC＝4：1 である。次の線分の比を求めなさい。
(1)　BF：FC　　(2)　DF：FE

定理の結論の式

$$\dfrac{BP}{PC}×\dfrac{CQ}{QA}×\dfrac{AR}{RB}＝1$$

にそのままあてはめればよい。

○メネラウスの定理を利用すると

[1]　AO：OP

[2]　BO：OQ

[3]　CO：OR

も求めることができる。各自計算してみるとよい（本書 156 ページ参照）。

□問題 4

○メネラウスの定理を利用して，線分の比を求める。

○分点は P，Q，R でなく，D，E，F

→　結論の式は，たとえば

$$\dfrac{BF}{FC}×\dfrac{CE}{EA}×\dfrac{AD}{DB}＝1$$

頂点と分点の順を考え，定理の結論の式に正しくあてはめる。

演習問題A

解答は本書157ページ

┃┃テキストの解説┃┃

□問題1

○求めるものは AG：GF

○わかっていることは

　[1]　点 D，E は辺 AB，BC の中点

　[2]　DG∥BC

○GF＝AF－AG であるから，これらを利用して，AF，AG を AE で表す。

○メネラウスの定理を利用すると，次のようにして，直接 AG：GF を求めることができる。

直線 DG と辺 AC
の交点を H とする
と，DH∥BC より

$$AH：HC$$
$$=AD：DB$$
$$=1：1$$

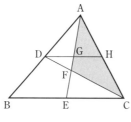

また　　CF：FD＝2：1

△AFC と直線 DH について

$$\frac{CD}{DF}×\frac{FG}{GA}×\frac{AH}{HC}=1$$

$$\frac{3}{1}×\frac{FG}{GA}×\frac{1}{1}=1$$

よって，$\frac{FG}{GA}=\frac{1}{3}$ から　　AG：GF＝3：1

□問題2

○線分の比と三角形の面積比の性質を利用して，三角形と平行四辺形の面積を比べる。

○別解として

　△AEF と △CBF　　→　相似

　△ABC と △CBF　　→　高さが等しい

　△ABC と ▱ABCD → ▱ABCD＝2△ABC

の順に考えてもよい。

□問題3

○三角形の辺または辺の延長上にある点と線分

───

1 △ABC の辺 AB，BC の中点をそれぞれ D，E とし，線分 AE と CD の交点を F とする。点 D から，辺 BC に平行な直線を引き，線分 AE との交点を G とするとき，AG：GF を求めなさい。

2 ▱ABCD において，辺 AD を1：2に内分する点を E とし，AC と BE の交点を F とする。このとき，▱ABCD の面積は，△AEF の面積の何倍となるか求めなさい。

3 右の図のように，△ABC の内部の点 O と頂点を結ぶ直線が，辺 BC，CA，AB と交わる点をそれぞれ D，E，F とし，直線 FE が直線 BC と交わる点を P とする。
　このとき，
　　　　BD：DC＝BP：PC
であることを証明しなさい。

4 △ABC の辺 AB を5：3に内分する点を R，AC を2：3に内分する点を Q とする。線分 BQ と CR の交点を O とし，直線 AO と辺 BC の交点を P とするとき，次の比を求めなさい。
　(1)　BP：PC　　(2)　△ABC：△OBC

───

の比の証明。

○証明することは BD：DC＝BP：PC であるが，線分の比に関する条件は見つからない。そこで，△ABC の内部の点 O と直線 FE に着目して，チェバの定理，メネラウスの定理を利用することを考える。

○結論の式から，2点 D，P は線分 BC を同じ比に内分，外分することがわかる。

□問題4

○(1)　与えられた条件は

　　　AR：RB　と　AQ：QC

求めるものは　　BP：PC

したがって，チェバの定理を利用すればよいことがすぐにわかる。

○(2)　面積比を求める △ABC と △OBC は底辺 BC を共有しているから

　　　　△ABC：△OBC＝AP：OP

そこで，AP：OP を求めることを考え，△ABP と直線 CR に着目する。

演習問題B

解答は本書158ページ

▌▌テキストの解説▌▌

□問題5

○2点が一致することの証明。

○(1) 中点連結定理と平行四辺形の性質を利用する。

○(2) △ABCの重心は3つの中線AE，BF，CDの交点である。

○また，(1)の結果により，線分EPも△DEFの中線である。そこで，(1)にならって，中線BFと線分DEの交点をQ，中線CDと線分EFの交点をRとする。このとき，線分FQ，DRも△DEFの中線であることがわかれば，△DEFの重心は△ABCの重心と一致すると結論することができる。

○次の方針で考えてもよい。

△ABCの重心をGとすると，Gは線分AEを2：1に内分する点である。

一方，(1)の結果により，線分EPは△DEFの中線であるから，△DEFの重心をG′とすると，G′は線分EPを2：1に内分する点である。したがって，G′が線分AEを2：1に内分する点であれば，2点G，G′が一致することになる（本書158ページ参照）。

□問題6

○高さが等しい三角形の面積比は，その底辺の長さの比に等しい。また，高さが等しい三角形の底辺の長さの比は，その面積比に等しい。

○(1) △ARQと△QRSは高さが等しいから，底辺AQ，QSの長さの比は，それらの面積比に等しい。仮定から，△ARQの面積は，△QRSの面積の2倍である。

○(2) 線分ABの長さがわかっていて，線分AQの長さを求める。(1)の結果より，ASの

▦▦▦▦▦▦ 演習問題B ▦▦▦▦▦▦

5 △ABC において，辺 AB，BC，CA の中点をそれぞれ D，E，F とし，中線 AE と線分 DF の交点を P とする。
　このとき，次のことを証明しなさい。
　(1) DP＝PF
　(2) △ABC の重心と△DEF の重心は一致する。

6 右の図で，△ABC の面積は，線分 PQ，QR，RS，SC によって5等分されている。
　このとき，次のものを求めなさい。
　(1) AQ：QS
　(2) AB＝15 cm のとき，線分 AQ の長さ

7 右の図の△ABC において，点 D，E はそれぞれ辺 AB，AC 上にあり，DE∥BC である。また，線分 BE と CD の交点を O とする。直線 AO と辺 BC の交点を F とするとき，F は辺 BC の中点であることを証明しなさい。

第2章 線分の比と計量 63

長さがわかればよい。(1)と同じように考えて，まずAS：ABを求める。

□問題7

○点Fが辺BCの中点であることは，BF：FC＝1：1であることと同じである。

○このことと　　DE∥BC　→　$\dfrac{AD}{DB}=\dfrac{AE}{EC}$

であることに着目して，チェバの定理を利用することを考える。

○三角形の面積と線分の比の関係を利用して，次のように考えることもできる。

DE∥BCであるから　　△DBC＝△EBC

よって　　　　　△ODB＝△OEC

このことと　△OAD：△ODB

　　　　＝AD：DB＝AE：EC

　　　　＝△OAE：△OEC

より　　　　　△OAD＝△OAE

よって　　　　△OAB＝△OAC

したがって　BF：CF＝△OAB：△OAC

　　　　　　　　＝1：1

第3章　円

■■この章で学ぶこと■■

1．外心と垂心（66〜68 ページ）

三角形の3辺の垂直二等分線が1点で交わることを学びます。その証明の過程から，どんな三角形についても，3つの頂点を通る円が存在することがわかります。

また，三角形の3つの頂点から，対辺またはその延長に引いた垂線が1点で交わることも明らかにします。

新しい用語と記号

　外接円，外心，内接する，垂心

2．円周角（69〜77 ページ）

円の性質として基本的で重要な，円周角の定理とその逆について学習します。また，これらの定理を利用して，角の大きさを求めたり，図形の性質を明らかにしたりします。

新しい用語と記号

　円周角，円周角の定理，円周角の定理の逆

3．円に内接する四角形（78〜82 ページ）

円周角の定理を利用して，円に内接する四角形の性質を導きます。また，四角形が円に内接する条件についても考えます。

新しい用語と記号

　内接する，外接円

4．円の接線（83〜89 ページ）

円の接線の基本的な性質について学びます。また，三角形の3つの内角の二等分線が1点で交わることや，1つの内角の二等分線と他の2つの角の外角の二等分線が1点で交わることについても学習します。

新しい用語と記号

　接線の長さ，内接円，内心，傍接円，傍心，
　三角形の五心

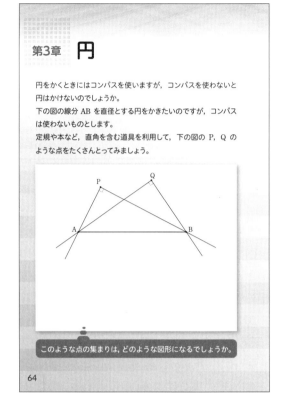

第3章　円

円をかくときにはコンパスを使いますが，コンパスを使わないと円はかけないのでしょうか。

下の図の線分 AB を直径とする円をかきたいのですが，コンパスは使わないものとします。

定規や本など，直角を含む道具を利用して，下の図の P，Q のような点をたくさんとってみましょう。

このような点の集まりは，どのような図形になるでしょうか。

64

5．接線と弦のつくる角（90〜92 ページ）

接線と弦のつくる角の性質について学習します。また，その性質を用いて，いろいろな角の大きさを求めることを考えます。

新しい用語と記号

　接弦定理

6．方べきの定理（93〜96 ページ）

円の弦や接線の長さについて成り立つ定理と，その逆について考えます。その証明には，この章で学ぶ円の基本的な性質が利用されます。

新しい用語と記号

　方べきの定理

7．2つの円（97〜101 ページ）

2つの円の位置関係を整理するとともに，それまでに学んだ定理を利用して，円のいろいろな性質を明らかにします。

新しい用語と記号

　接する，接点，外接する，内接する，共通接線

▌▌テキストの解説▌▌

□円をかく（前ページの続き）

○線分 AB を固定して，∠APB＝90° となる
点をいくつかとると，それらは線分 AB を
直径とする円周上にあることがわかる。

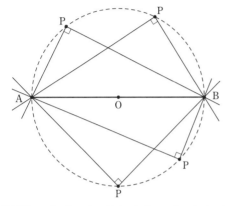

○同じことは，A，B に2本のピンを立て，三
角定規をこれらにあてながら動かしても確か
めることができる。

□円の性質（前ページの続き）

○円は，三角形や四角形と同じように，基本的
で身近な図形である。

○円は，平面上の1点から等しい距離にある点
の集まりである。円については，既に次のこ
とを学んでいる。

・円周上の1点 P だけを共有する直線を，
円の接線といい，P をその接点という。

・円の接線は，接点を通る半径に垂直である。

○このほかにも，円にはいろいろな性質がある。

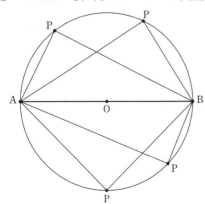

←ターレス（585B.C. 頃）
古代ギリシャの哲学者

ターレスは，古代ギリシャの哲学者で数学の定理を証明した人
物として知られています。
ターレスは「証明をする」という考えがなかった時代に幾何学
の5つの定理を証明しました。その証明した定理の1つをこの
章で学びます。
ターレスが主張した，数学の定理は証明しなければならないと
いう考えは，現在の数学の基本の考えとなっています。

65

たとえば，左で示したように，線分 AB を
直径とする円の周上に点 P をとり，∠APB
の大きさを測ると，∠APB＝90° となる。こ
のことは，周上のどこに点 P をとっても同
じである。

○左下の図の円の中心を O とすると，P の位
置に関係なく，次のことが成り立つ。

・△OAP は OA＝OP の二等辺三角形であ
るから　　∠OAP＝∠OPA

・△OBP は OB＝OP の二等辺三角形であ
るから　　∠OBP＝∠OPB

・△ABP の内角の和は　180°

よって

∠OAP＋∠OPA＋∠OPB＋∠OBP＝180°

2(∠OPA＋∠OPB)＝180°

∠OPA＋∠OPB＝90°

したがって　　　　　　∠APB＝90°

○このページで調べたことがらは，この章で学
習する円周角の定理とその逆につながるもの
である。

1．外心と垂心

学習のめあて
三角形の3辺の垂直二等分線は1点で交わることを理解すること。

学習のポイント
円と弦の性質
円とその弦について，次のことが成り立つ。
[1] 円の中心から弦に引いた垂線は，その弦を2等分する。
[2] 円の中心は，弦の垂直二等分線上にある。

三角形と円
三角形の3辺の垂直二等分線は1点で交わる。

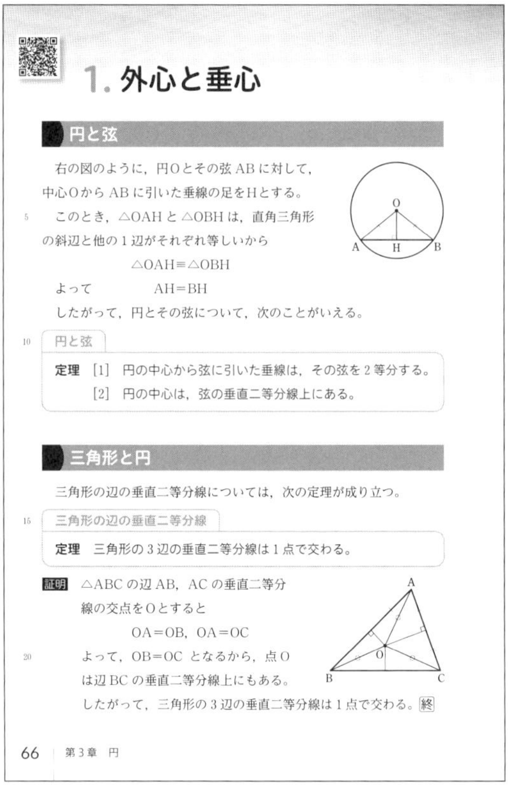

1．外心と垂心

円と弦
　右の図のように，円Oとその弦ABに対して，中心OからABに引いた垂線の足をHとする。
　このとき，△OAHと△OBHは，直角三角形の斜辺と他の1辺がそれぞれ等しいから
　　　　△OAH≡△OBH
よって　　　　AH＝BH
したがって，円とその弦について，次のことがいえる。

円と弦

定理 [1] 円の中心から弦に引いた垂線は，その弦を2等分する。
　　　 [2] 円の中心は，弦の垂直二等分線上にある。

三角形と円

三角形の辺の垂直二等分線については，次の定理が成り立つ。

三角形の辺の垂直二等分線

定理 三角形の3辺の垂直二等分線は1点で交わる。

証明 △ABCの辺AB，ACの垂直二等分線の交点をOとすると
　　　　OA＝OB，OA＝OC
　よって，OB＝OCとなるから，点Oは辺BCの垂直二等分線上にもある。
　したがって，三角形の3辺の垂直二等分線は1点で交わる。終

▌▌テキストの解説▌▌

□円と弦
○円Oの弦をABとすると，線分OA，OBは円Oの半径であるから，△OABはOA＝OBの二等辺三角形である。
○体系数学1では，二等辺三角形の性質として，次のことを学習した。
　二等辺三角形において，頂角の二等分線，頂点から底辺に引いた中線・垂線，底辺の垂直二等分線はすべて一致する。
○したがって
　頂角の二等分線　→　中心角の二等分線
　頂点から底辺に引いた中線
　　　　　　→　中心と弦の中点を結ぶ直線
　頂点から底辺に引いた垂線
　　　　　　→　中心から弦に引いた垂線
　底辺の垂直二等分線
　　　　　　→　弦の垂直二等分線
　はすべて一致する。
○テキストでは，△OAH≡△OBHであるこ

とに戻って，円と弦の性質を説明している。

□三角形の辺の垂直二等分線
○三角形の3つの中線が1点（重心）で交わることについては既に学んだ。
○三角形の3辺の垂直二等分線も1点で交わる。証明は，2辺の垂直二等分線の交点Oを定め，Oから残りの辺に引いた垂線が，その辺を二等分することから，3辺の垂直二等分線が1点で交わることを結論する。
　少しわかりにくいかもしれないが，その意味をしっかりと理解したい。
○テキストでは，三角形の2辺の垂直二等分線の交点が，残りの辺の垂直二等分線上にもあることから証明している。
○三角形の3つの中線の交点（重心）は，いつも三角形の内部にあったが，三角形の3辺の垂直二等分線の交点は，いつも三角形の内部にあるとは限らない。このことについては，次のページで詳しく学習する。

学習のめあて

三角形の外心の性質を理解して，その性質を利用することができるようになること。

学習のポイント

三角形の外心

三角形の3つの頂点を通る円を **外接円** といい，外接円の中心 O を三角形の **外心** という。また，三角形は円に **内接する** という。

■■ テキストの解説 ■■

□三角形の外心

○△ABC の3辺の垂直二等分線は1点Oで交わる。このとき，OA＝OB＝OC が成り立つから，O は3点 A，B，C を通る円の中心である。

○鋭角三角形の外心は三角形の内部にあり，鈍角三角形の外心は三角形の外部にある。また，直角三角形の外心は，斜辺の中点である。
どんな形の三角形についても，その外接円がただ1つ存在する。

□例1

○外心と角の大きさ。二等辺三角形の2つの底角が等しいことを利用する。

○∠ABC を ∠OBA と ∠OBC に分けて考えるところがポイントになる。

□練習1

○例1にならって考える。

■■ テキストの解答 ■■

練習1 （1） △OAC において
OA＝OC であるから
∠OCA ＝∠OAC

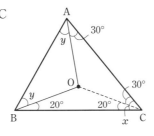

前のページの証明から，点 O を中心とし，線分 OA を半径とする円は，三角形の3つの頂点を通ることがわかる。

この円を三角形の **外接円** といい，外接円の中心 O を三角形の **外心** という。また，三角形は円に **内接する** という。三角形には必ず外接円がただ1つ存在する。

鋭角三角形，直角三角形，鈍角三角形の外心Oの位置

△ABCの内部　　　斜辺の中点　　　△ABCの外部

例1 右の図で，点Oが△ABCの外心であるとき，∠ABCの大きさを求める。

△OAB において，OA＝OB より
∠OBA＝∠OAB＝40°
△OBC において，OB＝OC より
∠OBC＝∠OCB＝30°
よって　∠ABC＝∠OBA＋∠OBC＝40°＋30°＝70°

練習1 点Oは△ABCの外心である。∠x，∠y の大きさを求めなさい。

(1) 　　(2)

＝30°
△OBC において，OB＝OCであるから
∠OCB＝∠OBC＝20°
よって　∠x＝30°＋20°
＝**50°**
三角形の内角の和は180°であるから
2∠y＝180°－（20°＋50°＋30°）
＝80°
よって　∠y＝**40°**

（2）　△OBC において
OB＝OC であるから
∠x＝180°
－25°×2
＝**130°**
三角形の内角の和は180°であるから
2∠y＝180°－（35°×2＋25°×2）
＝60°
よって　∠y＝**30°**

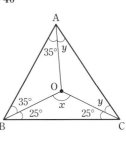

67

学習のめあて

三角形の 3 つの頂点から対辺に引いた垂線の交点の性質について理解すること。

学習のポイント

三角形の垂心

三角形の 3 つの頂点から，対辺またはその延長に引いた垂線は 1 点で交わる。この交点を三角形の **垂心** という。

■■テキストの解説■■

□三角形の垂心

○三角形において，3 辺の垂直二等分線が 1 点 (外心) で交わることは既に学んだ。

○三角形の 3 つの頂点から，対辺またはその延長に引いた垂線も 1 点で交わる。その証明に，三角形の外心を利用する。

○ AD，BE，CF には，次の 2 つの面がある。

[1]　△ABC の各頂点から対辺に引いた垂線

[2]　△PQR の各辺の垂直二等分線

　→　△PQR の外心で交わる

したがって，垂線 AD，BE，CF は 1 点で交わる，と結論することができる。

○チェバの定理の逆を利用すると，次のようにして証明することができる。

$$\triangle ABD \backsim \triangle CBF \quad から \quad \frac{AB}{CB}=\frac{BD}{BF}$$

$$\triangle BCE \backsim \triangle ACD \quad から \quad \frac{BC}{AC}=\frac{CE}{CD}$$

$$\triangle CAF \backsim \triangle BAE \quad から \quad \frac{CA}{BA}=\frac{AF}{AE}$$

したがって
$$\frac{BD}{DC}\times\frac{CE}{EA}\times\frac{AF}{FB}$$
$$=\frac{BD}{BF}\times\frac{CE}{CD}\times\frac{AF}{AE}$$
$$=\frac{AB}{CB}\times\frac{BC}{AC}\times\frac{CA}{BA}=1$$

よって，テキスト 58 ページで示したように，3 直線 AD，BE，CF は 1 点で交わる。

● 垂心

三角形の頂点から対辺に引いた垂線について，次の定理が成り立つ。

三角形の頂点から対辺に引いた垂線

定理　三角形の 3 つの頂点から，対辺またはその延長に引いた垂線は 1 点で交わる。

証明　鋭角三角形の場合について示す。

△ABC の各頂点から，対辺に引いた垂線を AD，BE，CF とする。

また，A，B，C を通り，対辺に平行な直線を引き，右の図のような △PQR をつくる。

四角形 ABCQ，ACBR は，ともに平行四辺形であるから

　　　　AQ=BC，RA=BC

よって　　　　AQ=RA

また，AD⊥BC，RQ∥BC であるから

　　　　AD⊥RQ

したがって，AD は辺 RQ の垂直二等分線である。

同様に，BE，CF は，それぞれ辺 RP，PQ の垂直二等分線であるから，AD，BE，CF は △PQR の外心において，1 点で交わる。　　　　終

鈍角三角形，直角三角形についても，上の定理は成り立つ。

三角形の 3 つの頂点から，対辺またはその延長に引いた垂線の交点を，三角形の **垂心** という。

練習 2　∠C=90° の直角三角形 ABC の垂心の位置を求めなさい。

□練習 2

○直角三角形の垂心の位置。3 頂点から対辺に引いた垂線を考えると，垂心は直角の頂点 C にあることがわかる。

○一般に，鋭角三角形の垂心は三角形の内部にあり，鈍角三角形の垂心は三角形の外部にある。また，直角三角形の垂心は，直角の頂点にある。

■■テキストの解答■■

練習 2　点 A から辺 BC に垂線を引くと，垂線は AC となる。

点 B から辺 AC に垂線を引くと，垂線は BC となる。

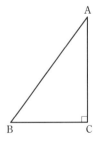

よって，垂線の交点，すなわち垂心は**点 C** となる。

2．円周角

学習のめあて

中心角の大きさと弧の長さの関係について
理解すること。

学習のポイント

中心角と弧

1つの円で，等しい中心角に対する弧の長
さは等しい。逆に，長さの等しい弧に対す
る中心角は等しい。
1つの円の弧の長さは，中心角の大きさに
比例する。

■■テキストの解説■■

中心角と弧

○円周の一部が弧である。円周上の2点A，B
を両端とする弧を，弧ABといい，$\overset{\frown}{AB}$で表
す。

○円の2つの半径と弧で囲まれた図形が扇形で
ある。扇形で，2つの半径がつくる角を中心
角という。

○2点A，Bから2つの弧が得られる。その
うち，大きい方を優弧といい，小さい方を劣
弧という。

○たとえば，右の図の
ような場合，単に
$\overset{\frown}{AB}$と表せば，点C
を含む弧（劣弧）と，
含まない弧（優弧）
の2つがある。

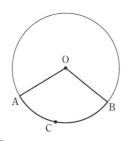

○この2つの弧は，$\overset{\frown}{ACB}$と表すと，劣弧の方
に限定される。ただし，単に$\overset{\frown}{AB}$と表せば，
普通，劣弧の方を指す。

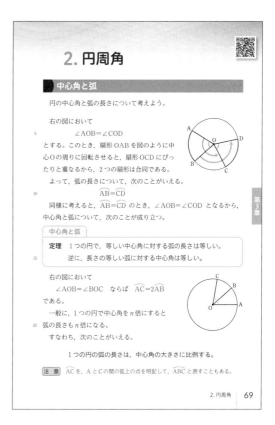

□中心角と弧の性質

○1つの円において，中心角が等しい2つの扇
形は，その一方を回転移動して，他方にぴっ
たりと重ねることができる。
したがって，等しい中心角に対する弧の長さ
は等しい。

○逆に，弧の長さが等しい2つの扇形も，その
一方を回転移動して，他方にぴったりと重ね
ることができる。
したがって，長さの等しい弧に対する中心角
は等しい。

○また，扇形の中心角を2倍，3倍，……する
と，弧の長さも2倍，3倍，……になる。
したがって，1つの円の弧の長さは，中心角
の大きさに比例する。

学習のめあて

1つの弧に対する円周角と中心角の関係を考察すること。

学習のポイント

弧と弦

長さの等しい弧に対する弦の長さは等しい。

円周角と中心角

円 O において，$\overset{\frown}{AB}$ を除いた円周上に点 P をとるとき，∠APB を $\overset{\frown}{AB}$ に対する **円周角** という。また，$\overset{\frown}{AB}$ を **円周角∠APB に対する弧** という。

円の中心が O であるとき，∠AOB を $\overset{\frown}{AB}$ に対する中心角という。

■■テキストの解説■■

□練習 3

○長さの等しい弧に対する弦の長さは等しいことの証明。△OAB≡△OCD を示す。

○長さの等しい弦に対する弧の長さは等しいとはいえない。これは，本書前ページで説明したように，$\overset{\frown}{AB}$ といえば優弧と劣弧の2つがあるためである。

□練習 4

○円周角の定理は，本章において最も基本となる定理であり，重要である。

○計測の結果から，円周角と中心角について成り立つ性質を予想する。いろいろな円をかいて円周角と中心角の大きさを測り，同じことが予想されるかどうかを確かめてみるとよい。

■■テキストの解答■■

練習 3 △OAB と △OCD において

$\overset{\frown}{AB}=\overset{\frown}{CD}$ であるから，中心角について

$$∠AOB=∠COD$$

円の半径であるから

練習 3 右の図において，

$\overset{\frown}{AB}=\overset{\frown}{CD}$

のとき，AB＝CD であることを証明しなさい。

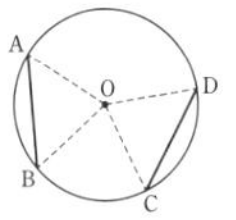

練習 3 の結果から，1つの円において，次のことがわかる。

長さの等しい弧に対する弦の長さは等しい。

● 円周角の定理

右の図のように，円 O の周上に，3点 A，B，P をとる。このとき，∠APB を，$\overset{\frown}{AB}$ に対する **円周角** という。

また，$\overset{\frown}{AB}$ を円周角∠APB に対する弧という。

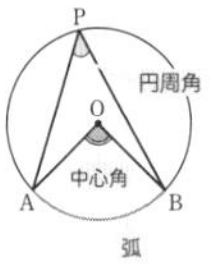

練習 4 右の図において，次の問いに答えなさい。

(1) $\overset{\frown}{AB}$ に対する円周角

∠APB，∠AP′B，∠AP″B

をそれぞれ測りなさい。

また，中心角∠AOB も測りなさい。

(2) (1)の結果から，円周角や中心角について，どのようなことが成り立つと予想できるか答えなさい。

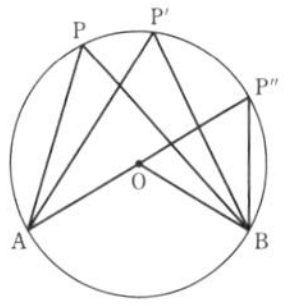

一般に，円周角と中心角について，次のページの **円周角の定理** が成り立つ。

$$OA=OB=OC=OD$$

したがって，2組の辺とその間の角がそれぞれ等しいから

$$△OAB≡△OCD$$

よって AB＝CD

練習 4 (1) 実際に分度器で測ると

$$∠APB=60°，∠AP′B=60°,$$
$$∠AP″B=60°，∠AOB=120°$$

となる。

(2) ∠APB＝∠AP′B＝∠AP″B

であるから，**1つの弧に対する円周角の大きさは等しい** と予想できる。

また，$∠APB=\dfrac{1}{2}∠AOB$ であるから，

円周角の大きさは，その弧に対する中心角の大きさの半分である と予想できる。

学習のめあて
円周角の定理を証明すること。

学習のポイント
円周角の定理
[1] 1つの弧に対する円周角の大きさは, その弧に対する中心角の大きさの半分である。

[2] 同じ弧に対する円周角の大きさは等しい。

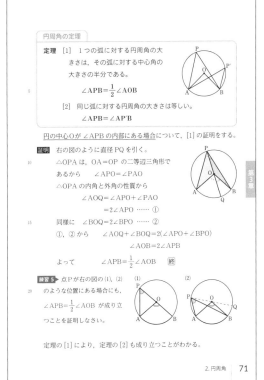

円周角の定理

定理 [1] 1つの弧に対する円周角の大きさは, その弧に対する中心角の大きさの半分である。

$$\angle APB = \frac{1}{2}\angle AOB$$

[2] 同じ弧に対する円周角の大きさは等しい。

$$\angle APB = \angle AP'B$$

円の中心 O が ∠APB の内部にある場合について, [1] の証明をする。

証明 右の図のように直径 PQ を引く。

△OPA は, OA＝OP の二等辺三角形であるから ∠APO＝∠PAO

△OPA の内角と外角の性質から
$$\angle AOQ = \angle APO + \angle PAO$$
$$= 2\angle APO \quad\cdots\cdots ①$$

同様に ∠BOQ＝2∠BPO ……②

①, ②から ∠AOQ＋∠BOQ＝2(∠APO＋∠BPO)
$$\angle AOB = 2\angle APB$$

よって $\angle APB = \frac{1}{2}\angle AOB$ 〔終〕

練習 5 点 P が右の図の(1), (2)のような位置にある場合にも, $\angle APB = \frac{1}{2}\angle AOB$ が成り立つことを証明しなさい。

定理の [1] により, 定理の [2] も成り立つことがわかる。

2. 円周角　71

▌▌テキストの解説▌▌

□円周角の定理とその証明
○まず, 円の中心 O が ∠APB の内部にある場合について証明する。

○外心の証明と同じように
$$OA = OP \;\rightarrow\; \angle APO = \angle PAO$$
$$OB = OP \;\rightarrow\; \angle BPO = \angle PBO$$
であることに着目する。

○直径 PQ を引くと, これら 4 つの角を ∠AOB に集めることができて, 1 つの弧に対する円周角の大きさは, その弧に対する中心角の大きさの半分であることがわかる。

○$\overset{\frown}{AB}$ に対する円周角はいろいろあるが, その大きさはどれも中心角の半分である。
したがって, $\overset{\frown}{AB}$ に対する円周角の大きさはどれも等しい。

□練習 5
○円の中心 O が
(1) ∠APB の辺上にある場合
(2) ∠APB の外部にある場合
について, 円周角の定理を証明する。∠APB の内部にある場合と同じように考える。

▌▌テキストの解答▌▌

練習 5 (1) △OPA は, OA＝OP の二等辺三角形であるから
$$\angle APO = \angle PAO$$

△OPA の内角と外角の性質から
$$\angle AOB = \angle APO + \angle PAO = 2\angle APO$$
よって ∠AOB＝2∠APB

したがって $\angle APB = \frac{1}{2}\angle AOB$

(2) △OPA は, OA＝OP の二等辺三角形であるから
$$\angle APO = \angle PAO \quad\cdots\cdots ①$$
△OPA の内角と外角の性質から
$$\angle AOQ = \angle APO + \angle PAO$$
①より
$$\angle AOQ = 2\angle APO \quad\cdots\cdots ②$$
同様に, △OPB について
$$\angle BOQ = 2\angle BPO \quad\cdots\cdots ③$$
②, ③より
$$\angle AOQ - \angle BOQ$$
$$= 2(\angle APO - \angle BPO)$$
であるから ∠AOB＝2∠APB

よって $\angle APB = \frac{1}{2}\angle AOB$

71

学習のめあて

円周角の定理を利用して，いろいろな角の大きさを求めることができるようになること。

学習のポイント

半円の弧に対する円周角

半円の弧に対する円周角は $90°$ である。

半円の弧 → 直径 → 直角

■■ テキストの解説 ■■

□ 半円の弧に対する円周角

○半円の弧に対する中心角は $180°$ である。
したがって，半円の弧に対する円周角はその半分で $90°$ になる。

□ 練習6

○円周角の定理を利用して，円周角や中心角の大きさを求める。どんな弧に対する円周角や中心角であるかを考える。

□ 例2，練習7

○円周角の定理の利用。円周角の定理を利用して，角を1つの三角形の内角や外角に集める。

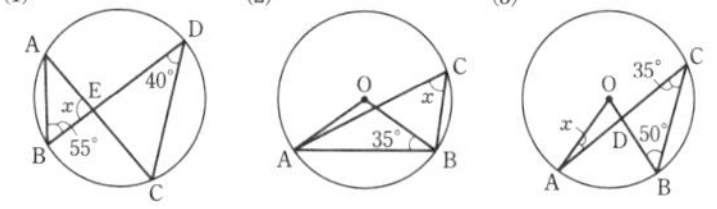

■■ テキストの解答 ■■

練習6 (1) 円周角の定理により

$$\angle x = \angle BAC = 65°$$
$$\angle y = 2\angle BAC$$
$$= 2 \times 65° = 130°$$

(2) 円周角の定理により

$$\angle x = \angle CBD = 48°$$
$$\angle y = \angle ACB = 27°$$

(3) 辺 BC は円 O の直径であるから，円周角の定理により

$$\angle x = 90°$$

△ABC の内角について

$$\angle y = 180° - (40° + 90°) = 50°$$

円周角の定理の特別な場合として，次のことが成り立つ。

半円の弧に対する円周角は $90°$ である。

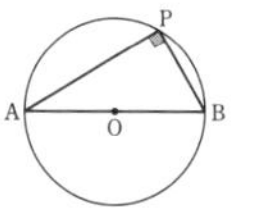

練習6 次の図において，$\angle x$，$\angle y$ の大きさを求めなさい。ただし，(3)の BC は，円 O の直径である。

(1) (2) (3)

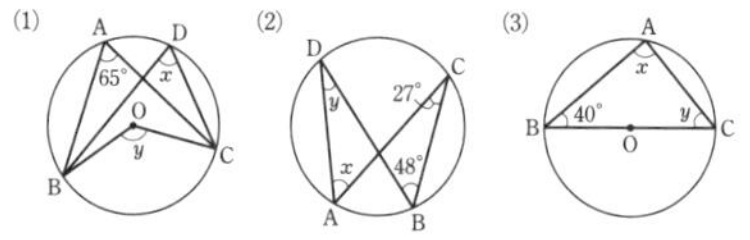

例2 右の図において，円周角の定理により

$$\angle x = \angle BAC = 35°$$

△CDE において，内角と外角の性質から

$$\angle x + \angle y = 80°$$

よって $\angle y = 80° - 35° = 45°$

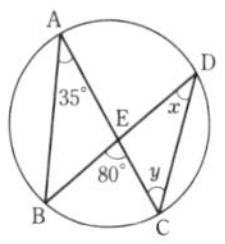

練習7 次の図において，$\angle x$ の大きさを求めなさい。

(1) (2) (3)

練習7 (1) 円周角の定理により

$$\angle BAC = \angle BDC = 40°$$

△ABE の内角について

$$\angle x = 180° - (55° + 40°) = 85°$$

(2) △OAB は，OA＝OB の二等辺三角形であるから

$$\angle AOB = 180° - 35° \times 2 = 110°$$

円周角の定理により

$$\angle x = \frac{1}{2}\angle AOB = \frac{1}{2} \times 110° = 55°$$

(3) 円周角の定理により

$$\angle AOB = 2\angle ACB = 2 \times 35° = 70°$$

△BCD において，内角と外角の性質から

$$\angle BDA = 35° + 50° = 85°$$

また，△AOD において，内角と外角の性質から

$$\angle x + 70° = 85°$$

よって $\angle x = 15°$

学習のめあて

円周角の定理を利用して，図形の性質を証明することができるようになること。

学習のポイント

合同の証明

長さの等しい辺の組や大きさの等しい角の組に着目する。

相似の証明

長さの比が等しい辺の組や大きさの等しい角の組に着目する。

▌▌テキストの解説▌▌

□例題1

○三角形の合同の証明。

○結論は　　　　△ABD≡△EBC

　一方，仮定は

　[1]　BD は ∠ABC の二等分線

　　　　→　∠ABD＝∠EBC

　[2]　BD＝BC

○4点 A，B，C，D は円周上の点であるから，円周角の定理を利用して等しい角をさがす。

　　→　∠ADB，∠ACB は $\overset{\frown}{AB}$ に対する円周角

□練習8

○三角形の相似の証明。対頂角の性質や円周角の定理により，2組の角が等しいことがすぐにわかる。

○次の3組の等しい角のうち，どの2つを証明の根拠にしてもよい。

　　　∠AEB＝∠DEC

　　　∠BAE＝∠CDE，∠ABE＝∠DCE

□練習9

○三角形の合同の証明。

○等しい1組の辺と等しい1組の角はわかっているから，円周角の定理を利用して，もう1組の等しい角を見つける。

円周角の定理を用いて，図形の問題を考えよう。

例題1　右の図において，BD は ∠ABC の二等分線で，BD＝BC である。
このとき，
　　　　　△ABD≡△EBC
であることを証明しなさい。

証明　△ABD と △EBC において

　　仮定から　　　　　　BD＝BC

　　BD は ∠ABC の二等分線であるから

　　　　　　　　∠ABD＝∠EBC

　　円周角の定理により

　　　　　　　　∠ADB＝∠ECB

　よって，1組の辺とその両端の角がそれぞれ等しいから

　　　　　　　　△ABD≡△EBC　　終

練習8　右の図において，
　　　　　△ABE∽△DCE
であることを証明しなさい。

練習9　右の図において，
　　　　　∠EBC＝∠ECB
である。このとき，
　　　　　∠ABC＝∠DCB
であることを証明しなさい。

2. 円周角　73

▌▌テキストの解答▌▌

練習8　△ABE と △DCE において

　　対頂角は等しいから ∠AEB＝∠DEC

　　円周角の定理により

　　　　　　　∠BAE＝∠CDE

　　2組の角がそれぞれ等しいから

　　　　　　　△ABE∽△DCE

練習9　△ABC と △DCB において

　　共通な辺であるから

　　　　　　　BC＝CB　　　……①

　　仮定から　　∠ACB＝∠DBC　……②

　　円周角の定理により

　　　　　　　∠ABD＝∠ACD　……③

　　②，③より

　　　　　　　∠ABC＝∠DCB　……④

　　①，②，④より，1組の辺とその両端の角がそれぞれ等しいから

　　　　　　　△ABC≡△DCB

学習のめあて

円周角と弧の長さの関係を理解して，その関係を利用することができるようになること。

学習のポイント

円周角と弧

1つの円において，次のことが成り立つ。

[1] 等しい円周角に対する弧の長さは等しい。

[2] 長さの等しい弧に対する円周角は等しい。

1つの円の弧の長さは，円周角の大きさに比例する。

■■テキストの解説■■

□円周角と弧の長さ

○弧と円周角，中心角について，これまでに，次のことを学んだ。

① 1つの円で，等しい中心角に対する弧の長さは等しい。

② 1つの弧に対する円周角の大きさは，その弧に対する中心角の大きさの半分である。

○したがって，

円周角が等しい → 中心角が等しい
　　　　　　　　→ 弧の長さが等しい

の順に，証明することができる。

□練習10

○上の順と逆の順に考えればよい。すなわち

弧の長さが等しい → 中心角が等しい
　　　　　　　　　→ 円周角が等しい

□練習11

○テキスト69ページで学んだように，1つの円の弧の長さと中心角の大きさは比例する。

○同じように，1つの円の弧の長さと円周角の大きさも比例する。したがって，弧の長さが2倍になれば，対応する円周角の大きさも2倍になる。

円周角と弧

円周角と弧の長さについて，次のことが成り立つ。

円周角と弧の長さ

定理 1つの円において

[1] 等しい円周角に対する弧の長さは等しい。

[2] 長さの等しい弧に対する円周角は等しい。

このことから，次のことがわかる。

1つの円の弧の長さは，円周角の大きさに比例する。

[1]は，次のようにして証明できる。

証明 右の図において，∠APB＝∠CQD とする。
円周角の定理により

　　　∠AOB＝2∠APB

　　　∠COD＝2∠CQD

∠APB＝∠CQD であることから

　　　∠AOB＝∠COD

等しい中心角に対する弧の長さは等しいから

　　　$\overset{\frown}{AB}=\overset{\frown}{CD}$　**終**

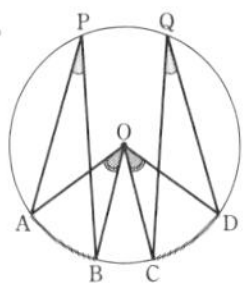

練習 10 上の定理 [2] を証明しなさい。

練習 11 右の図において，
　　　$\overset{\frown}{AB}:\overset{\frown}{BC}=2:1$

のとき，∠x の大きさを求めなさい。

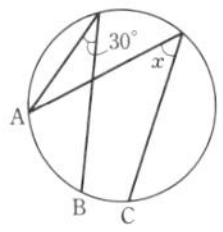

■■テキストの解答■■

練習 10 次の図において，$\overset{\frown}{AB}=\overset{\frown}{CD}$ とする。

長さの等しい弧に対する中心角は等しいから

　　　∠AOB＝∠COD

　　　　　……①

円周角の定理により

　　　$\angle APB=\dfrac{1}{2}\angle AOB$,

　　　$\angle CQD=\dfrac{1}{2}\angle COD$

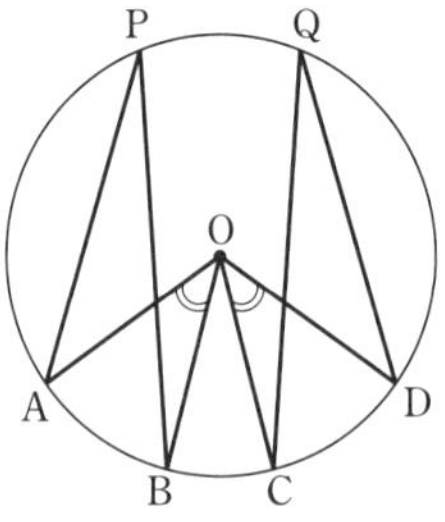

①から　　　∠APB＝∠CQD

よって，長さの等しい弧に対する円周角は等しい。

練習 11 1つの円の弧の長さは，円周角の大きさに比例するから

　　　　　$30°:\angle x=2:(2+1)$

　　　　　　　$2\angle x=90°$

よって　　　　∠x＝**45°**

学習のめあて

円周角の定理を利用して，円の内部にある点，外部にある点の性質を導くこと。

学習のポイント

円周角の定理と円の内部，外部

1つの円周上に3点 A，B，C があり，直線 AB について C と同じ側に点 P があるとする。このとき，∠APB と∠ACB の大小について，次のことが成り立つ。

① P が円周上にあるならば

∠APB＝∠ACB

② P が円の内部にあるならば

∠APB＞∠ACB

③ P が円の外部にあるならば

∠APB＜∠ACB

円の内部と外部

1つの円周上に3点 A，B，C がある。直線 AB について，点 C と同じ側に点 P をとるとき，P の位置には，次の3つの場合が考えられる。

① P が円周上にある
② P が円の内部にある
③ P が円の外部にある

それぞれの場合について，∠APB と∠ACB の大小を考えよう。

①のとき

円周角の定理から，∠APB＝∠ACB が成り立つ。

②のとき

AP の延長と円周の交点を Q とすると

∠AQB＝∠ACB

△PBQ において，内角と外角の性質から

∠APB＝∠AQB＋∠PBQ

よって ∠APB＞∠AQB

したがって ∠APB＞∠ACB

練習 12 右の図のように，点 P が円の外部にあるとき，

∠APB＜∠ACB

となることを証明しなさい。

テキストの解説

円の内部と外部

○1つの円周上に3点 A，B，C があり，直線 AB について C と同じ側に点 P があるとする。このとき，点 P の位置には次の3つの場合が考えられる（これら以外の場合はない）。

① P が円周上にある
② P が円の内部にある
③ P が円の外部にある

○①の場合，∠APB＝∠ACB が成り立つことは明らかである。また，②，③の場合，それぞれ，∠APB＞∠ACB，∠APB＜∠ACB が成り立つことも予想できる。

○②の証明では，∠APB と∠ACB を比べることを考える。そのために，△PBQ をつくり，∠ACB を∠AQB に移す。

練習 12

○③の場合の証明。

○右の図のような場合には，図のように補助線を引いて考える。この場合，次のことが成り立つ。

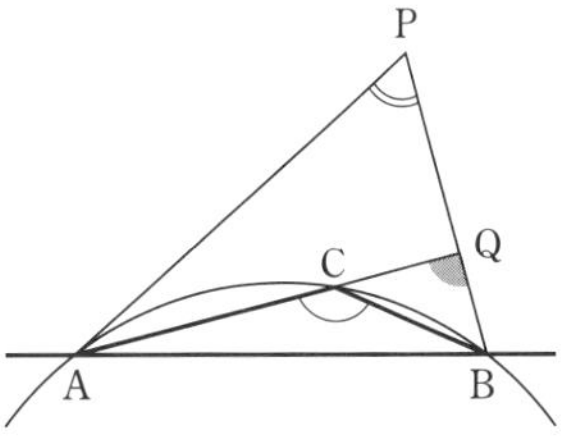

∠APB＜∠AQB＜∠ACB

テキストの解答

練習 12 AP と円周の交点を Q とすると，円周角の定理により

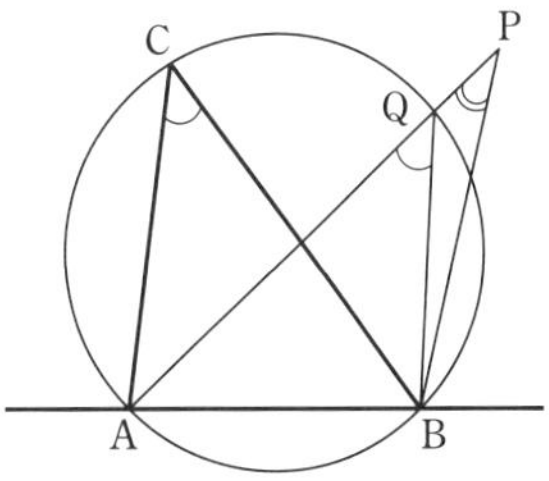

∠AQB

＝∠ACB ……①

△PBQ において，内角と外角の性質から

∠AQB＝∠APB＋∠PBQ

よって ∠APB＜∠AQB

①から ∠APB＜∠ACB

学習のめあて

円周角の定理の逆が成り立つことを理解すること。

学習のポイント

円周角の定理の逆

2点C，Pが直線 AB について，同じ側にあるとき

$$\angle APB = \angle ACB$$

ならば，4点 A，B，C，Pは1つの円周上にある。

また，$\angle APB = 90°$ のとき，点Pは線分 AB を直径とする円周上にある。

▌▌テキストの解説▌▌

□円周角の定理の逆

○前ページの結果は，次のようにまとめられる。

① Pが円周上にある

ならば $\angle APB = \angle ACB$

② Pが円の内部にある

ならば $\angle APB > \angle ACB$

③ Pが円の外部にある

ならば $\angle APB < \angle ACB$

○点Pの位置は，円周上，円の内部，円の外部のいずれかである。

○$\angle APB = \angle ACB$ であると仮定する。

このとき，Pが円の内部にあるとすると，$\angle APB > \angle ACB$ が成り立つ。

また，Pが円の外部にあるとすると，$\angle APB < \angle ACB$ が成り立つ。

したがって，Pが円の内部にあることも外部にあることもないから，Pは円周上にある。

○このことは，円周角の定理の逆としてまとめられる。

○同じように，次のことが成り立つ。

$\angle APB > \angle ACB$ ならばPは円の内部にある。

$\angle APB < \angle ACB$ ならばPは円の外部にある。

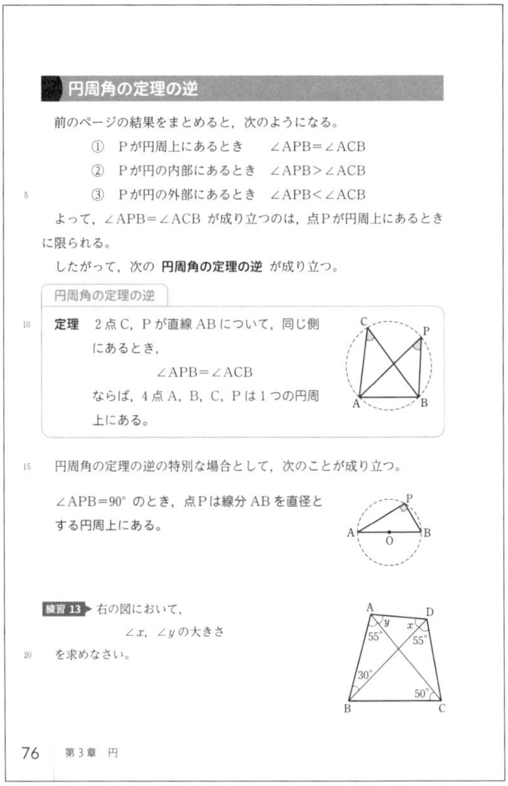

円周角の定理の逆

前のページの結果をまとめると，次のようになる。

① Pが円周上にあるとき $\angle APB = \angle ACB$
② Pが円の内部にあるとき $\angle APB > \angle ACB$
③ Pが円の外部にあるとき $\angle APB < \angle ACB$

よって，$\angle APB = \angle ACB$ が成り立つのは，点Pが円周上にあるときに限られる。

したがって，次の **円周角の定理の逆** が成り立つ。

> 円周角の定理の逆
>
> **定理** 2点C，Pが直線 AB について，同じ側にあるとき，
>
> $$\angle APB = \angle ACB$$
>
> ならば，4点 A，B，C，Pは1つの円周上にある。

円周角の定理の逆の特別な場合として，次のことが成り立つ。

$\angle APB = 90°$ のとき，点Pは線分 AB を直径とする円周上にある。

練習 13 右の図において，

$\angle x$，$\angle y$ の大きさ

を求めなさい。

□練習 13

○円周角の定理とその逆を利用して，角の大きさを求める。

○まず，4点 A，B，C，D が1つの円周上にあることを示す。

▌▌テキストの解答▌▌

練習 13 2点 A，D は直線 BC について同じ側にあって，かつ $\angle BAC = \angle BDC$ であるから，円周角の定理の逆により，4点 A，B，C，D は1つの円周上にある。

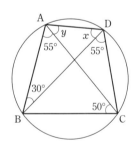

したがって，円周角の定理により

$$\angle x = \angle ACB = 50°$$

△ABD の内角について

$$\angle y = 180° - (55° + 30° + 50°) = 45°$$

学習のめあて

円周角の定理の逆を利用して，図形の証明ができるようになること。

学習のポイント

円周角の定理の逆（90°の場合）

円周角の定理の逆において

$$\angle APB = \angle ACB = 90°$$

ならば，点 C，P はともに線分 AB を直径とする円周上にある。

■■ テキストの解説 ■■

□ 例題 2

○円周角の定理の逆を利用して，4点が1つの円周上にあることを証明する。

○点 C は AB を直径とする円周上の点

→ ∠ACB＝90° → ∠ECF＝90°

→ 点 C は EF を直径とする円周上の点

点 D は AB を直径とする円周上の点

→ ∠ADB＝90° → ∠EDF＝90°

→ 点 D は EF を直径とする円周上の点

○したがって，2点 C，D はともに EF を直径とする円周上の点である。

□ 練習 14

○4点 B，C，D，E について，等しい2つの角を見つける。仮定から，∠EBD＝∠DCE が成り立つことがわかる。

■■ テキストの解答 ■■

練習 14 △ABC は，AB＝AC の二等辺三角形であるから

∠ABC＝∠ACB

また，仮定より

$$\angle EBD = \frac{1}{2}\angle ABC$$

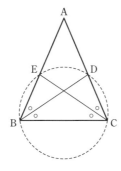

例題 **2** 右の図のように，円 O の直径 AB の両側の弧上に，それぞれ点 C，D をとり，直線 AC，DB の交点を E，直線 AD，CB の交点を F とする。

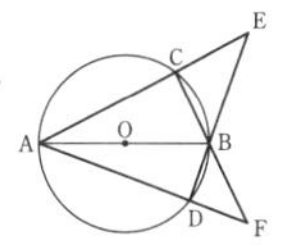

このとき，4点 C，D，E，F は線分 EF を直径とする円上にあることを証明しなさい。

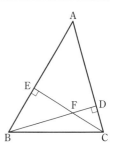

証明 線分 AB は円 O の直径であるから，円周角の定理により

∠ACB＝90°

よって ∠ECF＝180°－90°＝90°

同様に，∠ADB＝90° より

∠EDF＝90°

2点 C，D は直線 EF について同じ側にあり，∠ECF＝∠EDF である。

よって，円周角の定理の逆により，4点 C，D，E，F は1つの円周上にある。

また，∠ECF＝∠EDF＝90° であるから，その円は，線分 EF を直径とする円である。 終

練習 14 右の図のように，AB＝AC の二等辺三角形 ABC について

∠B の二等分線と辺 AC の交点を D，∠C の二等分線と辺 AB の交点を E

とする。

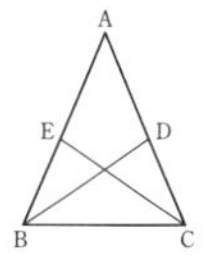

このとき，4点 B，C，D，E は1つの円周上にあることを証明しなさい。

$$\angle DCE = \frac{1}{2}\angle ACB$$

よって ∠EBD＝∠DCE

2点 B，C は直線 ED について同じ側にあり，∠EBD＝∠DCE であるから，円周角の定理の逆により，4点 B，C，D，E は1つの円周上にある。

■ 確かめの問題　　解答は本書 168 ページ

1 右の図のように，△ABC の頂点 B，C から辺 AC，AB に垂線を引き，その交点をそれぞれ D，E とする。また，BD と CE の交点を F とする。

このとき，6点 A，B，C，D，E，F のうち，1つの円周上にある4点を2組答えなさい。

3．円に内接する四角形

学習のめあて

円に内接する四角形の内角や外角の性質を
理解すること。

学習のポイント

円に内接する四角形

多角形のすべての頂点が 1 つの円周上にあ
るとき，この多角形は円に **内接する** とい
い，この円を多角形の **外接円** という。

円に内接する四角形の性質

四角形が円に内接するとき

[1]　四角形の対角の和は $180°$ である。

[2]　四角形の内角は，その対角の外角に
　　　等しい。

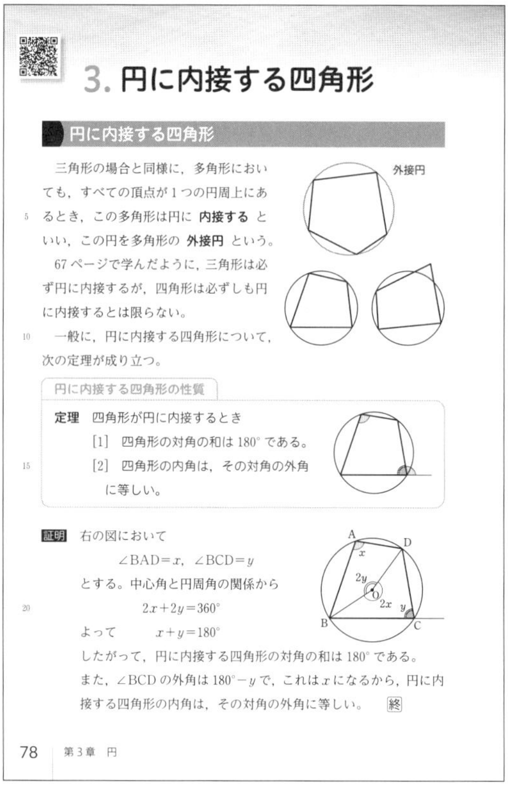

■■テキストの解説■■

□円に内接する四角形

○どんな三角形もそれらの頂点を通る円がただ
　1 つ存在して，三角形は円に内接した。一方，
　多角形の場合，必ずしもすべての頂点を通る
　円が存在するとは限らない。

○四角形が円に内接するとき，どんな四角形も
　その対角の和は $180°$ になる。

○証明には，中心角と円周角の性質を利用する。
　$\overparen{BCD}$ に対する円周角を x とすると，$\overparen{BCD}$
　に対する中心角は $2x$ であり，$\overparen{BAD}$ に対す
　る円周角を y とすると，$\overparen{BAD}$ に対する中心
　角は $2y$ である。$2x+2y=360°$ であるから，
　$x+y=180°$ となることがわかる。

○テキストに述べたように，性質[2]は，[1]か
　らただちに導かれる。
　$x+y=180°$　から　$x=180°-y$
　$180°-y$ は，$\angle A$ の対角の外角の大きさを表す。

○円に内接する四角形の性質は，次のように証
　明することもできる。

---

3. 円に内接する四角形

■ 円に内接する四角形

　三角形の場合と同様に，多角形におい
ても，すべての頂点が 1 つの円周上にあ
るとき，この多角形は円に **内接する** と
いい，この多角形を多角形の **外接円** という。

　67 ページで学んだように，三角形は必
ず円に内接するが，四角形は必ずしも円
に内接するとは限らない。

　一般に，円に内接する四角形について，
次の定理が成り立つ。

円に内接する四角形の性質

定理　四角形が円に内接するとき

[1]　四角形の対角の和は $180°$ である。
[2]　四角形の内角は，その対角の外角
　　　に等しい。

証明　右の図において
　　$\angle BAD=x$，$\angle BCD=y$
とする。中心角と円周角の関係から
　　　　$2x+2y=360°$
　　よって　　　$x+y=180°$
したがって，円に内接する四角形の対角の和は $180°$ である。
また，$\angle BCD$ の外角は $180°-y$ で，これは x になるから，円に内
接する四角形の内角は，その対角の外角に等しい。　　■終

○円に内接する四角形 ABCD において，図の
　ように
　　　　$\angle BAC=a$
　　　　$\angle CAD=b$
　　　　$\angle ACB=c$
　　　　$\angle ACD=d$
　とする。 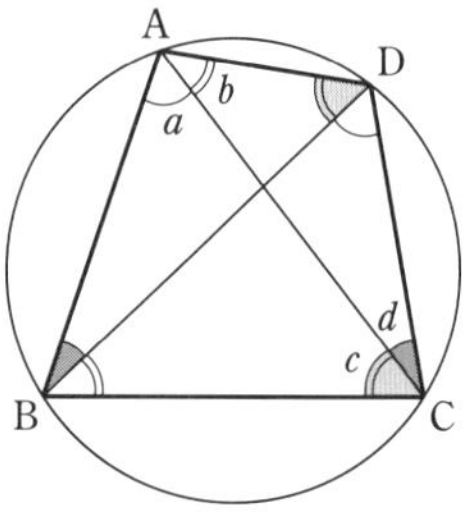
　このとき，円周角の
　定理により
　　　　$\angle BDC=a$，$\angle CBD=b$
　　　　$\angle ADB=c$，$\angle ABD=d$
　よって　$\angle A+\angle B+\angle C+\angle D$
　　　　$=(a+b)+(b+d)+(c+d)+(a+c)$
　　　　$=2(a+b+c+d)$
　$\angle A+\angle B+\angle C+\angle D=360°$ であるから
　　　　　$a+b+c+d=180°$
　すなわち　　$\angle A+\angle C=180°$

○四角形が円に内接するための条件は，テキス
　ト 81 ページで学習する。

学習のめあて

円に内接する四角形の性質を用いて，いろいろな図形の角の大きさを求めること。

学習のポイント

円に内接する四角形の性質

四角形が円に内接するとき

[1] 四角形の対角の和は $180°$ である。

[2] 四角形の内角は，その対角の外角に等しい。

■■テキストの解説■■

□例 3

○円に内接する四角形の内角と外角の大きさ。前ページで証明した性質を利用する。

○$\angle$BCD と $\angle$BAD は四角形の対角であるから，その和は $180°$ である。また，$\angle$ADE はそれと隣り合う内角の対角 $\angle$ABC に等しい。

□練習 15

○例 3 にならって考える。

○(2) 三角形の内角の和の性質から，$\angle x$ の大きさがすぐに求まる。

□練習 16

○円に内接する四角形と角の大きさ。円に内接する四角形の性質を用いて，1 つの三角形に角を集める。

■■テキストの解答■■

練習 15 (1) 四角形 ABCD は円に内接しているから $\angle x + \angle$ABC$=180°$

よって $\angle x = 180° - 62°$
$= 118°$

また $\angle y = \angle$DAB
$= 87°$

(2) △ABD の内角について

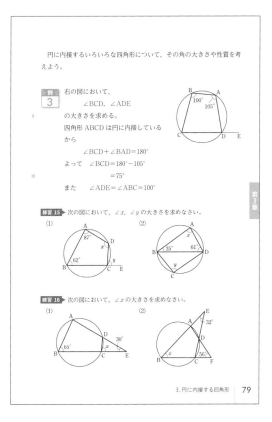

円に内接するいろいろな四角形について，その角の大きさや性質を考えよう。

例3 右の図において，
$\angle$BCD，$\angle$ADE
の大きさを求める。
四角形 ABCD は円に内接しているから
$\angle$BCD$+\angle$BAD$=180°$
よって $\angle$BCD$=180°-105°$
$=75°$
また $\angle$ADE$=\angle$ABC$=100°$

練習 15 ▶ 次の図において，$\angle x$，$\angle y$ の大きさを求めなさい。
(1) (2)

練習 16 ▶ 次の図において，$\angle x$ の大きさを求めなさい。
(1) (2)

3. 円に内接する四角形　79

$\angle x = 180° - (35° + 61°)$
$= 84°$

四角形 ABCD は円に内接しているから
$\angle x + \angle y = 180°$

よって $\angle y = 180° - \angle x$
$= 180° - 84°$
$= 96°$

練習 16 (1) △ABE の内角について
$\angle$BAE$=180° - (65° + 30°)$
$= 85°$

四角形 ABCD は円に内接しているから
$\angle x = \angle$BAD
$= 85°$

(2) △ABF において，内角と外角の性質から $\angle$EAD$=\angle x + 56°$

四角形 ABCD は円に内接しているから
$\angle$ADE$=\angle x$

△ADE の内角について
$32° + (\angle x + 56°) + \angle x = 180°$

よって $\angle x = 46°$

学習のめあて

円に内接する四角形の性質を用いて，図形の性質を証明することができるようになること。

学習のポイント

平行線である条件

2直線 ℓ，m に他の直線が交わるとき，次のことが成り立つ。

[1] 同位角が等しいならば $\ell /\!/ m$ である。

[2] 錯角が等しいならば $\ell /\!/ m$ である。

▮▮テキストの解説▮▮

□ 例題3

○交わる2円の交点を通る直線によってつくられる平行線の証明。

○証明すべき結論は　　AC$/\!/$BD

2直線 AC，BD に他の直線が交わるとき

[1] 同位角が等しいならば，　AC$/\!/$BD

[2] 錯角が等しいならば　　　AC$/\!/$BD

そこで，2直線 AC，BD と交わる直線 AB に着目して，同位角や錯角を考える。

○もとの図形のままでは，同位角や錯角がないため，半直線 ABE を引いて，同位角をつくると，証明すべきことは

　　　　∠PAC と ∠EBD が等しいこと

になる。

○次に，与えられた条件を考えると，

　　4点 A，C，Q，P は円 O 上にある

　　→　四角形 ACQP は円 O に内接する

　　→　円に内接する四角形の性質から

　　　　　∠PAC＝∠PQD

　　4点 P，Q，D，B は円 O′ 上にある

　　→　四角形 PQDB は円 O′ に内接する

　　→　円に内接する四角形の性質から

　　　　　∠PQD＝∠EBD

○したがって，∠PAC＝∠EBD が成り立つから，AC$/\!/$BD である。

例題 3　右の図のように，交わる2つの円 O，O′ の交点をそれぞれ P，Q とする。また，P を通る直線と円 O，O′ との交点を，それぞれ A，B とし，Q を通る直線と円 O，O′ との交点を，それぞれ C，D とする。

このとき，AC$/\!/$BD であることを証明しなさい。

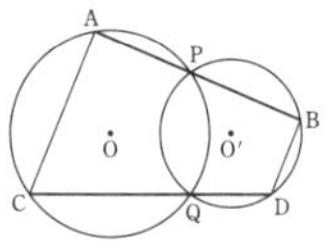

証明　右下の図のように，P と Q を結び，半直線 ABE を引く。

四角形 ACQP は円 O に内接しているから

　　∠PAC＝∠PQD

　　　　……①

四角形 PQDB は円 O′ に内接しているから

　　∠PQD＝∠EBD ……②

①，②から　　∠PAC＝∠EBD

したがって，同位角が等しいから

　　　　　AC$/\!/$BD　終

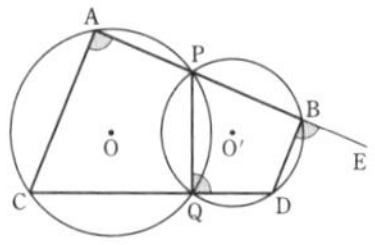

練習 17　例題3において，点 P，Q を通る直線を右の図のように引くと，

　　　　AC$/\!/$DB

であることを証明しなさい。

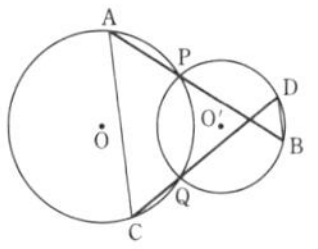

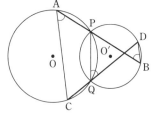

□ 練習 17

○平行線であることの証明。例題3にならって P と Q を結ぶ。

○4点 P，Q，B，D は円 O′ 上にある

　→　円周角の定理を利用

▮▮テキストの解答▮▮

練習 17　P と Q を結ぶ。四角形 ACQP は円 O に内接しているから

　　∠PAC

　＝∠PQD　……①

円 O′ において，円周角の定理により

　　∠PQD＝∠PBD　……②

①，②から　∠PAC＝∠PBD

したがって，錯角が等しいから

　　　AC$/\!/$DB

学習のめあて

円に内接する四角形の性質の逆について理解すること。

学習のポイント

四角形が円に内接するための条件

次の[1], [2]のどちらかが成り立つ四角形は円に内接する。

[1] 1組の対角の和が180°である。

[2] 1つの内角が, その対角の外角に等しい。

■■テキストの解説■■

□四角形が円に内接するための条件

○円に内接する四角形の性質の逆が成り立つことを証明する。

○円に内接する四角形の性質の逆は, 四角形が円に内接するための条件である。

○四角形が円に内接するとき, その4つの頂点は1つの円周上にある。

そして, 4点が1つの円周上にあるかどうかは, 次の円周角の定理の逆によって確かめることができる。

（円周角の定理の逆）

2点C, Pが直線ABについて, 同じ側にあるとき, ∠APB＝∠ACBならば, 4点A, B, C, Pは1つの円周上にある。

○四角形が円に内接するための条件の証明に, この円周角の定理の逆を利用する。

○テキストの証明の流れを整理すると, 次のようになる。

[仮定] ∠BAD＋∠BCD＝180° ……①

[1] △ABDの外接円Oを考え, Aを含まない$\overset{\frown}{\mathrm{BD}}$上に点C'をとる。

[2] 四角形ABC'Dは円Oに内接するから
∠BAD＋∠BC'D＝180° ……②

[3] ①, ②から ∠BCD＝∠BC'D

四角形が円に内接するための条件

78ページで学んだ, 円に内接する四角形の性質の逆も成り立つ。

> **四角形が円に内接するための条件**
>
> **定理** 次の[1], [2]のどちらかが成り立つ四角形は円に内接する。
> [1] 1組の対角の和が180°である。
> [2] 1つの内角が, その対角の外角に等しい。

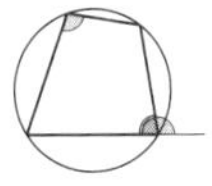

[2]が成り立つ四角形では[1]が成り立つから, [1]だけを証明する。

証明 四角形ABCDにおいて
∠BAD＋∠BCD＝180° ……①
であるとする。
右の図のように, △ABDの外接円Oの
Aを含まない$\overset{\frown}{\mathrm{BD}}$上に点C'をとると,
四角形ABC'Dは円Oに内接する。 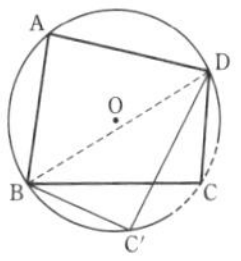
よって
∠BAD＋∠BC'D＝180° ……②
①, ②から ∠BCD＝∠BC'D
したがって, 円周角の定理の逆により, 4点B, D, C, C'は1つの円周上にある。
△BC'Dの外接円は円Oであるから, 点Cも円Oの周上にある。
また, 点Aも円Oの周上にある。
よって, 四角形ABCDは円Oに内接する。 **終**

3. 円に内接する四角形 81

---

[4] 2点C, C'は直線BDについて同じ側にあり, ∠BCD＝∠BC'Dが成り立つ。

[5] 円周角の定理の逆により, 4点B, D, C, C'は1つの円周上にある。

[6] この円は△ABDの外接円であるから, 点Aもこの円周上にある。

[7] 4点A, B, C, Dは1つの円周上にある。

[結論] 四角形ABCDは円Oに内接する。

○1つの内角が, その対角の外角に等しいとき, 四角形の対角の和は180°になる。したがって, 1つの内角が, その対角の外角に等しい四角形も, 円に内接する。

> 定理の証明はちょっと思いつきにくいわね。定理を, いろいろな問題に利用できるようになりましょう。

学習のめあて

四角形が円に内接する条件を用いて，いろいろな問題を解決することができるようになること。

学習のポイント

四角形が円に内接するための条件

次の[1]，[2]のどちらかが成り立つ四角形は円に内接する。

[1] 1組の対角の和が $180°$ である。

[2] 1つの内角が，その対角の外角に等しい。

■■テキストの解説■■

□練習 18

○四角形が円に内接するかどうかを判定する。1組の対角や，1つの内角とその対角の外角に着目する。

□例題 4

○四角形が円に内接することの証明。

○四角形 BDPF，DCEP がそれぞれ円に内接することを利用して，四角形 AFPE に等しい角を集める。

□練習 19

○2つの仮定 AD∥BC，∠B＝∠C から，1組の対角の和が $180°$ であることを導く。

○台形のうち，平行でない1組の対辺が等しいものを等脚台形という。∠B＝∠C であるとき，AB＝DC が成り立つから，この台形は等脚台形である。

■■テキストの解答■■

練習 18 ① ∠DAB＋∠BCD＝$120°+70°$
$$=190°$$

よって，**対角の和が $180°$ ではないから，**

練習 18 ▶ 次の①，②，③について，四角形 ABCD が円に内接するか，内接しないかを，理由とともに述べなさい。

例題 4 右の図のように，△ABC の辺上に3点 D，E，F をとる。また，3点 B，D，F を通る円と，D，C，E を通る円の交点のうち，D でない方を P とする。
このとき，四角形 AFPE は円に内接することを証明しなさい。

証明 P と D を結ぶ。
四角形 BDPF は円に内接しているから
∠BFP＝∠CDP …… ①
四角形 DCEP は円に内接しているから
∠AEP＝∠CDP …… ②
①，② から ∠BFP＝∠AEP
よって，四角形 AFPE は円に内接する。 **終**

練習 19 ▶ AD∥BC である台形 ABCD において，∠B＝∠C のとき，この台形は円に内接することを証明しなさい。

四角形 ABCD は円に内接しない。

② △ACD の内角について
$$∠CDA＝180°-(20°+30°)$$
$$=130°$$

よって ∠ABC＋∠CDA＝$50°+130°$
$$=180°$$

したがって，**対角の和が $180°$ であるから，四角形 ABCD は円に内接する。**

③ ∠DCB＝$180°-115°＝65°$

よって，**頂点 C の内角が，その対角の外角に等しいから，四角形 ABCD は円に内接する。**

練習 19 AD∥BC であるから
∠A＋∠B＝$180°$
また ∠B＝∠C
のとき
∠A＋∠C＝$180°$

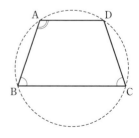

よって，対角の和が $180°$ であるから，台形 ABCD は円に内接する。

4．円の接線

学習のめあて

円の接線の性質を利用して，円の接線を作図することができるようになること。

学習のポイント

円と接線

円の接線は，接点を通る半径に垂直である。

▌▌テキストの解説▌▌

□円と接線

○円と直線の位置関係には，次の3つがある。

　[1]　円と直線は2点で交わる。

　[2]　円と直線は1点を共有する。

　[3]　円と直線は離れている（共有点がない）。

○[2]の場合，直線は円の接線になる。円の接線が，接点を通る半径に垂直であることは，円の接線の基本的な性質であり，重要である。

□練習20

○接線 PA，PB は円 O の半径 OA，OB にそれぞれ垂直である。

○このことを利用して，まず，四角形 APBO の内角を考える。

□円の接線の作図

○作図については，体系数学1でも学んだ。

○最も基本となる作図は，次の3つの図形の作図である。

　　垂直二等分線，角の二等分線，垂線

○円 O の周上の点 P における接線は，垂線の作図を利用して，次の順に作図すればよい。

①　半直線 OP を引く。

②　P を中心とする円をかき，半直線 OP との交点をそれぞれ A，B とする。

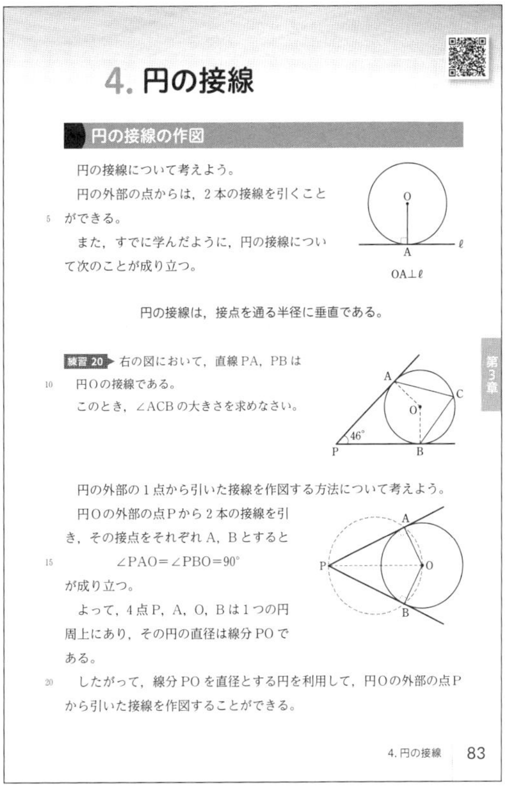

4. 円の接線

▌円の接線の作図

　円の接線について考えよう。

　円の外部の点からは，2本の接線を引くことができる。

　また，すでに学んだように，円の接線について次のことが成り立つ。

　　　円の接線は，接点を通る半径に垂直である。

練習 20 ▶ 右の図において，直線 PA，PB は円 O の接線である。

このとき，∠ACB の大きさを求めなさい。

　円の外部の1点から引いた接線を作図する方法について考えよう。

　円 O の外部の点 P から2本の接線を引き，その接点をそれぞれ A，B とすると

　　　∠PAO＝∠PBO＝90°

が成り立つ。

　よって，4点 P，A，O，B は1つの円周上にあり，その円の直径は線分 PO である。

　したがって，線分 PO を直径とする円を利用して，円 O の外部の点 P から引いた接線を作図することができる。

4.円の接線　83

---

③　2点 A，B をそれぞれ中心として，等しい半径の円をかき，2つの円の交点の1つを Q とする。

④　直線 PQ を引く。

○一方，円外の1点から引いた接線の作図には，これまでに学んだ円の知識が必要になる。

▌▌テキストの解答▌▌

練習20　∠PAO
　　　＝∠PBO
　　　＝90°
である。

よって，四角形 APBO において

$$∠AOB＝360°－(46°＋90°＋90°)$$
$$＝134°$$

円周角の定理により

$$∠ACB＝\frac{1}{2}∠AOB＝\mathbf{67°}$$

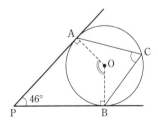

学習のめあて

円の外部から引いた2本の接線の長さの性質を理解すること。

学習のポイント

接線の長さ

円の外部の点から円に接線を引くとき，外部の点と接点の間の距離を　**接線の長さ**　という。

接線の長さの性質

円の外部の1点からその円に引いた2本の接線について，2つの接線の長さは等しい。

■■テキストの解説■■

□円Oの外部の点Pから引いた接線の作図

○線分POの垂直二等分線の作図を利用して，次の順に作図すればよい。

① 　線分POの中点Mを求める。

② 　点Mを中心として，線分PMを半径とする円をかく。

③ 　②の円と円Oの交点をそれぞれA，Bとして，直線PA，PBを引く。

この直線PA，PBが接線である。

□接線の長さ

○円Oの外部に点Pがあるとき，点Pを通る円Oの接線は2本ある。

○このとき，この2本の接線の長さは，つねに等しくなる。

○PA＝PBであることを導くために，これらを辺にもつ△APOと△BPOが合同になることを示す。

○△APOと△BPOにおいて，PAとPBは円Oの接線であるから，円の接線は，接点を通る半径に垂直であることにより

$$\angle OAP = \angle OBP = 90°$$

である。

円Oの外部の点Pから引いた接線の作図

① 　線分POの中点Mを求める。

② 　点Mを中心として，線分PMを半径とする円をかく。

③ 　②の円と円Oの交点をそれぞれ A，Bとして，直線PA，PBを引く。

この直線PA，PBが接線である。

■ 接線の長さ

円の外部の点から円に接線を引くとき，外部の点と接点の間の距離を
接線の長さ という。円の接線の長さについて，次のことが成り立つ。

> 接線の長さ
>
> **定理** 円の外部の1点からその円に引いた2本の接線について，2つの接線の長さは等しい。

証明 円Oの外部の点Pから2本の接線を引き，接点をそれぞれA，Bとおく。

△APOと△BPOにおいて，

PA，PBは円Oの接線であるから

$$\angle OAP = \angle OBP = 90°$$

共通な辺であるから

$$PO = PO$$

円の半径は等しいから

$$OA = OB$$

よって，直角三角形の斜辺と他の1辺がそれぞれ等しいから

$$\triangle APO \equiv \triangle BPO$$

したがって　PA＝PB　終

○直角三角形の合同条件は，斜辺と他の1辺がそれぞれ等しいことを示せばよい。

共通な辺であることから　PO＝PO

円の半径であることから　OA＝OB

○よって　　△APO≡△BPO

したがって　　PA＝PB

▌確かめの問題　　　　解答は本書168ページ

1　半径3cmの円Oと，中心からの距離が7cmである点Pをかき，Pから円Oに引いた接線PA，PBを作図しなさい。

学習のめあて

円の接線の長さの性質を利用して，いろいろな問題を解くことができるようになること。

学習のポイント

接線の長さの性質

円の外部の1点からその円に引いた2本の接線について，2つの接線の長さは等しい。

■■テキストの解説■■

□例題5

○テキスト78ページでは，円に内接する四角形の性質として，四角形の内角や外角を考えた。ここでは，円に外接する四角形の性質として，四角形の辺を考える。

○各辺を，円との接点で2本の線分に分ける。すると，それぞれの線分は，円の外部の点から円に引いた接線になる。

○AP，AS は A から円に引いた接線
$$→ \quad AP=AS$$
BP，BQ は B から円に引いた接線
$$→ \quad BP=BQ$$
CQ，CR は C から円に引いた接線
$$→ \quad CQ=CR$$
DR，DS は D から円に引いた接線
$$→ \quad DR=DS$$

○AB＝AP＋BP，CD＝CR＋DR
AD＝AS＋DS，BC＝BQ＋CQ
であるから，AB＋CD と AD＋BC は等しくなる。

○この例題の結果は，次の[1]のように述べることができる。

[1] 円に外接する四角形の向かい合う辺の和は等しい。

また，この逆である次の[2]も成り立つ。

[2] 向かい合う辺の和が等しい四角形は，円に外接する。

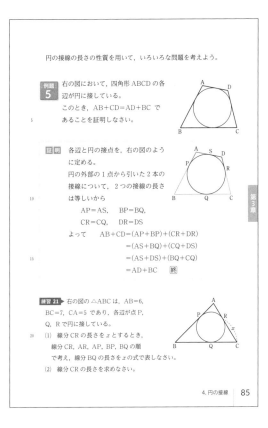

円の接線の長さの性質を用いて，いろいろな問題を考えよう。

例題5 右の図において，四角形 ABCD の各辺が円に接している。
このとき，AB＋CD＝AD＋BC であることを証明しなさい。

証明 各辺と円の接点を，右の図のように定める。
円の外部の1点から引いた2本の接線について，2つの接線の長さは等しいから
$$AP=AS, \quad BP=BQ,$$
$$CR=CQ, \quad DR=DS$$
よって
$$AB+CD=(AP+BP)+(CR+DR)$$
$$=(AS+BQ)+(CQ+DS)$$
$$=(AS+DS)+(BQ+CQ)$$
$$=AD+BC \quad 終$$

練習21 右の図の △ABC は，AB＝6，BC＝7，CA＝5 であり，各辺が点P，Q，Rで円に接している。
(1) 線分 CR の長さを x とするとき，線分 CR，AR，AP，BP，BQ の順で考え，線分 BQ の長さを x の式で表しなさい。
(2) 線分 CR の長さを求めなさい。

4. 円の接線 | 85

□練習21

○接線の長さの性質を用いて，線分の長さを求める。

○線分 BQ，CQ をそれぞれ x の式で表し，x の方程式をつくる。

■■テキストの解答■■

練習21 (1) AR＝5－x

円の外部の1点から引いた2本の接線について，2つの接線の長さは等しいから
$$AP=AR=5-x$$
よって $BP=6-(5-x)=x+1$
BQ＝BP であるから
$$BQ=x+1$$

(2) BQ＝x＋1，CQ＝CR＝x
であるから
$$(x+1)+x=7$$
$$x=3$$
したがって CR＝3

学習のめあて

三角形の3つの内角の二等分線は1点で交わることを理解すること。

学習のポイント

三角形の内角の二等分線

三角形の3つの内角の二等分線は1点Iで交わる。

Iを中心として三角形の各辺に接する円を，この三角形の **内接円** といい，内接円の中心を **内心** という。

▊▊テキストの解説▊▊

□三角形の内角の二等分線

○三角形の3辺の垂直二等分線は1点で交わる。このことは，2辺の垂直二等分線の交点が，残りの辺の垂直二等分線上にあることから証明された(テキスト66ページ)。

○3つの内角の二等分線が1点で交わることの証明も同様である。2つの内角の二等分線の交点が，残りの角の二等分線上にあることから，3つの内角の二等分線は1点で交わると結論する。

○この証明の過程から，3つの内角の二等分線の交点を中心として，各辺に接する円(内接円)が存在することがわかる。

○3つの内角の二等分線が1点で交わることは，チェバの定理の逆を用いて，次のように示すこともできる。

○∠A，∠B，∠Cの二等分線と対辺BC，CA，ABとの交点をそれぞれP，Q，Rとすると

$$\frac{BP}{PC}=\frac{AB}{AC}, \quad \frac{CQ}{QA}=\frac{BC}{BA}, \quad \frac{AR}{RB}=\frac{CA}{CB}$$

よって　$\dfrac{BP}{PC}\times\dfrac{CQ}{QA}\times\dfrac{AR}{RB}=1$

したがって，AP，BQ，CRは1点で交わる。

内接円と内心

三角形の内角の二等分線について，次の定理が成り立つ。

> 三角形の内角の二等分線
>
> **定理**　三角形の3つの内角の二等分線は1点で交わる。

証明　△ABCの∠Bと∠Cの二等分線の交点をIとし，Iから辺BC，CA，ABに引いた垂線の足を，それぞれD，E，Fとすると　IF＝ID，IE＝ID
よって，IF＝IE となるから，Iは∠Aの二等分線上にもある。
したがって，三角形の3つの内角の二等分線は1点で交わる。囲終

上の証明では，次のことも示している。
　ID⊥BC，IE⊥CA，IF⊥AB，ID＝IE＝IF
よって，点Iを中心として，△ABCの3辺に点D，E，Fで接する円が存在する。

この円を三角形の **内接円** といい，内接円の中心を三角形の **内心** という。三角形には必ず内接円がただ1つ存在する。

練習 22　点Iは△ABCの内心である。∠xの大きさを求めなさい。

(1)　　(2)　

□練習22

○内心と角の大きさ。AI，BI，CIが内角の二等分線であることを利用する。

▊▊テキストの解答▊▊

練習 22 (1)　AI は∠BACの二等分線であるから　　∠BAC＝35°×2＝70°
CI は∠BCAの二等分線であるから
　　∠BCA＝30°×2＝60°
△ABC の内角について
　　∠x＝180°−(70°＋60°)＝50°

(2)　BI は∠CBAの二等分線であるから
　　∠CBA＝2∠x
CI は∠BCAの二等分線であるから
　　∠BCA＝40°×2＝80°
△ABC の内角について
　　2∠x＝180°−(60°＋80°)＝40°
よって　　∠x＝20°

学習のめあて

三角形の面積と内接円の半径の関係を理解すること。

学習のポイント

三角形の面積と内接円の半径

3辺の長さが a, b, c である三角形の面積を S, 内接円の半径を r とすると

$$S=\frac{1}{2}(a+b+c)r$$

▌▌テキストの解説▌▌

□例題6

○この例題からわかるように, 三角形の内接円の半径は, 三角形の面積と結びつけて考えることができる。

○ $BC=a$, $CA=b$, $AB=c$ である △ABC の面積を S とし, 内接円の半径を r, 内心を I とする。このとき,

$$△ABC=△IAB+△IBC+△ICA$$

$$△IAB=\frac{1}{2}cr, \quad △IBC=\frac{1}{2}ar, \quad △ICA=\frac{1}{2}br$$

であるから

$$S=\frac{1}{2}(cr+ar+br)=\frac{1}{2}(a+b+c)r$$

この例題は $a=9$, $b=5$, $c=7$ の場合である。

○三角形の3辺の長さと面積がわかれば, この等式を利用して, 内接円の半径を求めることができる。

○たとえば, AB=5,
BC=4, CA=3
である △ABC は,
∠C=90° の 直 角
三角形になる。

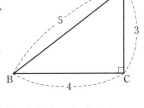

この三角形の内接円の半径を r とすると

$$\frac{1}{2}\times4\times3=\frac{1}{2}\times(3+4+5)\times r$$

よって $\quad\quad r=1$

例題 6 : AB=7, BC=9, CA=5 である △ABC に, 円 I が内接している。内接円 I の半径を r とするとき, △ABC の面積 S を r を用いて表しなさい。

考え方 △ABC を3つの三角形に分割して, それらの面積の和を考える。

解答 △ABC を3つの三角形
△IAB, △IBC, △ICA
に分割する。
このとき

$$△IAB=\frac{1}{2}\times AB\times r=\frac{7}{2}r$$

$$△IBC=\frac{1}{2}\times BC\times r=\frac{9}{2}r$$

$$△ICA=\frac{1}{2}\times CA\times r=\frac{5}{2}r$$

ここで $\quad S=△IAB+△IBC+△ICA$

したがって $\quad S=\frac{7}{2}r+\frac{9}{2}r+\frac{5}{2}r=\frac{21}{2}r$ 答

練習 23 右の図において, 円 I は △ABC の各辺に接している。
△ABC の周の長さが42, 円 I の半径が4のとき, △ABC の面積を求めなさい。

3辺の長さが a, b, c である三角形の面積を S, 内接円の半径を r とすると, 等式 $S=\frac{1}{2}(a+b+c)r$ が成り立つ。

4. 円の接線 87

□練習23

○例題と同じように, △ABC を3つの三角形に分けて考える。

▌▌テキストの解答▌▌

練習23 △ABC を,
3つの三角形
△IAB, △IBC,
△ICA に 分 割 し
て, それらの面積
の和を求める。

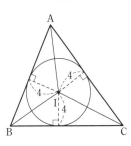

$$△ABC$$
$$=△IAB+△IBC+△ICA$$
$$=\frac{1}{2}\times AB\times4+\frac{1}{2}\times BC\times4+\frac{1}{2}\times CA\times4$$
$$=\frac{1}{2}\times(AB+BC+CA)\times4$$
$$=\frac{1}{2}\times42\times4$$
$$=84$$

学習のめあて

三角形の1つの内角の二等分線と，他の2つの角の外角の二等分線は1点で交わることを理解すること。

学習のポイント

三角形の内角と外角の二等分線

三角形の1つの内角の二等分線と，他の2つの角の外角の二等分線は1点 I で交わる。I を中心として三角形の1つの辺と他の2つの辺の延長に接する円を，この三角形の **傍接円** といい，傍接円の中心を **傍心** という。三角形の傍接円，傍心は，それぞれ3つある。

▌▌テキストの解説▌▌

□三角形の内角と外角の二等分線

○三角形の1つの内角の二等分線と，他の2つの角の外角の二等分線は1点で交わる。

○証明は，内心の場合と同じように，2つの外角の二等分線の交点が，他の1つの角の内角の二等分線上にあることを示せばよい。

○三角形の重心，外心，垂心，内心は，それぞれの三角形に対してただ1つだけ存在する。一方，傍心はそれぞれの角の内部に1つずつあるから，全部で3つ存在する。この点は，重心，外心，垂心，内心とのちがいである。

○3つの傍心を線分で結ぶと三角形ができる。△ABC の内心を I とし，3つの傍心を I_1, I_2, I_3 とする。このとき，I は△$I_1 I_2 I_3$ の垂心になる（テキスト105ページ問題8）。

□練習24

○2つの角 ∠B，∠C の外角の二等分線の交点 I_1 が，他の1つの角 ∠A の二等分線上にあることを示す。

■ 傍接円と傍心

三角形の内角の二等分線のほかに，外角の二等分線も考えると，次の定理が成り立つ。

三角形の内角と外角の二等分線

定理 三角形の1つの内角の二等分線と，他の2つの角の外角の二等分線は1点で交わる。

練習 24 ▶ △ABC において，∠B，∠C の外角の二等分線の交点を I_1 とするとき，I_1 は ∠A の二等分線上にあることを証明しなさい。

△ABC において，∠B，∠C の外角の二等分線と ∠A の二等分線の交点を I_1 とする。

このとき，I_1 を中心とし，辺 AB，AC の延長と，辺 BC に接する円がある。

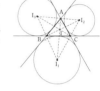

この円を，△ABC の ∠A 内の **傍接円** といい，I_1 を **傍心** という。

三角形の傍接円，傍心は，右上の図のように，それぞれ3つある。

○このことから，三角形の1つの内角の二等分線と他の2つの角の外角の二等分線は1点で交わるといえる。

▌▌テキストの解答▌▌

練習 24 角の二等分線は，角の2辺から等しい距離にある点の集まりである。

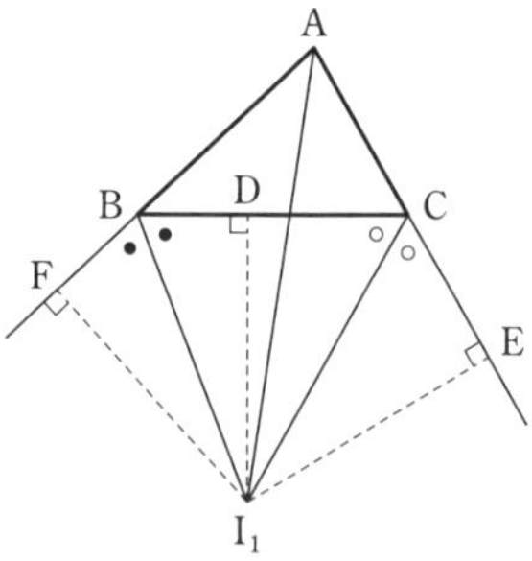

右の図のように，I_1 から直線 BC，AC，AB に垂線 I_1D，I_1E，I_1F を引く。

I_1 は ∠B，∠C の外角の二等分線上にあることから

$$I_1 D = I_1 F, \quad I_1 D = I_1 E$$

したがって　　$I_1 E = I_1 F$

よって，I_1 は ∠A の二等分線上にある。

学習のめあて

三角形の五心の意味について理解すること。

学習のポイント

三角形の五心

三角形の重心，外心，垂心，内心，傍心を
まとめて **三角形の五心** という。

[重心]　3つの中線の交点

[外心]　3辺の垂直二等分線の交点

[垂心]　3つの頂点から対辺またはその延
　　　　長に引いた垂線の交点

[内心]　3つの内角の二等分線の交点

[傍心]　1つの内角の二等分線と他の2つ
　　　　の角の外角の二等分線の交点

▌▌テキストの解説▌▌

□三角形の五心

○どんな三角形にも重心，外心，垂心，内心が
　1つずつあり，傍心が3つある。これらをま
　とめて五心という。

○三角形の五心にはいろいろな性質がある。
　そのいくつかについては，テキストの106，
　107ページで説明する。

□練習25

○重心と垂心が一致する三角形。重心と垂心の
　定義を考える。

○一般に，重心，外心，垂心，内心のうちの2
　つが一致する三角形は正三角形である。

▌▌テキストの解答▌▌

練習25　△ABCの重心
　　　と垂心をG，Aか
　　　ら辺BCに引いた垂
　　　線の足をHとする。
　　　　△ABHと△ACH
　　　において

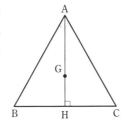

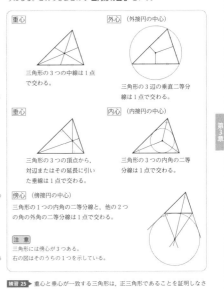

これまでに学んだ，三角形の**重心**，**外心**，**垂心**，**内心**，**傍心**は下のよ
うになる。これらをまとめて **三角形の五心** という。

重心	外心 （外接円の中心）

三角形の3つの中線は1点
で交わる。

三角形の3辺の垂直二等分
線は1点で交わる。

垂心	内心 （内接円の中心）

三角形の3つの頂点から，
対辺またはその延長に引い
た垂線は1点で交わる。

三角形の3つの内角の二等
分線は1点で交わる。

[傍心] （傍接円の中心）
三角形の1つの内角の二等分線と，他の2つ
の角の外角の二等分線は1点で交わる。

注意
三角形には傍心が3つある。
右の図はそのうちの1つを示している。

練習 25 ▶ 重心と垂心が一致する三角形は，正三角形であることを証明しなさ
い。

4. 円の接線　89

共通な辺であるから

　　　AH＝AH　　　　　……①

直線AGと直線AHは一致するから

　　　BH＝CH　　　　　……②

また　∠AHB＝∠AHC＝90°　……③

①，②，③より，2組の辺とその間の角が
それぞれ等しいから

　　　△ABH≡△ACH

よって　　　AB＝AC

同様にして，BC＝BAであることが示さ
れ，△ABCの3辺が等しいことがわかる。
したがって，重心と垂心が一致する三角形
は正三角形である。

▌確かめの問題　　　解答は本書169ページ

1　重心と外心が一致する三角形は正三角形で
　あることを証明しなさい。

5．接線と弦のつくる角

学習のめあて
接線と弦のつくる角について成り立つ性質を予想すること。

学習のポイント
接線と弦のつくる角
円 O の弦 AB と，その端点 A における接線 AT がつくる角 ∠BAT は，その角の内部に含まれる $\overset{\frown}{AB}$ に対する円周角に等しい。
これを **接弦定理** ということがある。

▌▌テキストの解説▌▌

□接線と弦のつくる角
○テキストに述べたように，四角形 APBC が円に内接するとき，∠ACB＝∠BPQ が成り立つ。
○∠ACB＝∠BPQ が成り立つことは，P を $\overset{\frown}{AB}$ 上でどんなに A に近づけても同じである。
○P が A に一致したとき，∠BPQ＝∠BAT と考えてよい。したがって，∠ACB＝∠BAT が成り立つことが予想できる。
○定理において，等しい角は
$$∠BAT と ∠ACB$$
である。これを，∠BAT と ∠ABC が等しいなどと誤らないように注意したい。

▌▌テキストの解答▌▌

（練習 26 は次ページの問題）

練習 26

[1]
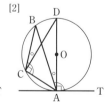
[2]

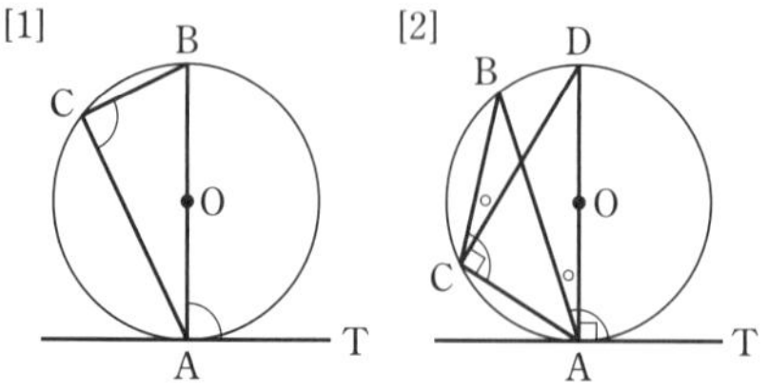

5．接線と弦のつくる角

▶ 接線と弦のつくる角
右の図において，四角形 APBC は円 O に内接するから，次のことが成り立つ。
$$∠ACB＝∠BPQ$$

点 P を $\overset{\frown}{AB}$ 上で点 A に近づけていくと，点 P の位置に関係なく，
$$∠ACB＝∠BPQ$$
が成り立つ。

また，弦 PB は弦 AB に近づき，直線 AP は点 A における円 O の接線 AT に近づくから，∠BPQ は ∠BAT に近づいていく。

このことから，円の接線と弦のつくる角について，次のことが成り立つと予想される。

> **接線と弦のつくる角**
>
> **定理** 円 O の弦 AB と，その端点 A における接線 AT がつくる角 ∠BAT は，その角の内部に含まれる $\overset{\frown}{AB}$ に対する円周角 ∠ACB に等しい。

注意 上の接線と弦のつくる角の定理を，**接弦定理** ということがある。

---

[1]　∠BAT が直角の場合
仮定から　　∠BAT＝90°
BA は円の直径であるから，円周角の定理により
$$∠ACB＝90°$$
よって　　　∠BAT＝∠ACB

[2]　∠BAT が鈍角の場合
図[2]のように，直径 AD を引くと，DA⊥AT であるから
$$∠BAT＝90°＋∠BAD　……①$$
また，∠ACD＝90° であるから
$$∠ACB＝90°＋∠BCD　……②$$
円周角の定理により
$$∠BAD＝∠BCD　　　　……③$$
①，②，③から
$$∠BAT＝∠ACB$$

学習のめあて

接線と弦のつくる角の定理の証明を理解して，その結果を利用すること。

学習のポイント

接線と弦のつくる角

円 O の弦 AB と，その端点 A における接線 AT がつくる角 $\angle BAT$ は，その角の内部に含まれる $\overset{\frown}{AB}$ に対する円周角に等しい。

■■テキストの解説■■

□接線と弦のつくる角の定理の証明

○$\angle BAT$ が鋭角の場合，直角の場合，鈍角の場合に分けて，$\angle BAT = \angle ACB$ となることを証明する。

○$\angle BAT$ と $\angle ACB$ を比べるために，直径 AD を引いて考える。

○接線と弦のつくる角の定理は，その逆も成り立つ。すなわち，円 O の弦 AB と，点 A を通る直線 AT がつくる角 $\angle BAT$ が，その角の内部に含まれる $\overset{\frown}{AB}$ に対する円周角 $\angle ACB$ に等しいならば，直線 AT は円 O に接する。

○たとえば，$\angle BAT$ が鋭角の場合，
直径 AD を引くと

$\angle TAD$
$= \angle BAT + \angle BAD$
$= \angle ACB + \angle BCD$
$= 90°$

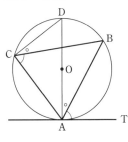

よって，直線 AT は
点 A で円 O に接する。

□練習 26

○接線と弦のつくる角の定理の証明。

○$\angle BAT$ が鈍角の場合は，鋭角の場合と同じように，直径を引いて考える。

この定理は，$\angle BAT$ が鋭角の場合，次のように証明できる。

証明 右の図のように，直径 AD を引くと，
DA⊥AT であるから
　　　$\angle BAT + \angle BAD = 90°$　……①
また，直角三角形 BAD において
　　　$\angle ADB + \angle BAD = 90°$　……②
①，②より
　　　$\angle BAT = \angle ADB$
円周角の定理により
　　　$\angle ACB = \angle ADB$
よって　　　$\angle BAT = \angle ACB$　　**終**

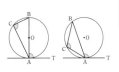

練習 26 右の図を用いて，
$\angle BAT$ が直角，鈍角の場合
についても
　　　$\angle BAT = \angle ACB$
が成り立つことを証明しなさい。

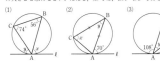

練習 27 次の図において，直線 ℓ は円の接線で，A は接点である。$\angle x, \angle y$ の大きさを求めなさい。ただし，(2)では，BA＝BC である。

(1)　(2)　(3)

□練習 27

○接線と弦のつくる角の定理の利用。定理に正しくあてはめる。

■■テキストの解答■■

(練習 26 の解答は前ページ)

練習 27 (1)　$\angle x = \angle ACB = 74°$
　　　　　　　$\angle y = \angle ABC = 56°$

(2)　$\angle x = 70°$
　　△ABC は，BA＝BC の二等辺三角形であるから
　　　　$\angle BAC = \angle BCA = 70°$
　　よって，△ABC の内角について
　　　　$\angle y = 180° - 70° \times 2 = 40°$

(3)　$\angle x = 108°$
　　△ABD において，内角と外角の性質から
　　　　$\angle BAD = 108° - 70° = 38°$
　　よって
　　　　$\angle y = 180° - (108° + 38°) = 34°$

学習のめあて

接線と弦のつくる角の定理を利用して，いろいろな問題を解くことができるようになること。

学習のポイント

円周角と弧の長さ

1つの円の弧の長さと円周角の大きさは比例する。

▋▋テキストの解説▋▋

□例題7

○接線と弦のつくる角の定理を用いて，角の大きさを求める。

○求めるものは ∠ADC の大きさで

$$∠ADC＝∠CAT$$

→　∠BAC の大きさがわかるとよい

○1つの円の弧の長さと円周角の大きさが比例することは，テキスト74ページで学習した。
そこで，仮定 $\overparen{BC}:\overparen{CD}＝1:2$ に着目すると

$$∠BAC:∠DAC＝1:2$$

∠DAB の大きさがわかるから，∠BAC の大きさも求めることができる。

□練習28

○接線と弦のつくる角の定理の利用。

○(1)　求める角の大きさを x とおく。△AEC の内角に着目して，x の方程式をつくる。

▋▋テキストの解答▋▋

練習28

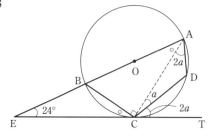

接線と弦のつくる角の定理を用いて解く問題を考えよう。

例題7　右の図において，$\overparen{BC}:\overparen{CD}＝1:2$ であり，直線ST は点Aで円に接している。

このとき，∠ADC の大きさを求めなさい。

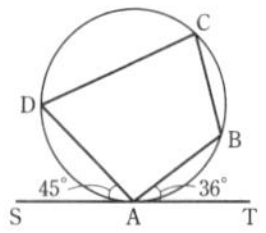

解答　∠DAB＝180°−(45°＋36°)

　　　　　＝99°

∠BAC＝a とおく。

弧の長さと円周角の大きさは比例するから，$\overparen{BC}:\overparen{CD}＝1:2$ より

　　∠DAC＝$2a$

よって，∠DAB について

　　　　$a＋2a＝99°$

　　　　　$a＝33°$

接線と弦のつくる角の定理により

　　　　∠ADC＝∠CAT

したがって　　∠ADC＝33°＋36°＝69°　　　**答** 69°

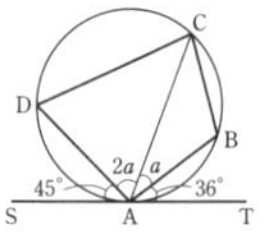

練習28　右の図において，$\overparen{AD}:\overparen{CD}＝1:2$ であり，直線ET は，点Cにおいて円O に接している。このとき，次の角の大きさを求めなさい。

(1)　∠BCE　　　　(2)　∠DCT

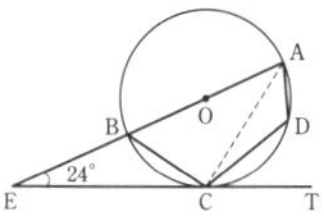

---

(1)　∠BCE＝x とおく。

接線と弦のつくる角の定理により

　　　　∠EAC＝∠BCE＝x

AB は円の直径であるから，円周角の定理により　　　∠ACB＝90°

よって，△AEC の内角について

　　　　$24°＋x＋(90°＋x)＝180°$

　　　　　　　$x＝33°$

したがって　　　∠BCE＝**33°**

(2)　∠ACT＝180°−(33°＋90°)＝57°

∠ACD＝a とおく。

弧の長さと円周角の大きさは比例するから，$\overparen{AD}:\overparen{CD}＝1:2$ より

　　　　∠CAD＝2∠ACD＝$2a$

また，接線と弦のつくる角の定理により

　　　　∠DCT＝∠CAD＝$2a$

よって，∠ACT について

　　　　$a＋2a＝57°$

　　　　　　$a＝19°$

したがって　　　∠DCT＝$2×19°＝$**38°**

6. 方べきの定理

学習のめあて

円における2つの弦またはそれらの延長の交点を考え，方べきの定理が成り立つことを証明すること。

学習のポイント

方べきの定理(1)

円の2つの弦 AB，CD の交点，またはそれらの延長の交点を P とすると，次の等式が成り立つ。

$$PA \times PB = PC \times PD$$

$PA \times PB$ の値を，点 P のこの円に関する**方べき**という。

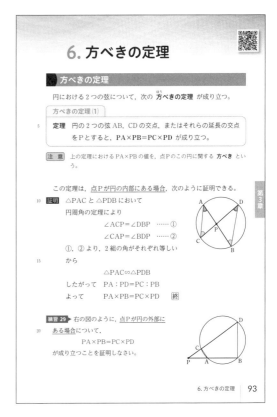

6. 方べきの定理

方べきの定理

円における2つの弦について，次の**方べきの定理**が成り立つ。

> 方べきの定理(1)
>
> **定理** 円の2つの弦 AB，CD の交点，またはそれらの延長の交点を P とすると，$PA \times PB = PC \times PD$ が成り立つ。

注意 上の定理における $PA \times PB$ の値を，点 P のこの円に関する**方べき**という。

この定理は，点 P が円の内部にある場合，次のように証明できる。

証明 △PAC と△PDB において
円周角の定理により
$$\angle ACP = \angle DBP \quad \cdots\cdots ①$$
$$\angle CAP = \angle BDP \quad \cdots\cdots ②$$
①，②より，2組の角がそれぞれ等しいから
$$△PAC \backsim △PDB$$
したがって $PA : PD = PC : PB$
よって $PA \times PB = PC \times PD$ 【終】

練習 29 右の図のように，点 P が円の外部にある場合について，
$$PA \times PB = PC \times PD$$
が成り立つことを証明しなさい。

93

■テキストの解説■

□方べきの定理(1)

○ここで述べる方べきの定理は，既に学んだ基本的な性質

円周角の定理

　　→ P が円の内部にある場合

円に内接する四角形の性質

　　→ P が円の外部にある場合

と，三角形の相似条件だけから得られるもので，その証明も容易である。

○結論は $PA \times PB = PC \times PD$

この等式は，比の形の式

$$PA : PD = PC : PB$$

と同じである。

○そこで，PA と PC，PD と PB を辺にもつ2つの三角形△PAC と△PDB を考える。

○円 O と，円 O の内部または外部の点 P に対して，P を通る直線と円 O の交点を A，B とする。このとき，方べきの定理(1)は，P を通るどんな直線についても $PA \times PB$ の値が一定であることを示している。

○半径 r の円 O の内部に点 P があるとき
$$PA \times PB = r^2 - OP^2 \quad (一定)$$
点 P が円 O の外部にあるときは
$$PA \times PB = OP^2 - r^2 \quad (一定)$$
がそれぞれ成り立つことが知られている。

□練習 29

○方べきの定理(1)の証明。点 P が円の外部にある場合である。

○△PAC∽△PDB を示し，辺の比を考える。

■テキストの解答■

練習 29 △PAC と△PDB において，四角形 ABCD は円に内接してるから
$$\angle ACP = \angle DBP \quad \cdots\cdots ①$$
$$\angle CAP = \angle BDP \quad \cdots\cdots ②$$
①，②より，2組の角がそれぞれ等しいから　　△PAC∽△PDB
ゆえに　　$PA : PD = PC : PB$
よって　　$PA \times PB = PC \times PD$

学習のめあて

円外の点から引いた1つの直線と1つの接線を考え，方べきの定理が成り立つことを証明すること。

学習のポイント

方べきの定理(2)

円の外部の点 P から円に引いた接線の接点を T とする。P を通る直線が，この円と2点 A，B で交わるとき，次の等式が成り立つ。

$$PA \times PB = PT^2$$

■■テキストの解説■■

□練習30

○方べきの定理(1)を利用して，線分の長さを求める。

○方べきの定理に，各線分の長さを正しくあてはめて計算する。

○(2) 方べきの定理に与えられた線分の長さをあてはめると，x の2次方程式が得られるが，$x>0$ であることから，x の値は1つに定まる。

□方べきの定理(2)

○方べきの定理(1)において，一方の直線が円に接する場合。

○方べきの定理(2)も，接線と弦のつくる角の定理と，三角形の相似条件だけから得られるもので，その証明は容易である。

○結論の式は $PA \times PB = PT^2$
PA，PB，PT に着目して，$\triangle PTA \circ \triangle PBT$ を証明する。

練習31

○方べきの定理(2)を利用して，線分の長さを求める。

○練習30と同様，方べきの定理に各線分の長

練習30 次の図において，x の値を求めなさい。

(1) 　(2)

円の外部にある点 P を通る2直線のうち，一方が円と2点で交わり，もう一方が円に接するとき，次の定理が成り立つ。

5　この定理も，方べきの定理という。

方べきの定理(2)

定理 円の外部の点 P から引いた接線の接点を T とする。
P を通る直線がこの円と2点 A，B で交わるとき，
$PA \times PB = PT^2$ が成り立つ。

10 証明 $\triangle PTA$ と $\triangle PBT$ において
直線 PT は円の接線であるから
$\angle PTA = \angle PBT$
共通な角であるから $\angle APT = \angle TPB$
2組の角がそれぞれ等しいから
15　　$\triangle PTA \circ \triangle PBT$
したがって $PT:PB = PA:PT$
よって $PA \times PB = PT^2$ 終

練習31 右の図において，x の値を求めなさい。ただし，PT は T における円 O の
20　接線である。

さを正しくあてはめて計算する。

■■テキストの解答■■

練習30 (1) 方べきの定理により
$$PA \times PB = PC \times PD$$
$$5 \times 4 = 6 \times x$$

よって $x = \dfrac{10}{3}$

(2) 方べきの定理により
$$PA \times PB = PC \times PD$$
$$(4+2) \times 4 = (x+5) \times x$$

整理すると $x^2 + 5x - 24 = 0$
$$(x-3)(x+8) = 0$$

$x>0$ であるから $x=3$

練習31 方べきの定理により
$$PA \times PB = PT^2$$
$$4 \times (4+x) = 6^2$$
$$4x = 20$$

よって $x=5$

学習のめあて

方べきの定理の逆が成り立つことを理解すること。

学習のポイント

方べきの定理(1)の逆

2つの線分 AB と CD，または AB の延長と CD の延長が点 P で交わるとき

$$PA \times PB = PC \times PD$$

が成り立つならば，4点 A，B，C，D は1つの円周上にある。

▶ テキストの解説 ◀

□方べきの定理の逆

○方べきの定理(1)の逆は，4点が1つの円周上にあるための条件でもある。

○証明は △ABC の外接円と半直線 PD の交点 D′ を考え，D と D′ が一致することから，4点 A，B，C，D が1つの円周上にあることを結論する。

○仮定 PA×PB＝PC×PD から

$$PA : PD = PC : PB$$

また　　　　∠APC＝∠DPB

よって，△PAC∽△PDB から

$$\angle PAC = \angle PDB$$

したがって，円周角の定理の逆または四角形が円に内接するための条件により，4点 A，B，C，D は1つの円周上にある，ということもできる。

○方べきの定理(2)の逆は，次のようになる。

○一直線上にない3点 A，B，T および線分 AB の延長上に点 P があって

$$PA \times PB = PT^2$$

が成り立つならば，PT は A，B，T を通る円に接する。

方べきの定理の逆

方べきの定理(1)は，その逆も成り立つ。

> **方べきの定理の逆**

> **定理**　2つの線分 AB と CD，または AB の延長と CD の延長が点 P で交わるとき，PA×PB＝PC×PD が成り立つならば，4点 A，B，C，D は1つの円周上にある。

証明　△ABC の外接円と半直線 PD との交点を D′ とすると，方べきの定理により　　　PA×PB＝PC×PD′
仮定から　　　PA×PB＝PC×PD
よって　　　PC×PD＝PC×PD′
したがって，PD＝PD′ となる。
よって，半直線 PD 上の2点 D，D′ は一致し，4点 A，B，C，D は1つの円周上にある。　**終**

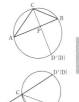

また，方べきの定理(2)の逆も成り立つ。

練習 32　次の①，②，③において，4点 A，B，C，D が1つの円周上にあるものをすべて選びなさい。

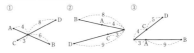

□練習 32

○方べきの定理の逆を利用して，4点が1つの円周上にあるかどうかを調べる。

○それぞれの場合について，PA×PB の値と PC×PD の値を比べる。

▶ テキストの解答 ◀

練習 32　直線 AB と CD の交点を P とする。

① 　$PA \times PB = 4 \times 6 = 24$

　　$PC \times PD = 3 \times 8 = 24$

　よって　　$PA \times PB = PC \times PD$

② 　$PA \times PB = 4 \times 8 = 32$

　　$PC \times PD = 3 \times 9 = 27$

③ 　$PA \times PB = 3 \times (3+9) = 36$

　　$PC \times PD = 4 \times (4+5) = 36$

　よって　　$PA \times PB = PC \times PD$

したがって，方べきの定理の逆により，4点 A，B，C，D が1つの円周上にあるものは　　① と ③

95

学習のめあて

方べきの定理の逆を利用して，いくつかの点が1つの円周上にあることを証明すること。

学習のポイント

方べきの定理の逆を利用した証明

4点 A，B，C，D に対して，等式

$$○A×○B＝○C×○D$$

が成り立つことを示す。

▌▌テキストの解説▌▌

□例題8

○方べきの定理の逆を利用して，4点が1つの円周上にあることを証明する。

○結論は，4点 D，E，P，O が1つの円周上にあること。そこで，C で交わる2つの線分 DE，PO に対して，CD×CE＝CP×CO が成り立つのではないかと考える。

○このことを示すために，1つの円周上にある4点を利用する。

[1] 仮定から，4点 A，B，D，E は円 O の周上にある。

$$→ \quad CA×CB＝CD×CE$$

[2] ∠OAP＋∠OBP＝180° から，4点 O，A，P，B は線分 PO を直径とする円周上にある。

$$→ \quad CA×CB＝CP×CO$$

○したがって，CD×CE＝CP×CO が成り立ち，4点 D，E，P，O は1つの円周上にある。

○いろいろな定理を必要とするため，証明は少しむずかしい。このような場合は，

仮定から得られる等式

$$CA×CB＝CD×CE$$

結論を導く等式

$$CD×CE＝CP×CO$$

を比べて，CA×CB＝CP×CO が成り立つのではないかと考えるのも1つの方法である。

方べきの定理の逆を用いて，いくつかの点が1つの円周上にあることを証明しよう。

例題 8 円 O の外部の点 P から，この円に2点 A，B をそれぞれ接点とする2本の接線 PA，PB を引き，AB と PO の交点を C とする。
また，PO と C で交わる弦 DE を引く。
このとき，4点 D，E，P，O は1つの円周上にあることを証明しなさい。

考え方 4点 A，B，D，E と O，A，P，B が，それぞれ1つの円周上にあることに着目して，まず，方べきの定理を利用する。

証明 AB，DE は点 C で交わるから，方べきの定理により

$$CA×CB＝CD×CE$$

$$…… ①$$

また，∠OAP＋∠OBP＝180°
であるから，4点 O，A，P，B は1つの円周上にある。
よって，方べきの定理により

$$CA×CB＝CP×CO …… ②$$

①，② より　CD×CE＝CP×CO
したがって，方べきの定理の逆により，4点 D，E，P，O は1つの円周上にある。　**終**

練習 33 交わる2つの円の交点を結ぶ線分上に点 P をとり，P で交わる2つの円の弦を，それぞれ AB，CD とする。
このとき，4点 A，B，C，D は1つの円周上にあることを証明しなさい。

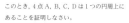

□練習 33

○点 P を通る2円に共通な弦に着目して，まず方べきの定理を利用する。

▌▌テキストの解答▌▌

練習 33 2つの円の交点を Q，R とする。
A，R，B，Q を通る円において，
方べきの定理により

$$PA×PB＝PQ×PR$$

また，C，R，D，Q を通る円において，
方べきの定理により

$$PC×PD＝PQ×PR$$

よって　　　PA×PB＝PC×PD
したがって，方べきの定理の逆により，4点 A，B，C，D は1つの円周上にある。

7. 2つの円

学習のめあて

2つの円のいろいろな位置関係について理解すること。

学習のポイント

2つの円の位置関係

半径が異なる2つの円の位置関係は，次の5つの場合がある。

[1] 一方が他方の外部にある。

[2] 1点を共有する（一方の円は他方の円の外側にある）。

[3] 2点で交わる。

[4] 1点を共有する（一方の円は他方の円の内側にある）。

[5] 一方が他方の内部にある。

2つの円の内接と外接

上の[2]，[4]のように2つの円が1点を共有する場合，この2つの円は **接する** といい，この共有点を **接点** という。[2]のような場合，2つの円は **外接する** といい，[4]のような場合，2つの円は **内接する** という。

▌▌テキストの解説▌▌

□2つの円の位置関係

○半径が異なる2つの円の位置関係は，テキストに示した5通りしかない。それぞれの図と対比して理解したい。

□練習34

○半径が等しい2つの円の位置関係。

○半径が等しいから，2つの円が内接したり，一方の円が他方の内部にあることはない。この場合，2つの円は一致する。

---

7. 2つの円

2つの円の位置関係

半径が異なる2つの円 O，O′ の位置関係は，次の5つの場合がある。

[1] 一方が他方の外部にある　　[2] 1点を共有する

[3] 2点で交わる　　[4] 1点を共有する　　[5] 一方が他方の内部にある

上の図において，2つの円の共有点は，0個または1個または2個である。

[2]，[4]のように，2つの円がただ1点を共有するとき，この2つの円は **接する** といい，この共有点を **接点** という。

特に，[2]のような場合，2つの円は **外接する** といい，[4]のような場合，2つの円は **内接する** という。

2つの円が接するとき，接点は2つの円の中心を通る直線上にある。

練習 34 半径が等しい2つの円について，どのような位置関係が考えられるか。上のように場合を分けて答えなさい。

7. 2つの円　97

▌▌テキストの解答▌▌

練習34 半径が等しい2つの円の位置関係には，次の4つの場合がある。

[1] 一方が他方の外部にある

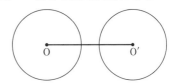

[2] 1点を共有する（外接する）

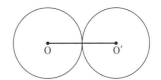

[3] 2点で交わる　　[4] 重なる

学習のめあて

2つの円の位置関係を，2つの円の半径と中心間の距離に関連づけて理解すること。

学習のポイント

2つの円の位置関係

半径が r，r' $(r>r')$ で，中心間の距離が d である2つの円の位置関係は，$r+r'$，$r-r'$ と d の大小で決まる。

■■ テキストの解説 ■■

□ 練習35，練習36

○ 2つの円の半径の和，差と2つの円の中心間の距離を比べる。

□ 例題9，練習37

○ 2つの円が外接 → $r+r'=d$

2つの円が内接 → $r-r'=d$

○ 2つの円の位置関係を連立方程式の形に表し，それを解く。

■■ テキストの解答 ■■

練習35 [1] 一方が他方の外部にあるとき

$$d>r+r'$$

[2] 1点を共有する（外接する）とき

$$d=r+r'$$

[3] 2点で交わるとき

$$r-r'<d<r+r'$$

[4] 1点を共有する（内接する）とき

$$d=r-r'$$

[5] 一方が他方の内部にあるとき

$$d<r-r'$$

[1]   [2]

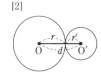

練習35 ▶ 前のページの図について，円Oの半径を r，円 O' の半径を r' とし，中心間の距離を d とする。[1]～[5] の各場合について，次の □ に適する等号または不等号を入れなさい。ただし，$r>r'$ とする。

[1] $d \boxed{} r+r'$ [2] $d \boxed{} r+r'$

[3] $r-r' \boxed{} d \boxed{} r+r'$ [5] $d \boxed{} r-r'$

[4] $d \boxed{} r-r'$

練習36 ▶ 2点 O，O' 間の距離は 9 cm である。O，O' を中心として，それぞれ半径 r cm，r' cm の円をかくとき，次の場合の2つの円は，どのような位置関係にあるか答えなさい。

(1) $r=7$，$r'=3$ (2) $r=5$，$r'=4$

(3) $r=11$，$r'=2$ (4) $r=3$，$r'=2$

例題 9

半径が異なる2つの円があり，この2つの円は，中心間の距離が 10 cm ならば外接し，2 cm ならば内接する。この2つの円の半径を求めなさい。

解答 2つの円の半径を r cm，r' cm $(r>r')$ とする。

条件から

$$\begin{cases} r+r'=10 & \cdots\cdots \text{外接} \\ r-r'=2 & \cdots\cdots \text{内接} \end{cases}$$

これを解くと

$$r=6，\quad r'=4$$

よって，2つの円の半径は 6 cm と 4 cm **答**

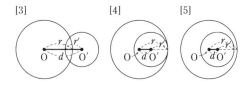

練習37 ▶ 3つの円 A，B，C は，どの2つも互いに外接している。円Bの半径は円Aの半径の2倍であり，それぞれの円の中心 A，B，C について，BC=9 cm，CA=7 cm である。3つの円の半径を求めなさい。

98 第3章 円

---

[3]   [4]   [5]

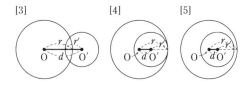

練習36 2つの円の中心間の距離を d とする。

(1) $$7-3<9<7+3$$

であり，$r-r'<d<r+r'$ となっている。

よって，2つの円は **2点で交わる**。

(2) $$9=5+4$$

であり，$d=r+r'$ となっている。

よって，2つの円は **外接する**。

(3) $$9=11-2$$

であり，$d=r-r'$ となっている。

よって，2つの円は **内接する**。

(4) $$9>3+2$$

であり，$d>r+r'$ となっている。

よって，2つの円のうち **一方が他方の外部にある**。

（練習37 の解答は次ページ）

学習のめあて

2つの円の位置関係と，2つの円に共通する接線の本数について理解すること。

学習のポイント

共通接線

2つの円の両方に接している直線を，2つの円の **共通接線** という。

半径が異なる2つの円 O，O' の共通接線の本数は，O，O' の位置関係によって，次のようになる。

[1] 一方が他方の外部にある → 4本

[2] 外接する → 3本

[3] 2点で交わる → 2本

[4] 内接する → 1本

[5] 一方が他方の内部にある → 0本

共通接線

2つの円の両方に接している直線を，2つの円の **共通接線** という。
半径が異なる2つの円 O，O' の共通接線の本数は，O，O' の位置関係により，次の5つの場合がある。

[1] 共通接線は4本　　[2] 共通接線は3本

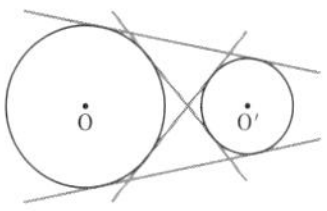

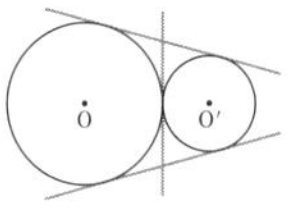

[3] 共通接線は2本 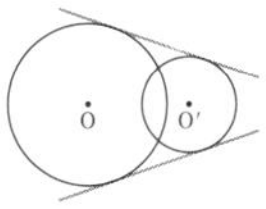　[4] 共通接線は1本 　[5] 共通接線はない

例題10 外接する2つの円 O，O' の接点 P を通る共通接線と，A，B を接点とする他の共通接線との交点を M とする。
このとき，点 M は線分 AB の中点であることを証明しなさい。

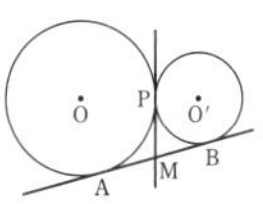

証明 円の外部の1点からその円に引いた2本の接線について，2つの接線の長さは等しいから　AM＝PM，BM＝PM
よって　　　　　　AM＝BM
したがって，点 M は線分 AB の中点である。　**終**

▐▌テキストの解説▐▌

□共通接線

○2つの円の共通接線は，2つの円の位置関係によって，4本，3本，2本，1本，0本の場合がある。2つの円の位置関係に応じて，共通接線がどのような位置にあるかを，しっかりと理解したい。

□例題10

○結論は，点 M が線分 AB の中点であること。
　　　→　AM＝BM

○証明では，点 P で2つの円に接する共通接線に注目する。

○円の外部の点から円に引いた2つの接線の長さは等しい。
　点 M から円 O に引いた接線は　MA，MP
　　　→　AM＝PM
　点 M から円 O' に引いた接線は　MB，MP
　　　→　BM＝PM
したがって，AM＝BM がいえる。

▐▌テキストの解答▐▌

（練習37 は前ページの問題）

練習37 円 A，B，C の半径をそれぞれ
　　r cm，
　　$2r$ cm，
　　r' cm
とする。

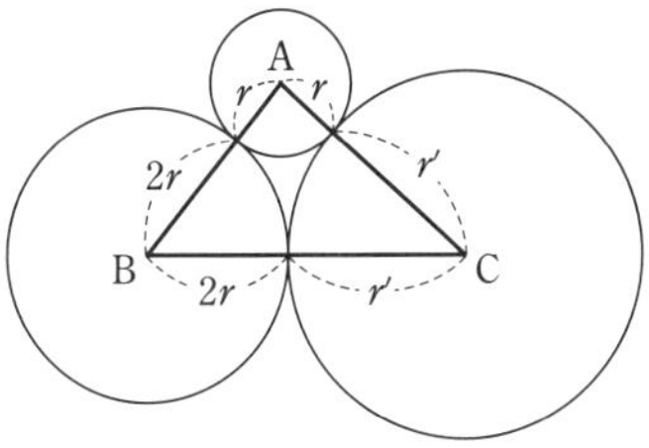

3つの円はどの2つも互いに外接するから
　　$2r+r'=9$　（BC について）
　　$r+r'=7$　（CA について）

これを解くと　　$r=2$，$r'=5$

このとき　　$2r=4$

よって，円 A の半径は　2 cm
　　　　　円 B の半径は　4 cm
　　　　　円 C の半径は　5 cm

学習のめあて

2つの円の共通接線に関するいろいろな性質を理解すること。

学習のポイント

共通接線

2つの円 O, O' の共通接線 ℓ

→ ℓ は円 O の接線 かつ ℓ は円 O' の接線

■■テキストの解説■■

□練習38

○共通接線をそれぞれの円の接線と考え, 円外の点からその円に引いた接線の長さを調べる。

○2つの円が外接するときも同じことが成り立つ。図のように, 一方が他方の外部にあるときは

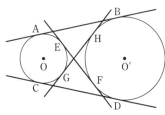

   AB＝CD, EF＝GH

が成り立つ。

□例題11, 練習39

○接する2つの円における2つの弦の位置関係。

○   平行 ← 同位角, 錯角が等しい

と考え, 2つの弦 AC, BD と直線 AB によってできる同位角や錯角を調べる。

○共通接線に着目。接線と弦のつくる角の定理を利用して, 等しい角を移す。

■■テキストの解答■■

練習38

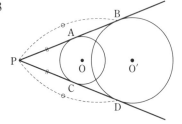

練習38 ▶ 右の図のように, 2つの円 O, O' の共通接線 AB, CD を引き, その交点を P とする。このとき, AB＝CD であることを証明しなさい。

例題 11 点Pで外接する2つの円 O, O' がある。Pを通る2つの直線が円 O, O' と右の図のようにそれぞれ A, B および C, D で交わるとき,

   AC／DB

であることを証明しなさい。

証明 点Pを通る共通接線を QR とする。接線と弦のつくる角の定理により

   ∠CPR＝∠CAP
   ∠DPQ＝∠DBP

また, 対頂角は等しいから

   ∠CPR＝∠DPQ

よって ∠CAP＝∠DBP

したがって, 錯角が等しいから AC／DB 終

練習39 ▶ 点Pで内接する2つの円 O, O' がある。Pを通る2本の直線が円 O, O' と図のようにそれぞれ A, B および C, D で交わるとき,

   AC／BD

であることを証明しなさい。

円の外部の1点からその円に引いた2つの接線について, 2つの接線の長さは等しいから

円 O' について   PB＝PD ……①

円 O について   PA＝PC ……②

①, ②から   PB－PA＝PD－PC

すなわち   AB＝CD

練習39 点Pを通る共通接線を QR とする。接線と弦のつくる角の定理により

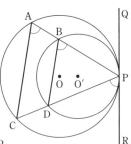

   ∠CPR＝∠CAP

   ∠DPR＝∠DBP

∠CPR＝∠DPR であるから

      ∠CAP＝∠DBP

よって, 同位角が等しいから

      AC／BD

学習のめあて

交わる 2 つの円に関する性質について考察すること。

学習のポイント

交わる 2 つの円

交わる 2 つの円に共通な弦に注目する。

O，O′ に共通な弦 AB

→　AB は円 O の弦 かつ AB は円 O′ の弦

■■テキストの解説■■

□例題 12

○交わる 2 つの円の性質については，テキスト 96 ページの練習 33 で，次のような問題を考えた。

交わる 2 つの円の交点を結ぶ線分上に点 P をとり，P で交わる 2 つの円の弦を，それぞれ AB，CD とする。このとき，4 点 A，B，C，D は 1 つの円周上にある。

○この問題の証明では，2 つの円の交点を結ぶ線分，すなわち，2 つの円に共通な弦に注目して，

$$PA \times PB = PC \times PD$$

が成り立つことを導いた。

○この例題でも同様に，2 つの円の交点を結ぶ線分に注目して，方べきの定理を利用する。

[1]　円 O の外部の点 P から円に引いた接線 PT と，点 P を通り円 O と 2 点 A，B で交わる直線 PAB

　　　→　$PA \times PB = PT^2$

[2]　円 O′ の外部の点 P から円に引いた接線 PT′ と，点 P を通り円 O′ と 2 点 A，B で交わる直線 PAB

　　　→　$PA \times PB = PT'^2$

○このように，方べきの定理(2)により，PT と PT′ が結びつく

○PT>0，PT′>0 であることに注意する。

■ 交わる 2 つの円

前のページでは，接する 2 つの円に関する問題について考えた。ここでは，交わる 2 つの円に関する問題について考えよう。

例題 12　2 点 A，B で交わる円 O，O′ がある。右の図のように，直線 AB 上の点 P から，この 2 つの円とそれぞれ点 T，T′ で接する 2 本の接線 PT，PT′ を引くとき，

　　　　　PT＝PT′

であることを証明しなさい。

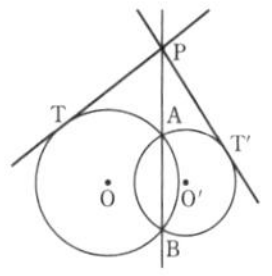

証明　円 O において，方べきの定理により

　　　　　$PA \times PB = PT^2$ ……①

円 O′ において，方べきの定理により

　　　　　$PA \times PB = PT'^2$ ……②

①，②から　　$PT^2 = PT'^2$

PT>0，PT′>0 であるから

　　　　　PT＝PT′　終

練習 40　2 点 A，B で交わる 2 つの円 O，O′ がある。右の図のように，2 つの円 O，O′ の共通接線 CD を引き，直線 AB との交点を E とするとき，

　　　　　EC＝ED

であることを証明しなさい。

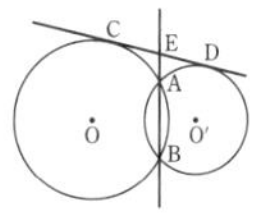

□練習 40

○例題 12 にならって考える。点 E は 2 つの円の共通接線上の点であり，2 つの円の交点を通る直線上の点でもある。

■■テキストの解答■■

練習 40　円 O において，方べきの定理により

　　　　　$EA \times EB = EC^2$ ……①

円 O′ において，方べきの定理により

　　　　　$EA \times EB = ED^2$ ……②

①，②から

　　　　　$EC^2 = ED^2$

EC>0，ED>0 であるから

　　　　　EC＝ED

101

学習のめあて

トレミーの定理について理解すること。

学習のポイント

トレミーの定理

円に内接する四角形 ABCD について，次の等式が成り立つ。

$$AB \times CD + AD \times BC = AC \times BD$$

▌▌テキストの解説▌▌

□ トレミーの定理

○円に内接する四角形において，対辺の長さどうしをかけたものの和は，対角線の長さの積に等しい。これを，トレミーの定理という。

○結論の等式から，線分 AB，CD，AD，BC，AC，BD を辺にもつ図形を考える。

　　→ △ABC，△BCD，△CDA，△DAB

○しかし，どの三角形も合同ではなく，相似でもない。また，平行線もないから，線分の長さを他の図形と結びつけることができない。そこで，補助線 AE を引いて，相似な三角形をつくる。

○自力でこの補助線を見つけ出すのは困難であるが，結論の式は整っていて覚えやすい。テキストの証明を追って，この等式が成り立つことを理解したい。

○証明は，次の3段階に分かれる。

　[1]　△ABE∽△ACD

　　　　→　$AB \times CD = AC \times BE$

　[2]　△ABC∽△AED

　　　　→　$AD \times BC = AC \times ED$

　[3]　$AB \times CD + AD \times BC = AC \times BD$

○[1]，[2]の証明ができると，結論の等式は見えてくる。

○トレミーの定理は，その逆も成り立つ。すなわち，四角形 ABCD において

　　　$AB \times CD + AD \times BC = AC \times BD$

発展

トレミーの定理

円に内接する四角形において，次のトレミーの定理が成り立つ。

トレミーの定理

定理　円に内接する四角形 ABCD において，次の等式が成り立つ。

　　$AB \times CD + AD \times BC = AC \times BD$

「対辺の長さどうしをかけたものの和は対角線の長さの積に等しい」という，きれいな関係である。

証明　対角線 BD 上に ∠BAE＝∠CAD となる点Eをとる。

△ABE と △ACD において

円周角の定理により　∠ABE＝∠ACD

また　　∠BAE＝∠CAD

2組の角がそれぞれ等しいから

　　　　△ABE∽△ACD

よって　　AB：AC＝BE：CD

すなわち　$AB \times CD = AC \times BE$　……①

△ABC と △AED において

円周角の定理により　∠ACB＝∠ADE

また，∠BAE＝∠CAD であるから

　　∠BAE＋∠EAC＝∠CAD＋∠EAC

すなわち　　∠BAC＝∠EAD

2組の角がそれぞれ等しいから　△ABC∽△AED

よって　　AC：AD＝BC：ED

すなわち　$AD \times BC = AC \times ED$　……②

①，②の両辺をそれぞれ加えると

　　$AB \times CD + AD \times BC = AC \times (BE + ED)$

したがって　$AB \times CD + AD \times BC = AC \times BD$　終

が成り立つと，この四角形は円に内接する。

○逆の証明の流れは，次のようになる。

　　　△ABE∽△ACD

　　　　　……①

となる点Eを，右の図のようにとると，

　　　△ABC∽△AED

が成り立つ。

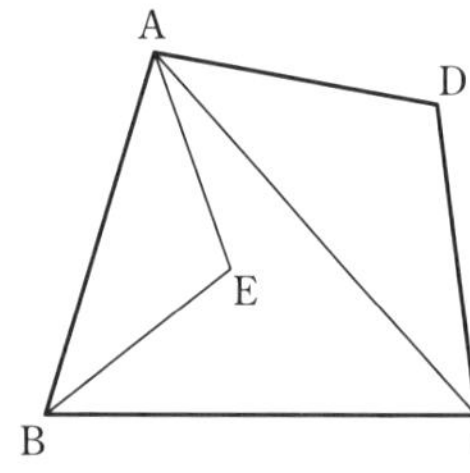

よって　　　BC：ED＝AC：AD

すなわち　　$BC \times AD = ED \times AC$　……②

一方，①から　　AB：AC＝BE：CD

すなわち　　$AB \times CD = AC \times BE$　……③

②，③を $AB \times CD + AD \times BC = AC \times BD$ に代入すると

　　$AC \times BE + ED \times AC = AC \times BD$

　　　　$BE + ED = BD$

したがって，B，E，D は一直線上にあり

　　　∠ABD＝∠ABE＝∠ACD

よって，四角形 ABCD は円に内接する。

テキスト 103 ページ

確認問題

解答は本書 160 ページ

テキストの解説

□問題 1

○円の基本的な性質，円周角の定理，円に内接する四角形の性質，接線と弦のつくる角の定理などを利用して，角の大きさを求める。

○(1)　四角形 ABCD が円に内接していること
(2)　点 A，C が円の接点であること
に，まず着目する。

□問題 2

○このままでは，∠CAD に結びつく角が見当たらないので，まず，与えられた条件から大きさがわかる角を考える。

○△BCD の内角について，∠BCD の大きさが求まる。ここで，大きさがわかっている角 ∠BAD に注目すると

∠BAD＋∠BCD＝180°
→　四角形 ABCD は円に内接する
→　∠CAD＝∠CBD

□問題 3

○円の接線の性質などを利用して，線分の長さを求める。

○(1)　円の外部の点から円に引いた 2 本の接線の長さは等しいから
AP＝AR，BP＝BQ，CQ＝CR

○(2)　点 P を通る 2 直線が円 O と 2 点 A，B および C，D で交わる。
→　方べきの定理(1)
直線 PE は，点 E で円 O に接する接線
→　方べきの定理(2)

□問題 4

○外接する 2 つの円と角の大きさ。

○点 E における共通接線を考える。まず，接線と弦のつくる角の定理により，∠DBE と

確認問題

1　次の図において，∠x，∠y の大きさを求めなさい。
(1)　(2)
点A, Cは，円Oの接点

2　右の図において，∠x の大きさを求めなさい。

3　次の図において，x，y の値を求めなさい。
(1)　(2)
点P, Q, Rは，内接円の接点　点Eは，円Oの接点

4　右の図において，点Eは線分AB, CDの交点である。また，2つの円は，点Eで外接している。このとき，∠x の大きさを求めなさい。

第3章　円　103

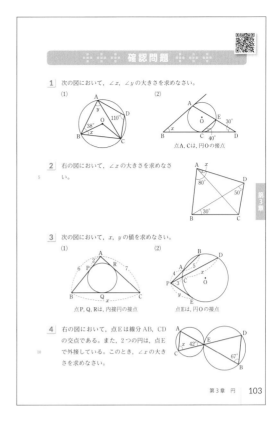

大きさが等しい角を見つける。

確かめの問題

解答は本書 169 ページ

1　中心が一致し，半径が異なる 2 つの円と直線が，右の図のように，外側の円と 2 点 A，B で，内側の円と 2 点 C，D でそれぞれ交わっている。このとき，AC＝BD であることを証明しなさい。

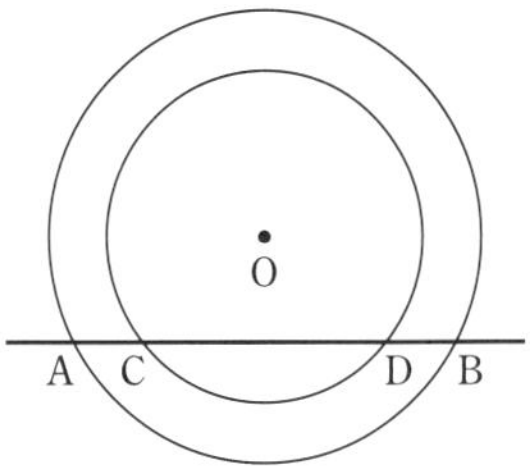

2　次の図において，∠x の大きさを求めなさい。

(1)

(2)

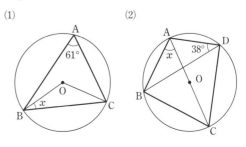

演習問題A

解答は本書 160 ページ

▊▊テキストの解説▊▊

□問題1

○円の弦の基本的な性質。

○長さの等しい弧に対する円周角は等しく，等しい円周角に対する弧の長さは等しい。平行であることを利用して，等しい円周角を導く。

○　　平行　→　同位角は等しい

　　　平行　→　錯角は等しい

　ＢとＣを結ぶと，等しい錯角が現れる。

□問題2

○六角形の内角を1つおきにとった和。∠A，∠B，……，∠Fの大きさはわからないが，∠A＋∠C＋∠Eの大きさは知ることができる。

○対角線 AD を引いて，六角形を2つの四角形に分ける。すると，求める角の和は，2つの四角形の1組の向かい合う内角の和になる。この2つの四角形はともに円に内接するから，円に内接する四角形の性質が利用できる。

○同じように考えると，∠B，∠D，∠Fの和が360°になることがわかる。

　また，六角形の内角の和は

$$180° \times (6-2) = 720°$$

　であるから

$$∠B + ∠D + ∠F = 720° - 360° = 360°$$

　である。

○∠A，∠C，∠E は，それぞれ $\overarc{BDF}$，$\overarc{DFB}$，$\overarc{FBD}$ に対する円周角であり，これらの弧に対する中心角の和は $360° \times 2$ になる。

　このことからも，∠A＋∠C＋∠E＝360° であることがわかる。

○同じように考えると，たとえば，円に内接している八角形 ABCDEFGH において，∠A，

---

1 右の図において，AB∥CD のとき，
$\overarc{AC} = \overarc{BD}$
であることを証明しなさい。

2 右の図において，六角形 ABCDEF は円に内接している。このとき，3つの内角 ∠A，∠C，∠E の和を求めなさい。

3 ∠A＝90° の直角三角形 ABC の内接円の半径を r とするとき，AB＋AC－BC を r を用いて表しなさい。

4 右の図のように，△ABC とその外接円があり，A を通るこの円の接線と，辺 CB を延長した直線の交点を P とする。∠APB の二等分線が辺 AB，AC と交わる点をそれぞれ Q，R とするとき，AQ＝AR であることを証明しなさい。

∠C，∠E，∠G の和は 540° になる。

□問題3

○直角三角形の各辺の長さと内接円の半径の関係。円の外部の点から引いた円の2本の接線の長さが等しいことを利用する。

○∠A が直角であることに着目する。点 A から内接円に引いた接線の長さは，内接円の半径 r に等しい。

□問題4

○結論は　AQ＝AR

　したがって，△AQR は二等辺三角形で，∠AQR＝∠ARQ が成り立つはずである。

○一方，仮定から

$$∠APQ = ∠BPQ$$

　また，接線と弦のつくる角の定理により

$$∠BAP = ∠BCA$$

○△APQ と △CPR に着目することで，仮定と結論が結びつく。

演習問題B

解答は本書 161 ページ

■■テキストの解説■■

□問題5

○円周を 10 等分する点と角の大きさ。

○点 A, B, C, ……, J は円周を 10 等分する

→ $\widehat{AB}$, $\widehat{BC}$, ……, $\widehat{JA}$ に対する中心角は
それぞれ等しい

→ 中心角の和は 360° であるから, 1 つの
弧に対する中心角は 36°

□問題6

○交わる 2 つの円と角の大きさ。このままでは,
∠x の大きさはわからないので, 適当な補助
線を引いて, ∠ACB を利用する。

○円 O の半径 OB を引くと, 二等辺三角形
OBC と円 O′ に内接する四角形ができて,
∠x と ∠ACB が結びつく。

□問題7

○ 2 つの半円と角の大きさ。

○直線 AT は点 T で円 O′ に接している。T
と B を結んで, 接線と弦のつくる角の定理
を利用することを考える。

□問題8

○三角形の五心の関係。まず, 垂心, 内心, 傍
心の定義を確認しておく。

　[垂心] 　3 つの頂点から対辺またはその延長
　　　　　に引いた垂線の交点

　[内心] 　3 つの内角の二等分線の交点

　[傍心] 　1 つの内角の二等分線と他の 2 つの
　　　　　角の外角の二等分線の交点

○I は △I₁I₂I₃ の垂心

→ 内角, 外角の二等分線を利用して,
　$I_1A \perp I_2I_3$, $I_2B \perp I_3I_1$, $I_3C \perp I_1I_2$
　を示す

◦◦◦◦◦◦◦◦◦◦◦ 演習問題B ◦◦◦◦◦◦◦◦◦◦◦

5 右の図において, 点 A, B, C, ……, J は円
周を 10 等分する点である。弦 AD, BG の交
点を K とするとき, ∠AKG の大きさを求め
なさい。

6 右の図において, 円 O′ は, 線分 AC を直径と
する円 O の中心を通る。また, 2 つの円 O, O′
は 2 点 A, B で交わる。
このとき, ∠x の大きさを求めなさい。

7 右の図において, 線分 AB, CB はそれ
ぞれ円 O, O′ の直径であり, 直線 AT は
点 T で円 O′ に接している。
このとき, ∠x の大きさを求めなさい。

8 △ABC の内心を I, ∠A, ∠B, ∠C の内
部にある傍心を, それぞれ I₁, I₂, I₃ とする。
I は △I₁I₂I₃ の垂心であることを証明しな
さい。

第3章 円　105

■実力を試す問題

解答は本書 171 ページ

1 鋭角三角形 ABC
の 3 つの頂点から対
辺に引いた垂線を,
それぞれ AD, BE,
CF とし, 垂心を H
とする。

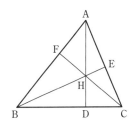

このとき, AH×HD, BH×HE, CH×HF
の値は等しいことを証明しなさい。

2 鋭角三角形 ABC の 3 つの頂点から対辺に
引いた垂線を, AD, BE, CF とし, 垂心を
H とする。
このとき, H は △DEF の内心であることを
証明しなさい。

ヒント 1 1 つの円周上にある 4 点を考える。
　　　 2 円に内接する四角形を考える。

105

学習のめあて

有名な定理の1つであるオイラー線について理解すること。

学習のポイント

オイラー線

正三角形でない三角形の外心をO，重心をG，垂心をHとおくとき，3点O，G，Hは1つの直線上にあり，次のことが成り立つ。

$$OG：GH＝1：2$$

この直線を **オイラー線** という。

■テキストの解説■

□オイラー線

○次の順で証明する。

[1] 辺BCの中点をMとすると，外心Oと垂心Hについて　　AH＝2OM

[2] OHとAMの交点をG′とすると
$$AG′：G′M＝2：1$$

○[1]の証明では，線分DBを用いて，AHとOMの長さを比べるところがポイントである。

四角形ADBHは平行四辺形になることから

$$AH＝DB$$

△CDBにおいて，中点連結定理により

$$DB＝2OM$$

したがって　　AH＝2OM

○[2]の結果により，G′は△ABCの中線AMを2：1に内分する点であることがわかるから，G′は重心Gと一致する。

○したがって，3点O，G，Hは1つの直線上にあり，OG：GH＝1：2が成り立つことがわかる。

○三角形と1つの直線上にある3点については，次の定理も有名である。

○△ABCの外接円上の点Pから，3辺AB，BC，CAまたはその延長上に，それぞれ垂線PD，PE，PFを引く。このとき，3点D，

右ページ（コラム）

コ ラ ム

三角形に関する有名な定理

三角形の外心，重心，重心に関する有名な定理があります。

> 正三角形でない三角形の外心をO，重心をG，重心をHとおくとき，3点O，G，Hは1つの直線上にあり，
> $$OG＝GH＝1：2$$
> が成り立つ。

この直線を **オイラー線** といいます。

この定理はこれまでに学んだ内容で証明できます。

証明 △ABCについて，辺BCの中点をMとおき，OHとAMの交点をG′とおく。また，△ABCの外接円の周上に点Dを，線分CDが外接円の直径となるようにとる。

線分CDは外接円の直径であるから
$$DB⊥BC，DA⊥AC$$
点Hは△ABCの重心であるから
$$AH⊥BC，BH⊥AC$$
$$DB⊥BC，AH⊥BC により　DA∥AH$$
$$DA⊥AC，BH⊥AC により　DA∥BH$$
よって，四角形ADBHは平行四辺形であるから　AH＝DB ……①
点Oは線分CDの中点であるから，中点連結定理により
$$DB＝2OM ……②$$
①，②から　　AH＝2OM
AH⊥BC，OM⊥BC より，AH∥OM であるから
$$AG′：G′M＝AH：OM＝2OM：OM＝2：1$$
AMは中線であるから，G′は△ABCの重心Gと一致する。
よって，外心O，重心G，重心Hは1つの直線上にあり
$$OG：GH＝OM：AH＝1：2　終$$

E，Fは1つの直線上にある。

○（証明）　Pが $\overparen{BC}$ 上にある場合について示す。

$$∠PEC＝∠PFC$$
$$＝90°$$

であるから，

四角形CEPFは円に内接し

$$∠PEF$$
$$＝∠PCF$$

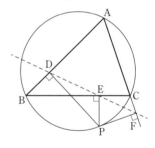

また，四角形ABPCは円に内接するから

$$∠PBD＝∠PCF$$

よって　　　　∠PBD＝∠PEF

また，∠BDP＝∠BEP＝90°であるから，四角形BPEDは円に内接し

$$∠PBD＋∠DEP＝180°$$

よって　　　　∠PEF＋∠DEP＝180°

したがって，3点D，E，Fは1つの直線上にある。

○この直線をシムソン線という。

学習のポイント

9点円

三角形の各辺の中点，各頂点から向かい合う辺に下ろした垂線の足，垂心と各頂点を結ぶ線分の中点，の合計9個の点は1つの円周上にある。この円を **9点円** という。

■■テキストの解説■■

□ 9点円

○△ABC の各頂点から向かい合う辺に下ろした垂線をそれぞれ AD，BE，CF とし，垂心を H とする。また，3辺 BC，CA，AB の中点をそれぞれ L，M，N とし，3つの線分 AH，BH，CH の中点をそれぞれ P，Q，R とする。このとき，9点 D，E，F，L，M，N，P，Q，R は1つの円周上にある。

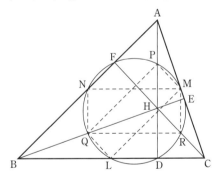

○まず，6点 L，M，N，P，Q，R が1つの円周上にあることを示す。

N，Q はそれぞれ線分 BA，BH の中点であるから　　　NQ∥AH

M，R はそれぞれ線分 CA，CH の中点であるから　　　MR∥AH

よって　　NQ∥MR∥AD　……①

また，N，M はそれぞれ線分 AB，AC の中点であり，Q，R はそれぞれ線分 HB，HC

三角形の点に関する次の定理も有名です。

> 三角形の各辺の中点3個，
> 各頂点から向かい合う辺に下ろした
> 垂線の足3個，
> 垂心と各頂点を結ぶ線分の中点3個，
> 合計9個の点は1つの円周上にある。

この円を **9点円**（オイラー円，フォイエルバッハ円）といいます。

この定理もこれまでに学んだことから証明できます。

9点円について，次のような性質が成り立つことが知られています。

> ① 9点円の中心は，もとの三角形の外心と垂心を結ぶ線分の中点であり，9点円の半径は外接円の半径の半分である。
> ② 9点円の中心はオイラー線上にある。
> ③ 9点円はもとの三角形の内接円と内接し，傍接円と外接する。
> （フォイエルバッハの定理）

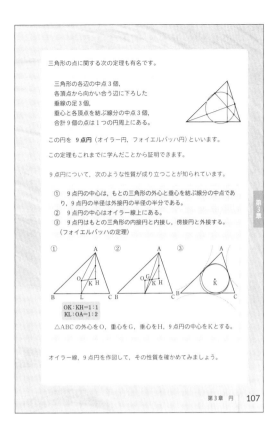

OK：KH＝1：1
KL：OA＝1：2

△ABC の外心を O，重心を G，垂心を H，9点円の中心を K とする。

オイラー線，9点円を作図して，その性質を確かめてみましょう。

の中点であるから

$$NM∥QR∥BC \quad ……②$$

ここで，AD⊥BC であるから，①，②により，四角形 NQRM は長方形である。

同様にして，四角形 PQLM も長方形である。

したがって，L，M，N，P，Q，R は，線分 QM を直径の両端とする円の周上にある。

○次に，この円周上に，3点 D，E，F があることを示す。

∠PDL＝90° であるから，D は線分 PL を直径の両端とする円周上にある。

∠QEM＝90° であるから，E は線分 QM を直径の両端とする円周上にある。

∠RFN＝90° であるから，F は線分 RN を直径の両端とする円周上にある。

したがって，D と F も線分 QM を直径の両端とする円周上にあり，9点は1つの円周上にある。

第4章　三平方の定理

▌▌この章で学ぶこと▌▌

1. 三平方の定理（110〜116ページ）

直角三角形の3辺の長さについて成り立つ性質を考え，面積の関係を用いて，三平方の定理を証明します。三平方の定理を用いると，直角三角形の2辺の長さから残りの辺の長さを求めることができます。

また，三平方の定理の逆についても考えます。

| 新しい用語と記号 |

三平方の定理，ピタゴラスの定理

2. 三平方の定理と平面図形（117〜127ページ）

直角三角形に対して，三平方の定理はたいへん有効です。三平方の定理を用いると，特別な形をした直角三角形の3辺の比を知ることもできます。

この項目では，三平方の定理や特別な直角三角形の辺の比を利用して，次のような平面図形の問題を考えます。

・三角形の面積
・座標平面上の2点間の距離
・円の弦や接線に関連した問題
・図形の折り返しや移動に関連した問題

三平方の定理を知ることで，それまで解けなかったいろいろな問題が解けるようになります。

3. 三平方の定理と空間図形（128〜135ページ）

空間図形もいくつかの平面図形に分解して扱うことができます。

そこで，三平方の定理を利用して，空間における線分の長さや図形の面積を求めたり，立体の体積を求めたりすることを考えます。

| 新しい用語と記号 |

等面四面体

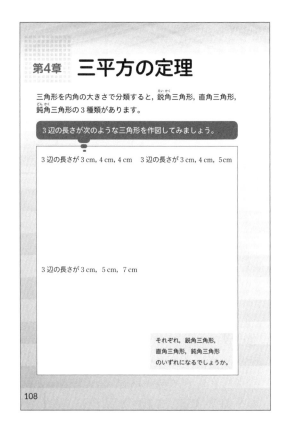

第4章　三平方の定理

三角形を内角の大きさで分類すると，鋭角三角形，直角三角形，鈍角三角形の3種類があります。

> 3辺の長さが次のような三角形を作図してみましょう。

3辺の長さが3cm, 4cm, 4cm　　3辺の長さが3cm, 4cm, 5cm

3辺の長さが3cm, 5cm, 7cm

それぞれ，鋭角三角形，直角三角形，鈍角三角形のいずれになるでしょうか。

108

▌▌テキストの解説▌▌

□三角形の形状

○すべての三角形は，内角の大きさによって，次のいずれかに分類される。

[1] 鋭角三角形

3つの内角がすべて鋭角である三角形。

[2] 直角三角形

1つの内角が直角である三角形。

[3] 鈍角三角形

1つの内角が鈍角である三角形。

○3つの内角がわかっても，三角形はただ1つに決まらない。しかし，その形（鋭角三角形，直角三角形，鈍角三角形）を判定することはできる。

○3辺が与えられると，三角形はただ1つに決まる。この場合，ただちにその形を判定することはできないが，それぞれの長さを辺にもつ三角形を作図して，その内角を測ることで，三角形の形を判定することはできる。

テキストの解説

□三角形の 3 辺（前ページの続き）

○下の図は，テキスト前ページに示された

[1]　3 辺の長さが 3，4，4

[2]　3 辺の長さが 3，4，5

[3]　3 辺の長さが 3，5，7

の三角形を，それぞれ与えられた長さの線分をもとにしてかいたものである。

4
4
3

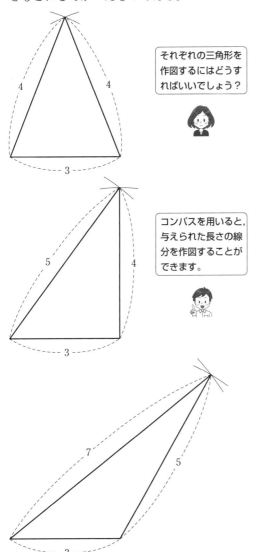

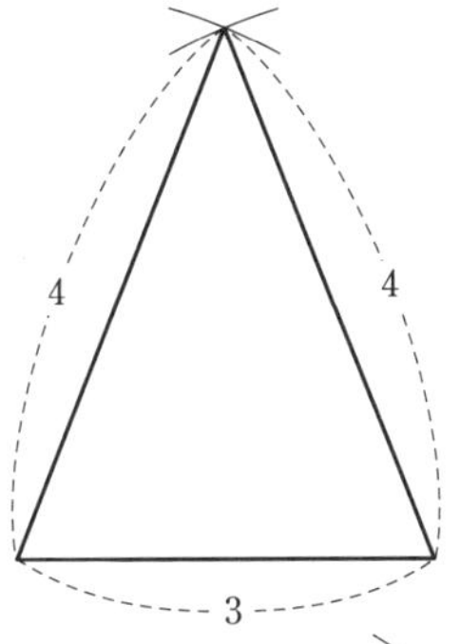

それぞれの三角形を作図するにはどうすればいいでしょう？

5
4
3

コンパスを用いると，与えられた長さの線分を作図することができます。

7
5
3

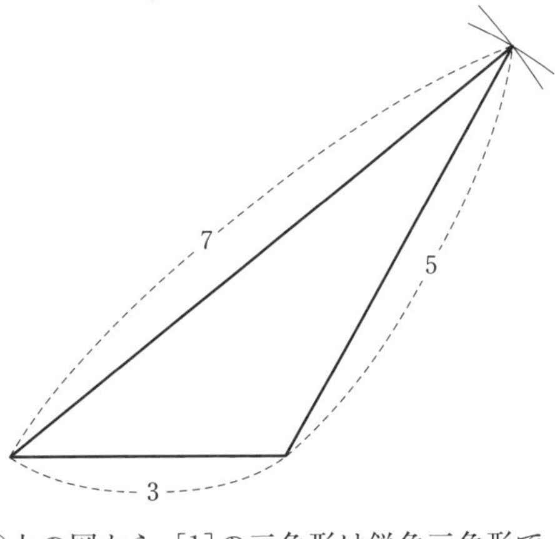

○上の図から，[1]の三角形は鋭角三角形で，[3]の三角形は鈍角三角形であることがわかる。

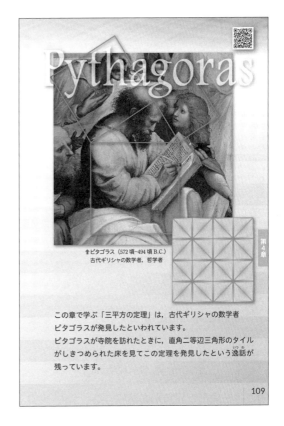

Pythagoras
⬆ピタゴラス（572 頃-494 頃 B.C.）
古代ギリシャの数学者，哲学者
第4章
この章で学ぶ「三平方の定理」は，古代ギリシャの数学者ピタゴラスが発見したといわれています。
ピタゴラスが寺院を訪れたときに，直角二等辺三角形のタイルがしきつめられた床を見てこの定理を発見したという逸話が残っています。
109

また，[2]の三角形は直角三角形になる。

○次の表は，3 辺の長さを a，b，c として，a^2，b^2，c^2 の値を求めたものである。

3 辺の長さ a，b，c	a^2	b^2	c^2
3，4，4	9	16	16
3，4，5	9	16	25
3，5，7	9	25	49

○3 辺の長さが 3，4，5 である直角三角形については，$a^2+b^2=c^2$ が成り立っている。

また，$a=5$，$b=12$，$c=13$ である三角形をかくと，直角三角形になることがわかるが，この場合も

$$a^2+b^2=5^2+12^2=169,\quad c^2=13^2=169$$

で，$a^2+b^2=c^2$ が成り立つ。

○どんな直角三角形についても，同じように，$a^2+b^2=c^2$ が成り立つ。これが，この章で学習する三平方の定理である。

○三平方の定理は，ピタゴラスの定理ともよばれ，古代ギリシャの数学者ピタゴラスが発見したといわれている。

1. 三平方の定理

学習のめあて

直角三角形の3辺の平方の関係を考え，三平方の定理が成り立つことを予想すること。

学習のポイント

三平方の定理

直角三角形の直角をはさむ2辺の長さを a, b, 斜辺の長さを c とすると，次の等式が成り立つ。

$$a^2+b^2=c^2$$

これを **三平方の定理** という。

▌▌テキストの解説▌▌

□直角三角形と正方形の面積

○テキストの図で，方眼の1目盛りを1cmと考えると，P, Q は1辺が2cmの正方形の面積で　　$P=Q=2\times2=4\,(\text{cm}^2)$

一方，線分 AB の長さはわからないが，線分 AB を1辺とする正方形は，1辺が4cmの正方形から，直角をはさむ2辺の長さが2cmの直角二等辺三角形4個を除いた図形と考えることができるから

$$R=4\times4-4\times\left(\frac{1}{2}\times2\times2\right)=8\,(\text{cm}^2)$$

したがって，$P+Q=R$ が成り立っている。

○線分 BC，CA を1辺とする正方形は，それぞれ2つの合同な直角二等辺三角形に分けることができる。これら4つの直角二等辺三角形によって，線分 AB を1辺とする正方形をすきまなくうめることができるから，やはり $P+Q=R$ が成り立っていることがわかる。

□練習1

○上の説明にならって，正方形の面積 S, T, U を計算する。

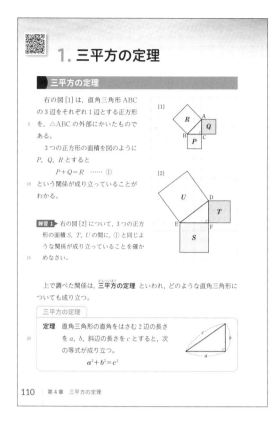

1. 三平方の定理

■ 三平方の定理

右の図 [1] は，直角三角形 ABC の3辺をそれぞれ1辺とする正方形を，△ABC の外部にかいたものである。

3つの正方形の面積を図のように P, Q, R とすると

$$P+Q=R \quad \cdots\cdots ①$$

という関係が成り立っていることがわかる。

練習1▶ 右の図 [2] について，3つの正方形の面積 S, T, U の間に，①と同じような関係が成り立っていることを確かめなさい。

上で調べた関係は，**三平方の定理** といわれ，どのような直角三角形についても成り立つ。

三平方の定理

定理 直角三角形の直角をはさむ2辺の長さを a, b, 斜辺の長さを c とすると，次の等式が成り立つ。

$$a^2+b^2=c^2$$

110　第4章　三平方の定理

□三平方の定理

○テキスト15ページでは，$\angle\text{BAC}=90°$ の直角三角形 ABC について，次の等式が成り立つことを学んだ。

$$\text{AB}^2=\text{BC}\times\text{BD}, \quad \text{AC}^2=\text{BC}\times\text{CD}$$

よって

$$\begin{aligned}\text{AB}^2+\text{AC}^2&=\text{BC}\times\text{BD}+\text{BC}\times\text{CD}\\&=\text{BC}\times(\text{BD}+\text{DC})\\&=\text{BC}^2\end{aligned}$$

三平方の定理にはいろいろな証明があるが，これもその証明の1つである。

▌▌テキストの解答▌▌

練習1　方眼の1目盛りを1cmとすると

$$S=4\times4=16\,(\text{cm}^2)$$
$$T=3\times3=9\,(\text{cm}^2)$$
$$U=7\times7-4\times\left(\frac{1}{2}\times3\times4\right)$$
$$=25\,(\text{cm}^2)$$

よって，$S+T=U$ が成り立っている。

学習のめあて

三平方の定理の証明を理解すること。

学習のポイント

三平方の定理の証明

直角三角形を含む図形を考え，面積の関係を利用する。

■■テキストの解説■■

□三平方の定理の証明

○図形の面積を利用して，三平方の定理を証明する。

○1辺 c の正方形 AGHB を，1辺 $a+b$ の正方形から，直角をはさむ2辺の長さが a, b の直角三角形4個を除いたものと考え，面積の等式をつくる。

○次の証明も，三平方の定理の証明として有名である。

○右の図のような直角三角形 ABC と正方形 ADEB, BFGC, CHIA において，C を通り AD に平行な直線と AB, DE との交点を，それぞれ J, K とする。

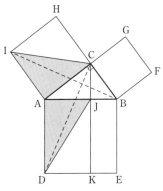

BC∥AI であるから　△ACI＝△ABI

AI＝AC，AB＝AD，∠BAI＝∠DAC より

$\qquad$ △ABI≡△ADC

CJ∥AD であるから　△ADC＝△ADJ

よって，△ACI＝△ADJ より，正方形 ACHI と長方形 ADKJ の面積は等しい。

同様に，正方形 BCGF と長方形 BEKJ の面積も等しいから，正方形 ACHI と BCGF の面積の和は，正方形 ADEB の面積に等しい。

三平方の定理は，次のようにして証明できる。

証明　右の図のように，∠C＝90°，BC＝a，AC＝b，AB＝c である直角三角形 ABC に対して，これと合同な直角三角形を，AB を1辺とする正方形 AGHB の周りにかき加える。

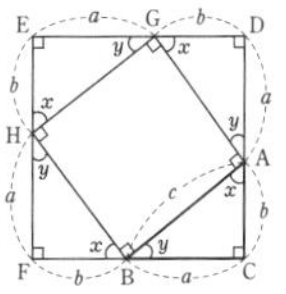

このとき，右の図において，

$\qquad$ ∠x＋∠y＝90°

であるから　∠CAD＝∠DGE＝∠EHF＝∠FBC＝180°

よって，四角形 CDEF は，1辺の長さが $a+b$ の正方形である。

正方形 AGHB の面積は，正方形 CDEF の面積から4つの直角三角形の面積をひいたものであるから，次の式が成り立つ。

$$c^2=(a+b)^2-\frac{1}{2}ab\times 4$$

よって　$\qquad c^2=a^2+b^2$

したがって　$\qquad a^2+b^2=c^2$　**終**

練習2　右の図のように，4個の合同な直角三角形を並べる。この図を用いて，三平方の定理を証明しなさい。

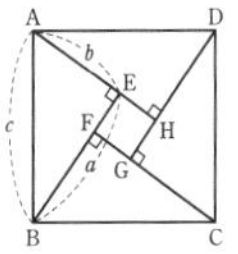

三平方の定理は，これを研究した紀元前6世紀頃のギリシャの数学者ピタゴラスにちなんで，**ピタゴラスの定理** ともよばれる。

したがって　$\qquad$ AC^2＋BC^2＝AB^2

□練習2

○まず，四角形 ABCD が正方形になることを示し，面積の関係を等式に表す。

■■テキストの解答■■

練習2　∠BAE＋∠ABE＝90° であるから

∠ABC＝∠BCD＝∠CDA＝∠DAB＝90°

よって，四角形 ABCD は，1辺の長さが c の正方形である。

また，正方形 EFGH の1辺の長さは $a-b$ である。

（正方形 ABCD の面積）

　＝（4つの直角三角形の面積）

　　＋（正方形 EFGH の面積）

であるから

$$c^2=4\times\frac{1}{2}ab+(a-b)^2$$

$$c^2=2ab+a^2-2ab+b^2$$

したがって　$\qquad a^2+b^2=c^2$

学習のめあて

三平方の定理には，いろいろな証明があることを知り，相似な三角形の性質から，三平方の定理を導く方法を理解すること。

学習のポイント

相似な直角三角形の性質

$\angle C = 90°$ である直角三角形 ABC の頂点 C から辺 AB に下ろした垂線の足を D とすると，直角三角形 ABC，CBD，ACD は，互いに相似である。また，次の等式が成り立つ。

$$BC^2 = AB \times BD, \quad AC^2 = AB \times AD$$

■■テキストの解説■■

□三平方の定理の証明

○相似な三角形の性質から三平方の定理を導く。

○△ABC と △CBD において，

$$\angle C = \angle D = 90°, \quad \angle B \text{ は共通}$$

であり，2 組の角がそれぞれ等しいから

$$\triangle ABC \backsim \triangle CBD$$

○相似な三角形では，対応する辺の長さの比が等しいことから $a^2 = cx$ ……①

○同じようにして，△ABC∽△ACD から

$$b^2 = cy \quad \cdots\cdots ②$$

○①，②より $a^2 + b^2 = c(x+y)$

$x+y = c$ であることから

$$a^2 + b^2 = c^2$$

が成り立つことが導かれる。

□三平方の定理の別の証明

○3 つの図を左から順に[1]，[2]，[3]とする。

○[1] 台形の面積を 2 通りに表す。

$$\frac{1}{2}(b+a)(a+b) = \frac{1}{2}ba + \frac{1}{2}c^2 + \frac{1}{2}ab$$

○[2] 頂点 B と D を結び，△BCD の面積を，底辺が BC，DC の場合の 2 通りに表す。

コ ラ ム
三平方の定理の証明

三平方の定理には，いろいろな証明があることが知られています。

ここでは，相似な三角形の性質から，三平方の定理を導く方法を紹介します。

右の図のような直角三角形 ABC において，点 C から辺 AB に下ろした垂線の足を D とします。
直角三角形 ABC，CBD，ACD は，2 組の角がそれぞれ等しいから，互いに相似です。 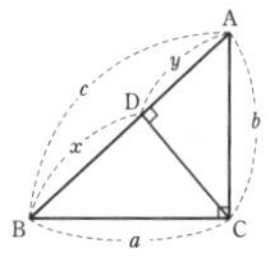
△ABC∽△CBD より $c:a = a:x$
よって $a^2 = cx$ ……①
△ABC∽△ACD より $c:b = b:y$
よって $b^2 = cy$ ……②
①，②の左辺どうし右辺どうしをたすと $a^2 + b^2 = c(x+y)$
ここで，$x+y = c$ であることから，$c(x+y) = c^2$ となり，$a^2 + b^2 = c^2$ が成り立ちます。

三平方の定理の証明は，100 種類以上あるといわれています。ほかにどんな方法があるか調べてみましょう。

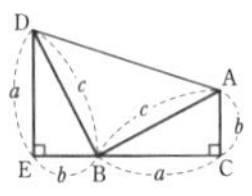

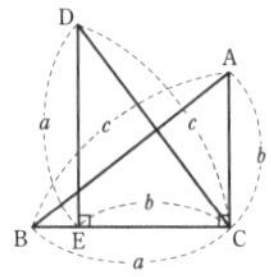

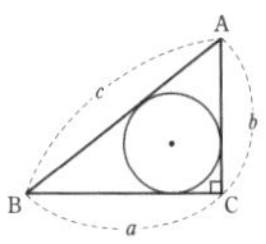

112 第 4 章 三平方の定理

まず，辺 AB と CD の交点を F とすると，

△ABC∽△ACF であり，②と同様にして，

$$AF = \frac{b^2}{c} \quad \text{このとき，} BF = c - \frac{b^2}{c}$$

△BCD の面積について

$$\frac{1}{2}a^2 = \frac{1}{2}c\left(c - \frac{b^2}{c}\right)$$

○[3] △ABC の面積を 2 通りに表す。

△ABC の内接円の半径を r とすると，

$$\triangle ABC = \frac{1}{2}(a+b+c)r = \frac{1}{2}ab$$

辺 AB と内接円の接点を D とすると，

$$AD = b - r, \quad BD = a - r$$

$(a-r)+(b-r) = c$ から $r = \dfrac{a+b-c}{2}$

よって，△ABC の面積について

$$\frac{1}{4}(a+b+c)(a+b-c) = \frac{1}{2}ab$$

○[1]，[2]，[3]の式を整理すると，すべて

$$a^2 + b^2 = c^2$$

が成り立つことが導かれる。

学習のめあて

三平方の定理を利用して，直角三角形の辺の長さを求めることができるようになること。

学習のポイント

三平方の定理の利用

直角三角形の直角をはさむ2辺の長さを a，b，斜辺の長さを c とすると，次の等式が成り立つ。

$$a^2+b^2=c^2$$

▋▋テキストの解説▋▋

□例題1，練習3

○三平方の定理を利用して，直角三角形の辺の長さを求める。直角三角形の3辺のうち，2辺の長さがわかると，残りの辺の長さを求めることができる。

○わかっている辺の長さを，三平方の定理に正しくあてはめる。

○三角形の辺の長さはいつも整数であるとは限らない。根号を含む数になることもある。

○$a>0$ のとき，$x^2=a$ ならば $x=\pm\sqrt{a}$
辺の長さは正の数であるから $x=\sqrt{a}$

▋▋テキストの解答▋▋

練習3 三平方の定理を用いる。

(1) $4^2+3^2=x^2$
$x^2=25$
$x>0$ であるから **$x=5$**

(2) $5^2+x^2=7^2$
$x^2=24$
$x>0$ であるから **$x=2\sqrt{6}$**

(3) $(\sqrt{10})^2+x^2=5^2$
$x^2=15$
$x>0$ であるから **$x=\sqrt{15}$**

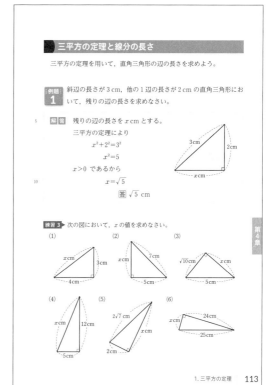

▰ 三平方の定理と線分の長さ

三平方の定理を用いて，直角三角形の辺の長さを求めよう。

例題1 斜辺の長さが3cm，他の1辺の長さが2cmの直角三角形において，残りの辺の長さを求めなさい。

解答 残りの辺の長さを x cm とする。
三平方の定理により
$x^2+2^2=3^2$
$x^2=5$
$x>0$ であるから
$x=\sqrt{5}$

答 $\sqrt{5}$ cm

練習3 次の図において，x の値を求めなさい。

(1)〜(6)

1. 三平方の定理　113

(4) $5^2+12^2=x^2$
$x^2=169$
$x>0$ であるから **$x=13$**

(5) $2^2+x^2=(2\sqrt{7})^2$
$x^2=24$
$x>0$ であるから **$x=2\sqrt{6}$**

(6) $x^2+24^2=25^2$
$x^2=49$
$x>0$ であるから **$x=7$**

参考 (2)，(6)において，x^2 の値を求める計算は，次のように考えることができる。

(2) $x^2=7^2-5^2$
$=(7+5)(7-5)$
$=12\times2$
$=24$

(6) $x^2=25^2-24^2$
$=(25+24)\times(25-24)$
$=49\times1$
$=49$

学習のめあて

三平方の定理を利用して，いろいろな図形における線分の長さを求めることができるようになること。

学習のポイント

三平方の定理の利用

図形に含まれる直角三角形に着目する。

直角三角形　→　三平方の定理

■■ テキストの解説 ■■

□ 例題 2

○三平方の定理をくり返し用いて，三角形の辺の長さを求める。図形に含まれる 2 つの直角三角形に着目する。

○辺 AB は直角三角形の斜辺

$\to$　$AB^2 = BC^2 + AC^2 = 20^2 + AC^2$

辺 AC は直角三角形の直角をはさむ辺

$\to$　$AC^2 = AD^2 - DC^2 = 17^2 - 8^2$

○$x^2 = 625$ を満たす x の値は，625 を素因数分解するとよい。　$625 = 5 \times 5 \times 5 \times 5 = 25 \times 25$

□ 練習 4

○例題 2 にならって考える。

■■ テキストの解答 ■■

練習 4　(1)　$AC = a$ cm とおく。

直角三角形 ABC において

$$(4\sqrt{2})^2 + 3^2 = a^2 \qquad a^2 = 41$$

$a > 0$ であるから　$a = \sqrt{41}$

直角三角形 ACD において

$$4^2 + x^2 = (\sqrt{41})^2 \qquad x^2 = 25$$

$x > 0$ であるから　$\boldsymbol{x = 5}$

(2)　$CD = a$ cm とおく。

直角三角形 ADC において

$$(2\sqrt{2})^2 + a^2 = (2\sqrt{6})^2 \qquad a^2 = 16$$

$a > 0$ であるから　$a = 4$

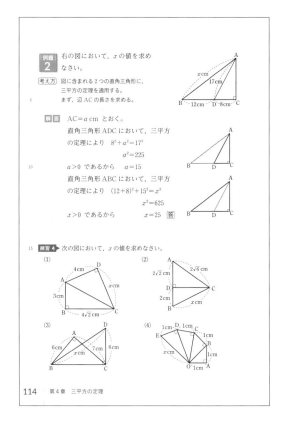

例題
2　右の図において，x の値を求めなさい。

考え方　図に含まれる 2 つの直角三角形に，三平方の定理を適用する。
まず，辺 AC の長さを求める。

解答　$AC = a$ とおく。

直角三角形 ADC において，三平方の定理により　$8^2 + a^2 = 17^2$

$$a^2 = 225$$

$a > 0$ であるから　$a = 15$

直角三角形 ABC において，三平方の定理により　$(12 + 8)^2 + 15^2 = x^2$

$$x^2 = 625$$

$x > 0$ であるから　$x = 25$　答

練習 4　次の図において，x の値を求めなさい。

(1)　(2)　(3)　(4)

114　第 4 章　三平方の定理

直角三角形 DBC において

$$2^2 + 4^2 = x^2 \qquad x^2 = 20$$

$x > 0$ であるから　$\boldsymbol{x = 2\sqrt{5}}$

(3)　$BC = a$ cm とおく。

直角三角形 ABC において

$$6^2 + 7^2 = a^2 \qquad a^2 = 85$$

$a > 0$ であるから　$a = \sqrt{85}$

直角三角形 DBC において

$$(\sqrt{85})^2 + 6^2 = x^2 \qquad x^2 = 121$$

$x > 0$ であるから　$\boldsymbol{x = 11}$

(4)　直角三角形 OAB において

$$OB^2 = 1^2 + 1^2 = 2$$

直角三角形 OBC において

$$OC^2 = OB^2 + 1^2 = 2 + 1 = 3$$

直角三角形 OCD において

$$OD^2 = OC^2 + 1^2 = 3 + 1 = 4$$

直角三角形 ODE において

$$OE^2 = OD^2 + 1^2 = 4 + 1 = 5$$

$x > 0$ であるから　$\boldsymbol{x = \sqrt{5}}$

学習のめあて

三平方の定理を利用して方程式をつくり，それを解いて線分の長さを求めることができるようになること。

学習のポイント

三平方の定理の利用

わからない辺の長さを x とおいて，x を含む式をつくる。

■■ テキストの解説 ■■

□ 例題 3，練習 5

○ 2つの直角三角形 ABH，ACH に着目する。

○ 求めるものは線分 AH の長さであるが，これを x とおいても，適当な式ができない。

○ そこで，2つの三角形が辺 AH を共有することに着目し，線分 BH の長さを x とおく。

○ 練習 5 (1) 例題 3 と同じように考える。

○ 練習 5 (2) △AHC の面積を，底辺が HC，AC の場合を考え，2 通りに表す。

■■ テキストの解答 ■■

練習 5

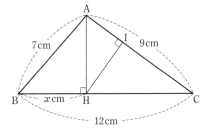

(1) BH＝x cm とする。

直角三角形 ABH において，三平方の定理により $x^2+AH^2=7^2$

$$AH^2=7^2-x^2 \qquad \cdots\cdots ①$$

直角三角形 ACH において，三平方の定理により $(12-x)^2+AH^2=9^2$

$$AH^2=9^2-(12-x)^2 \qquad \cdots\cdots ②$$

①，② から $7^2-x^2=9^2-(12-x)^2$

例題 3　AB＝7 cm，BC＝9 cm，CA＝8 cm である △ABC において，点Aから辺 BC に引いた垂線の足をHとする。

(1) 線分 AH の長さを求めなさい。

(2) △ABC の面積を求めなさい。

解答 (1) BH＝x cm とする。

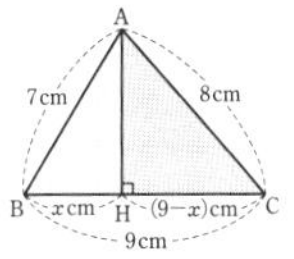

直角三角形 ABH において，三平方の定理により
$$x^2+AH^2=7^2$$

よって AH^2＝7^2-x^2 …… ①

直角三角形 ACH において，三平方の定理により
$$(9-x)^2+AH^2=8^2$$

よって AH^2＝$8^2-(9-x)^2$ …… ②

①，② から $7^2-x^2=8^2-(9-x)^2$

これを解くと $x=\dfrac{11}{3}$

よって，① から AH^2＝$7^2-\left(\dfrac{11}{3}\right)^2=\dfrac{320}{9}$

AH＞0 であるから AH＝$\dfrac{8\sqrt{5}}{3}$ cm 答

(2) △ABC＝$\dfrac{1}{2}\times 9\times\dfrac{8\sqrt{5}}{3}=12\sqrt{5}$ (cm^2) 答

練習 5　右の図の △ABC において，点Aから辺BC に引いた垂線の足を H，点Hから辺 AC に引いた垂線の足を I とする。次の線分の長さを求めなさい。

(1) 線分 AH (2) 線分 HI

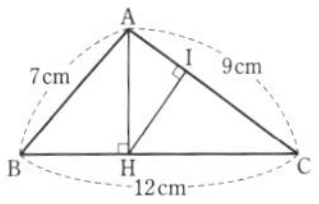

これを解いて $x=\dfrac{14}{3}$

よって，① から

$$AH^2=7^2-\left(\dfrac{14}{3}\right)^2=\dfrac{245}{9}$$

AH＞0 であるから AH＝$\dfrac{7\sqrt{5}}{3}$ cm

(2) △AHC の底辺を HC とみると

$$\triangle AHC=\dfrac{1}{2}\times HC\times AH$$

$$=\dfrac{1}{2}\times\left(12-\dfrac{14}{3}\right)\times\dfrac{7\sqrt{5}}{3}$$

$$=\dfrac{77\sqrt{5}}{9} \ (cm^2) \qquad \cdots\cdots ③$$

△AHC の底辺を AC とみると

$$\triangle AHC=\dfrac{1}{2}\times AC\times HI=\dfrac{1}{2}\times 9\times HI$$

$$=\dfrac{9}{2}HI \qquad \cdots\cdots ④$$

③，④ から $\dfrac{77\sqrt{5}}{9}=\dfrac{9}{2}HI$

よって HI＝$\dfrac{154\sqrt{5}}{81}$ (cm)

学習のめあて

三平方の定理の逆を理解して，直角三角形を判別することができるようになること。

学習のポイント

三平方の定理の逆

3辺の長さが a，b，c である三角形で
$$a^2+b^2=c^2$$
が成り立つならば，その三角形は長さ c の辺を斜辺とする直角三角形である。

▌▌テキストの解説▌▌

□三平方の定理の逆

○三平方の定理は逆も成り立つ。その証明のために，次のような2つの三角形を考える。

[1]　3辺の長さが a，b，c で，$a^2+b^2=c^2$ が成り立っている △ABC

→　∠C＝90° かどうかはわからない

[2]　直角をはさむ2辺の長さが a，b である △A′B′C′

→　∠C′＝90° の直角三角形

→　斜辺の長さはわからない

→　斜辺の長さを x とすると
$$a^2+b^2=x^2$$

○△ABC と △A′B′C′ が合同であれば，∠C＝90° であることがいえる。そこで，この2つの三角形が合同になることを示す。

○①，②から，$x=c$ が導かれ，3組の辺がそれぞれ等しいことがわかる。

□練習6

○三平方の定理を利用して，三角形が直角三角形であるかどうかを判定する。

○直角三角形では，斜辺の長さが最も長いから，最も長い辺の長さの2乗と，それ以外の2つの辺の長さの2乗の和を比べる。

○たとえば，③の場合，$3<3\sqrt{3}<6$ であるか

▼ 三平方の定理の逆

三平方の定理は，その逆も成り立つ。

三平方の定理の逆

定理　3辺の長さが a，b，c である三角形で
$$a^2+b^2=c^2$$
が成り立つならば，その三角形は長さ c の辺を斜辺とする直角三角形である。

証明　3辺の長さが a，b，c である図[1]のような △ABC において，$a^2+b^2=c^2$ が成り立っているとする。

直角をはさむ2辺の長さが a，b である図[2]のような直角三角形 A′B′C′ について，斜辺の長さを x とすると，三平方の定理により　　$a^2+b^2=x^2$ ……①

仮定から　　$a^2+b^2=c^2$ ……②

①，②から　　$x^2=c^2$

$x>0$，$c>0$ であるから　　$x=c$

3組の辺がそれぞれ等しいから　　△ABC≡△A′B′C′

よって　　∠C＝∠C′＝90°

したがって，△ABC は直角三角形である。　　終

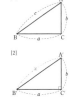

練習6▶ 3辺の長さが次のような三角形がある。この中から，直角三角形をすべて選びなさい。

① 5 cm，7 cm，9 cm　　　② 21 cm，29 cm，20 cm

③ 3 cm，6 cm，$3\sqrt{3}$ cm　　　④ $2\sqrt{5}$ cm，$\sqrt{11}$ cm，$\sqrt{10}$ cm

---

ら，6^2 と $3^2+(3\sqrt{3})^2$ を比べる。

▌▌テキストの解答▌▌

練習6　①　　$5^2+7^2=74$，$9^2=81$

5^2+7^2 と 9^2 が等しくないから，直角三角形ではない。

②　　$21^2+20^2=841$，$29^2=841$

$21^2+20^2=29^2$ であるから，29 cm の辺を斜辺とする直角三角形である。

③　　$3^2+(3\sqrt{3})^2=36$，$6^2=36$

$3^2+(3\sqrt{3})^2=6^2$ であるから，6 cm の辺を斜辺とする直角三角形である。

④　$(\sqrt{11})^2+(\sqrt{10})^2=21$，$(2\sqrt{5})^2=20$

$(\sqrt{11})^2+(\sqrt{10})^2$ と $(2\sqrt{5})^2$ が等しくないから，直角三角形ではない。

以上から，直角三角形であるのは

②　と　③

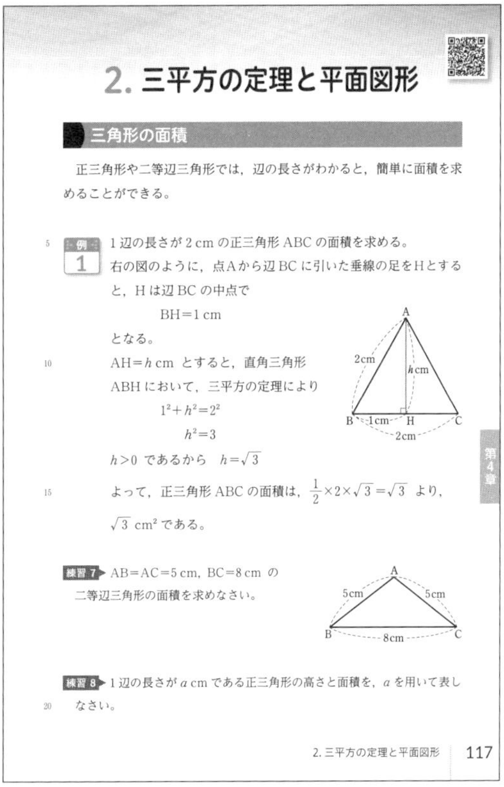

2. 三平方の定理と平面図形

学習のめあて

正三角形や二等辺三角形に三平方の定理をあてはめて，それらの高さや面積を求めること。

学習のポイント

三角形の面積

三角形の面積は底辺と高さで決まる。

(底辺)⊥(高さ) → 直角三角形ができる

2. 三平方の定理と平面図形

三角形の面積

正三角形や二等辺三角形では，辺の長さがわかると，簡単に面積を求めることができる。

例 1 1 辺の長さが 2 cm の正三角形 ABC の面積を求める。

右の図のように，点Aから辺 BC に引いた垂線の足をHとすると，H は辺 BC の中点で

BH=1 cm

となる。

AH=h cm とすると，直角三角形 ABH において，三平方の定理により

$1^2+h^2=2^2$

$h^2=3$

$h>0$ であるから　$h=\sqrt{3}$

よって，正三角形 ABC の面積は，$\frac{1}{2}\times 2\times\sqrt{3}=\sqrt{3}$ より，$\sqrt{3}$ cm² である。

練習 7 AB=AC=5 cm，BC=8 cm の二等辺三角形の面積を求めなさい。

練習 8 1 辺の長さが a cm である正三角形の高さと面積を，a を用いて表しなさい。

2. 三平方の定理と平面図形　117

テキストの解説

□**例 1**

○正三角形の面積。高さと底辺によってできる直角三角形に着目する。

○正三角形の頂点から底辺に引いた垂線の足は底辺を 2 等分する。したがって，直角三角形の斜辺ともう 1 辺の長さがわかるから，三平方の定理を利用して，残りの辺の長さ(高さ)を求めることができる。

□**練習 7**

○頂点 A から底辺 BC に引いた垂線を考える。

□**練習 8**

○例 1 と同じように考える。

テキストの解答

練習 7　点A から辺 BC に引いた垂線の足を H とすると，H は辺 BC の中点で　BH=4 cm

直角三角形 ABH において，三平方の定理により　$AH^2=5^2-4^2=9$

AH>0 であるから　AH=3 cm

よって，△ABC の面積は

$$\frac{1}{2}\times 8\times 3=\mathbf{12\ (cm^2)}$$

練習 8　1 辺の長さが a cm である正三角形 ABC において，点 A から辺 BC に引いた垂線の足を H とすると

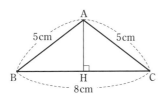

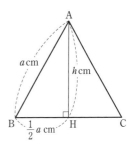

$$BH=\frac{1}{2}a\ \text{cm}$$

AH=h cm とすると，直角三角形 ABH において，三平方の定理により

$$\left(\frac{1}{2}a\right)^2+h^2=a^2 \qquad h^2=\frac{3}{4}a^2$$

$h>0$，$a>0$ であるから　$h=\frac{\sqrt{3}}{2}a$

よって，正三角形の高さは　$\boldsymbol{\frac{\sqrt{3}}{2}a}$ **cm**

また，正三角形の面積は

$$\frac{1}{2}\times a\times\frac{\sqrt{3}}{2}a=\boldsymbol{\frac{\sqrt{3}}{4}a^2\ (cm^2)}$$

学習のめあて

正三角形と正方形を利用して，特別な直角三角形の辺の比を明らかにすること。

学習のポイント

特別な直角三角形の辺の比

[1]　3つの角が $30°,\ 60°,\ 90°$ の直角三角形
　　→　辺の比は　$1:2:\sqrt{3}$

[2]　3つの角が $45°,\ 45°,\ 90°$ の直角三角形
　　→　辺の比は　$1:1:\sqrt{2}$

▌▌テキストの解説▌▌

□例2

○対角線によってできる直角三角形に着目する。

○直角をはさむ2辺の長さがわかっているから，三平方の定理を利用して，残りの辺(対角線)の長さを求めることができる。

○一般に，1辺の長さが a cm の正方形の対角線の長さは，$\sqrt{2}a$ cm である。

□練習9，10

○例2と同じように，対角線によってできる直角三角形に三平方の定理をあてはめる。

□特別な直角三角形の辺の比

○[1]　$30°,\ 60°,\ 90°$ の角をもつ直角三角形の辺の比は，どれも $1:2:\sqrt{3}$ である。

　[2]　$45°,\ 45°,\ 90°$ の角をもつ直角二等辺三角形の辺の比は，どれも $1:1:\sqrt{2}$ である。

○これらの辺の比は，今後，公式のようにして利用するので，しっかりと覚えておく。

□練習11

○特別な直角三角形の辺の比を利用する。

▌▌テキストの解答▌▌

練習9　対角線の長さを x cm とすると
$$x^2=5^2+4^2=41$$

対角線の長さ

三平方の定理を用いて，正方形や長方形の対角線の長さを求めよう。

例2　1辺の長さが1cmの正方形の対角線の長さを求める。
対角線の長さを x cm とすると，三平方の定理により　$1^2+1^2=x^2$
$$x^2=2$$
$x>0$ であるから　$x=\sqrt{2}$
よって，対角線の長さは $\sqrt{2}$ cm である。

練習9　縦の長さが4cm，横の長さが5cmである長方形の対角線の長さを求めなさい。

練習10　縦の長さが a cm，横の長さが b cm である長方形の対角線の長さを，a，b を用いて表しなさい。

特別な直角三角形の辺の比

前のページの例1と，上の例2から，$30°,\ 60°,\ 90°$ の角をもつ直角三角形と，$45°,\ 45°,\ 90°$ の角をもつ直角二等辺三角形の辺の比は，右の図のようになることがわかる。

$1:2:\sqrt{3}$　$1:1:\sqrt{2}$

練習11　次の図において，x，y の値を求めなさい。

(1) 　(2) 　(3)

$x>0$ であるから　$x=\sqrt{41}$
よって，対角線の長さは　$\sqrt{41}$ **cm**

練習10　対角線の長さを x cm とすると
$$a^2+b^2=x^2$$
$x>0$，$a>0$，$b>0$ であるから
$$x=\sqrt{a^2+b^2}$$
よって，対角線の長さは　$\sqrt{a^2+b^2}$ **cm**

練習11 (1)　　$5:x:y=1:2:\sqrt{3}$
が成り立っている。
$5:x=1:2$　から　　$x=10$
$5:y=1:\sqrt{3}$　から　　$y=5\sqrt{3}$

(2)　　$4:x:y=1:1:\sqrt{2}$
が成り立っている。
$4:x=1:1$　から　　$x=4$
$4:y=1:\sqrt{2}$　から　　$y=4\sqrt{2}$

(3)　　$x:y:9=1:2:\sqrt{3}$
が成り立っている。
$x:9=1:\sqrt{3}$　から　　$x=3\sqrt{3}$
$x:y=1:2$　から　　$y=6\sqrt{3}$

学習のめあて

特別な直角三角形の辺の比を利用して，いろいろな三角形の面積を求めること。

学習のポイント

特別な直角三角形の辺の比の利用

補助線を引いて，特別な直角三角形をつくり，その辺の比を利用する。

▌▌テキストの解説▌▌

□ **例題4，練習12**

○高さを表す線分によってできる2つの直角三角形に着目する。

○与えられた角の大きさから，これらがもつ特別な辺の比を利用する。

○練習12(2)の △ABC において　∠A＝15°
そこで，AB ではなく BC の延長を底辺と考えて，2つの直角三角形をつくる。

▌▌テキストの解答▌▌

練習12　(1) 点A
から辺 BC
に引いた垂
線の足を H
とする。

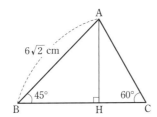

直角三角形
ABH において，
AH：BH：AB＝1：1：$\sqrt{2}$ であるから

$$AH＝6\sqrt{2}\times\frac{1}{\sqrt{2}}＝6 \text{ (cm)}$$

BH＝AH＝6 cm

直角三角形 AHC において，
HC：AH＝1：$\sqrt{3}$ であるから

$$HC＝6\times\frac{1}{\sqrt{3}}＝2\sqrt{3} \text{ (cm)}$$

よって　BC＝$(6+2\sqrt{3})$ cm

したがって，△ABC の面積は

例題 4　右の図のような △ABC の面積
を求めなさい。

考え方　点Aから辺BCに垂線を引き，特別な
直角三角形の辺の比を利用する。

解答　点Aから辺 BC に引いた垂線
の足をHとする。

直角三角形 ABH において，
BH：AB：AH＝1：2：$\sqrt{3}$
であるから

$$AH＝AB\times\frac{\sqrt{3}}{2}＝8\times\frac{\sqrt{3}}{2}＝4\sqrt{3} \text{ (cm)}$$

$$BH＝AB\times\frac{1}{2}＝8\times\frac{1}{2}＝4 \text{ (cm)}$$

直角三角形 AHC において，AH：HC＝1：1 であるから
HC＝AH＝$4\sqrt{3}$ cm
よって　　BC＝$(4+4\sqrt{3})$ cm
以上から，△ABC の面積は

$$\frac{1}{2}\times BC\times AH＝\frac{1}{2}\times(4+4\sqrt{3})\times4\sqrt{3}$$

$$＝24+8\sqrt{3} \text{ (cm}^2) \text{ 答}$$

練習 12　次の図において，△ABC の面積を求めなさい。

(1)

(2)

$$\frac{1}{2}\times(6+2\sqrt{3})\times6＝18+6\sqrt{3} \text{ (cm}^2)$$

(2) 点 A から辺
BC の延長に
引いた垂線の
足を H とする。

∠ACH
＝180°－120°
＝60°

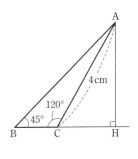

直角三角形 ACH において，
CH：AC：AH＝1：2：$\sqrt{3}$ であるから

$$CH＝4\times\frac{1}{2}＝2 \text{ (cm)},$$

$$AH＝2\sqrt{3} \text{ cm}$$

直角三角形 ABH において，
AH：BH＝1：1であるから
BH＝AH＝$2\sqrt{3}$ cm
よって　　BC＝$(2\sqrt{3}-2)$ cm
したがって，△ABC の面積は

$$\frac{1}{2}\times(2\sqrt{3}-2)\times2\sqrt{3}＝6-2\sqrt{3} \text{ (cm}^2)$$

学習のめあて

座標平面上の2点間の距離を求めることが
できるようになること。

学習のポイント

座標平面上の2点間の距離

2点 $A(x_1, y_1)$, $B(x_2, y_2)$ 間の距離は
$$AB=\sqrt{(x_2-x_1)^2+(y_2-y_1)^2}$$

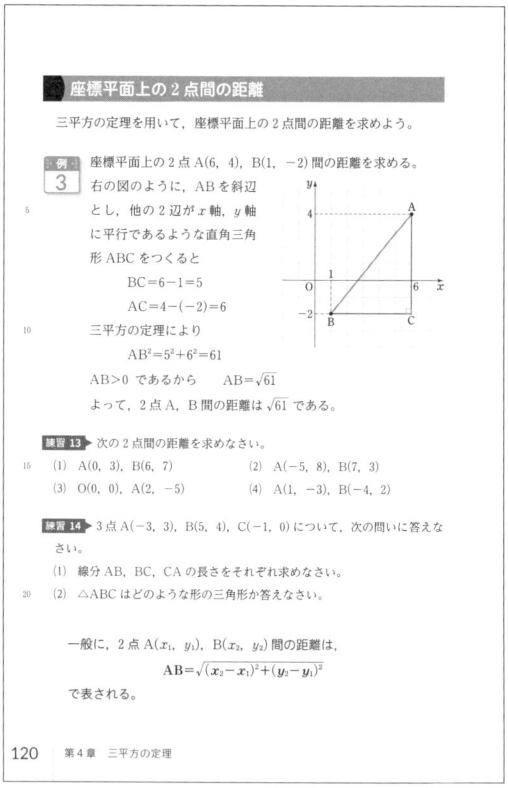

■■ テキストの解説 ■■

□ 例3，練習13

○座標平面上の2点 A，B 間の距離。AB を斜
辺にもつ直角三角形 ABC をつくって考える。

○このとき，直角をはさむ2辺の長さは，2点
A，B の x 座標の差，y 座標の差になる。

□ 練習14

○座標平面上の三角形の形(二等辺三角形，正
三角形，直角三角形，直角二等辺三角形)を
判定する。まず，3辺の長さを求める。

■■ テキストの解答 ■■

練習13 座標平面上の直角三角形を考える。

(1) 右の図のよ
うに，直角三
角形 ABC を
つくると 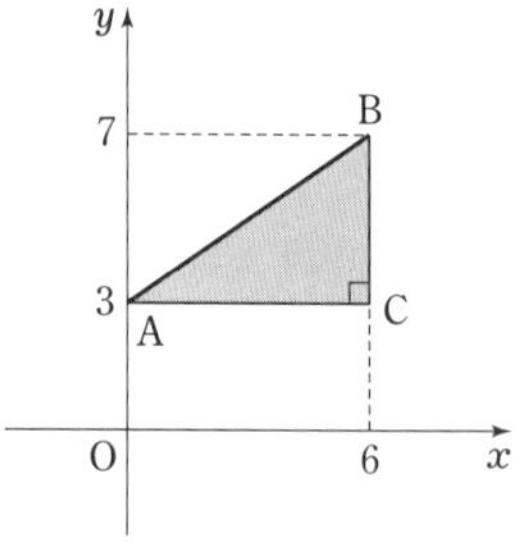
AC＝6－0＝6
BC＝7－3＝4
三平方の定理
により　　AB²＝6²＋4²＝52
AB＞0 であるから　　AB＝2√13
よって，2点 A，B 間の距離は　**2√13**

(2) 次の図のように，直角三角形 ABC を
つくると
BC＝7－(－5)＝12，AC＝8－3＝5

三平方の定理を用いて，座標平面上の2点間の距離を求めよう。

例3 座標平面上の2点 A(6, 4)，B(1, －2) 間の距離を求める。
右の図のように，AB を斜辺
とし，他の2辺が x 軸，y 軸
に平行であるような直角三角
形 ABC をつくると
BC＝6－1＝5
AC＝4－(－2)＝6
三平方の定理により
AB²＝5²＋6²＝61
AB＞0 であるから　　AB＝√61
よって，2点 A，B 間の距離は √61 である。

練習13 次の2点間の距離を求めなさい。
(1) A(0, 3)，B(6, 7)　　　　(2) A(－5, 8)，B(7, 3)
(3) O(0, 0)，A(2, －5)　　　(4) A(1, －3)，B(－4, 2)

練習14 3点 A(－3, 3)，B(5, 4)，C(－1, 0) について，次の問いに答えな
さい。
(1) 線分 AB，BC，CA の長さをそれぞれ求めなさい。
(2) △ABC はどのような形の三角形か答えなさい。

一般に，2点 $A(x_1, y_1)$，$B(x_2, y_2)$ 間の距離は，
$$AB=\sqrt{(x_2-x_1)^2+(y_2-y_1)^2}$$
で表される。

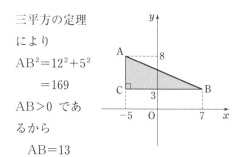

三平方の定理
により
AB²＝12²＋5²
＝169
AB＞0 であ
るから
AB＝13
よって，2点 A，B 間の距離は　**13**

(3) 右の図のよ
うに，直角三
角形 OAB を
つくると
AB＝2－0＝2
OB＝0－(－5)
＝5
三平方の定理により
OA²＝2²＋5²＝29
OA＞0 であるから　OA＝√29
よって，2点 O，A 間の距離は　**√29**

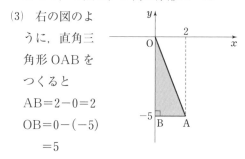

(練習13(4)，練習14の解答は本書136，137ページ)

学習のめあて

円の弦や接線に関連した線分の長さを，三平方の定理を利用して求めることができるようになること。

学習のポイント

円の中心と弦

円の中心から弦に垂線を引くと，垂線は弦を2等分する。

円の接線と半径

円の接線は，接点を通る半径に垂直である。

■ テキストの解説 ■

□ 例題5

○中心 O と弦 AB によってできる △OAB は，OA＝OB の二等辺三角形である。

○△OAB において，OH は頂点 O から底辺 AB に引いた垂線であり，底辺 AB の垂直二等分線である。

○このことから，△OAH において，辺 AH の長さがわかる。

□ 練習15

○円の弦や接線に関連した線分の長さ。直角三角形を見つけて，三平方の定理を適用する。

■ テキストの解答 ■

練習15 三平方の定理を適用する。

(1) 中心 O から，弦 AB に引いた垂線の足を H とする。直角三角形 OAH において

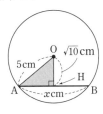

$$AH^2＝5^2－(\sqrt{10})^2＝15$$
AH＞0 であるから　　AH＝$\sqrt{15}$ cm
よって　　$x＝2×\sqrt{15}＝2\sqrt{15}$

■ 三平方の定理と円

円を含む図形には，いろいろなところに直角が現れることが多い。
直角を見つけて三平方の定理を適用し，円の弦や接線の長さを求めることを考えよう。

例題5 O を中心とする半径 6 cm の円において，中心からの距離が 4 cm であるような弦 AB の長さを求めなさい。

考え方 円の中心から弦に垂線を引くと，垂線は弦を2等分する。

解答 中心 O から，弦 AB に垂線 OH を引くと，H は弦 AB の中点であるから

　　AB＝2AH
直角三角形 OAH において，三平方の定理により
　　$AH^2＋4^2＝6^2$
　　$AH^2＝20$
AH＞0 であるから　　AH＝$2\sqrt{5}$ cm
よって　　AB＝$2×2\sqrt{5}＝4\sqrt{5}$ (cm) 答

練習15 次の図において，円 O の半径が5 cm のとき，x の値を求めなさい。

(1) 　(2)　(3)

点Bは円Oの接点

2. 三平方の定理と平面図形　　121

---

(2) 中心 O から，弦 AB に引いた垂線の足を H とすると

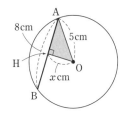

$$AH＝8×\frac{1}{2}$$
$$＝4 (cm)$$
直角三角形 OAH において
$$x^2＝5^2－4^2＝9$$
$x＞0$ であるから　　$x＝3$

(3) 円の接線は，接点を通る半径に垂直であるから，
△OAB は

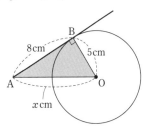

∠B＝90° の直角三角形である。
よって　　$x^2＝8^2＋5^2＝89$
$x＞0$ であるから　　$x＝\sqrt{89}$

学習のめあて

2 円の共通接線の長さを，三平方の定理を用いて求めることができるようになること。

学習のポイント

2 つの円の共通接線

2 円 O，O′ がそれぞれ点 A，B で直線 ℓ に接するとすると，ℓ は 2 円の共通接線で

$$\ell \perp OA, \quad \ell \perp O'B$$

■■ テキストの解説 ■■

□例題 6

○ 2 つの円の共通接線の長さを求める。

○直線 AB は 2 円 O，O′ の接線で，A，B はそれぞれの接点であるから

$$OA \perp AB, \quad O'B \perp AB$$

○三平方の定理を利用するために，中心 O′ から半径 OA に垂線 O′H を引き，直角三角形 OO′H をつくる。

○このとき，四角形 AHO′B の 4 つの角はすべて 90° になるから，四角形 AHO′B は長方形である。長方形の対辺の長さは等しいから

$$AB = HO', \quad AH = BO'$$

したがって，直角三角形 OO′H の辺 O′H の長さが求める線分の長さになる。

□練習 16

○例題 6 にならって考える。補助線を引いて，直角三角形をつくる。

■■ テキストの解答 ■■

練習 16

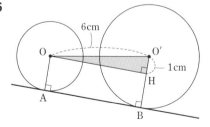

例題 6 右の図において，A，B は 2 つの円 O，O′ の共通接線の接点である。

円 O，O′ の半径がそれぞれ 6 cm，3 cm，中心間の距離が 12 cm であるとき，線分 AB の長さを求めなさい。

考え方 円の接線は，接点を通る半径に垂直であることに注目して，直角三角形をつくる。

解答 O′ から，線分 OA に垂線 O′H を引くと

$$OH = 6 - 3 = 3 \,(\text{cm})$$

直角三角形 OO′H において，三平方の定理により

$$O'H^2 + 3^2 = 12^2$$
$$O'H^2 = 135$$

O′H>0 であるから　O′H = $3\sqrt{15}$ cm

AB = O′H であるから　AB = $3\sqrt{15}$ cm **答**

練習 16 右の図において，A，B，C，D は，2 つの円 O，O′ の共通接線の接点である。

円 O，O′ の半径がそれぞれ 2 cm，3 cm，中心間の距離が 6 cm であるとき，線分 AB と CD の長さをそれぞれ求めなさい。

O から，線分 O′B に垂線 OH を引くと

$$O'H = 3 - 2 = 1 \,(\text{cm})$$

直角三角形 OO′H において

$$OH^2 = 6^2 - 1^2 = 35$$

OH>0 であるから　OH = $\sqrt{35}$ cm

よって　**AB = $\sqrt{35}$ cm**

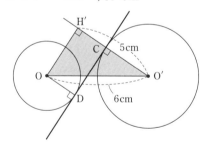

O から，直線 O′C に垂線 OH′ を引くと

$$O'H' = 3 + 2 = 5 \,(\text{cm})$$

直角三角形 OO′H′ において

$$OH'^2 = 6^2 - 5^2 = 11$$

OH′>0 であるから　OH′ = $\sqrt{11}$ cm

よって　**CD = $\sqrt{11}$ cm**

学習のめあて

三角形の面積を利用して，内接円の半径を求めることができるようになること。

学習のポイント

三角形の内接円の半径

3辺の長さが a, b, c である三角形の面積を S，内接円の半径を r とすると

$$S=\frac{1}{2}(a+b+c)r$$

▌▌テキストの解説▌▌

□例題7

○三角形の周の長さ，面積，内接円の半径の関係については，テキスト87ページで学んだ。

○△ABC は直角三角形であるから，2辺の長さがわかると，周の長さと面積もわかる。

□練習17

○△ABC は直角三角形ではないが，テキスト115ページの例題3にならって，その高さと面積を求める。

▌▌テキストの解答▌▌

練習17 (1) BH＝x cm とする。

直角三角形 ABH において，三平方の定理により

$$BH^2+AH^2=AB^2$$
$$AH^2=10^2-x^2 \quad \cdots\cdots ①$$

直角三角形 ACH において，三平方の定理により

$$CH^2+AH^2=AC^2$$
$$AH^2=14^2-(12-x)^2 \quad \cdots\cdots ②$$

①，②から $\quad 10^2-x^2=14^2-(12-x)^2$

これを解くと $\quad x=2$

これを，①に代入して

$$AH^2=10^2-2^2=96$$

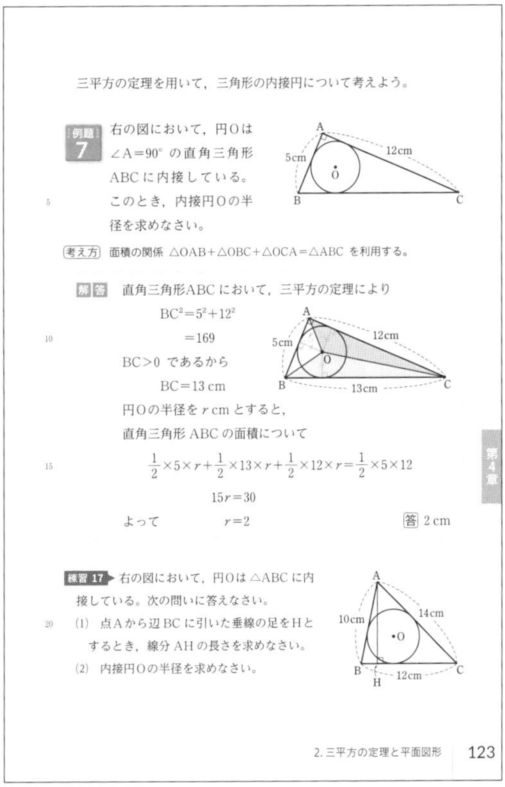

三平方の定理を用いて，三角形の内接円について考えよう。

例題7 右の図において，円Oは∠A＝90° の直角三角形ABC に内接している。
このとき，内接円Oの半径を求めなさい。

考え方 面積の関係 △OAB＋△OBC＋△OCA＝△ABC を利用する。

解答 直角三角形ABCにおいて，三平方の定理により

$$BC^2=5^2+12^2$$
$$=169$$

BC＞0 であるから

$$BC=13 \text{ cm}$$

円Oの半径を r cm とすると，直角三角形 ABC の面積について

$$\frac{1}{2}\times5\times r+\frac{1}{2}\times13\times r+\frac{1}{2}\times12\times r=\frac{1}{2}\times5\times12$$
$$15r=30$$

よって $\qquad r=2$ **答** 2 cm

練習17 ▶ 右の図において，円Oは △ABC に内接している。次の問いに答えなさい。

(1) 点Aから辺BC に引いた垂線の足をHとするとき，線分 AH の長さを求めなさい。

(2) 内接円Oの半径を求めなさい。

AH＞0 であるから $\quad$ AH＝$4\sqrt{6}$ cm

(2) 円Oの半径を r cm とする。

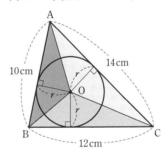

三角形の面積について，

$$△OAB+△OBC+△OCA=△ABC$$

であるから

$$\frac{1}{2}\times10\times r+\frac{1}{2}\times12\times r+\frac{1}{2}\times14\times r$$
$$=\frac{1}{2}\times12\times4\sqrt{6}$$
$$18r=24\sqrt{6}$$

よって $\qquad r=\frac{4\sqrt{6}}{3}$

したがって，円Oの半径は $\dfrac{4\sqrt{6}}{3}$ cm

学習のめあて

接線の性質と三平方の定理を利用して, 三角形の辺の長さを求めること。

学習のポイント

接線の性質

円の外部の1点からその円に引いた2本の接線について, 2つの接線の長さは等しい。

■■テキストの解説■■

□例題8

○周の長さと内接円の半径がわかっている直角三角形。まず, 与えられた条件を整理する。

○内接円と辺 BC, CA, AB の接点を, それぞれ D, E, F とすると, テキスト84ページで学んだ接線の長さの性質から

AE＝AF, BD＝BF, CD＝CE

○内接円の中心を O とすると, 四角形 OFBD は正方形になるから, その辺の長さは内接円の半径に等しく BD＝BF＝3 cm

○残った条件は周の長さが 40 cm であること。

○(1) また, 求めるものは辺 AC の長さ。

しかし, AC＝x cm とおいても, x についての関係式をつくることはできない。そこで, 接線の長さの関係を利用する。

○AE＝a cm, CE＝b cm とおくと, 3辺の長さを a, b で表すことができて, 周の長さの条件と結びつく。

○(2) (1)の結果から, 3辺は1つの文字 a の式で表すことができるから, 三平方の定理を利用して, a の値を求める。

□練習18

○(1) 接線の性質を利用して, 辺 BC, CA の長さを x の式で表す。

○(2) 例題8と同じように, 三平方の定理を利用して, x の方程式をつくる。

例題 8 ∠B＝90° の直角三角形 ABC において, 周の長さが 40 cm, 内接円の半径が 3 cm であるとき, 次の問いに答えなさい。

(1) この直角三角形の斜辺の長さを求めなさい。

(2) 他の2辺の長さを求めなさい。

解答 (1) 右の図のように, 接点 D, E, F を定め, AE＝a cm,
CE＝b cm とおくと

AB＝$(a+3)$ cm

BC＝$(b+3)$ cm

△ABC の周の長さについて

$(a+3)+(b+3)+(a+b)=40$

$a+b=17$

よって, 斜辺の長さは 17 cm 答

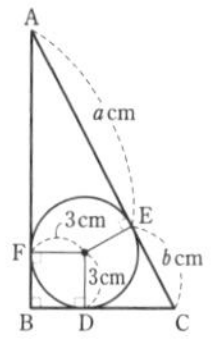

(2) (1)の結果から $b=17-a$

このとき AB＝$a+3$, BC＝$b+3=20-a$, CA＝17

三平方の定理により $(a+3)^2+(20-a)^2=17^2$

整理して $a^2-17a+60=0$

$(a-5)(a-12)=0$

よって, $a=5$, 12 から $(a, b)=(5, 12), (12, 5)$

したがって, 他の2辺の長さは 8 cm と 15 cm 答

練習 18 右の図において, 円Oは直角三角形 ABC の内接円であり, 点 P, Q, R は接点である。円Oの半径を x cm とするとき, 次の問いに答えなさい。

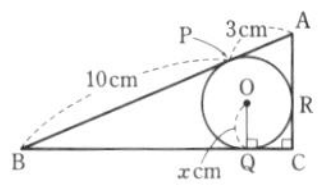

(1) 辺 BC, CA の長さを x で表しなさい。

(2) 内接円Oの半径を求めなさい。

■■テキストの解答■■

練習 18 (1) 円の外部の1点からその円に引いた2本の接線について, 2つの接線の長さは等しいから

AR＝AP＝3 cm,

BQ＝BP＝10 cm

四角形 OQCR は1辺 x cm の正方形であるから

CQ＝CR＝x cm

よって **BC＝$(x+10)$ cm**

CA＝$(x+3)$ cm

(2) AB＝3＋10＝13 (cm)

直角三角形 ABC において, 三平方の定理により

$(x+10)^2+(x+3)^2=13^2$

$x^2+13x-30=0$

$(x-2)(x+15)=0$

$x>0$ であるから $x=2$

よって, 円Oの半径は **2 cm**

学習のめあて

三平方の定理を利用して，図形の折り返しに関連した問題が解けるようになること。

学習のポイント

折り返しの問題

折り返す前と後の線分に着目する。
折り返す前と後で，線分の長さは変わらない。

■ テキストの解説 ■

□ 例題 9

○求めるものは AP の長さ。仮定により，辺 AM の長さ 3 cm はわかるから，△AMP に着目する。

○そこで，AP=x cm とおくと
$$PD=(9-x)\ cm$$
また，PQ を折り目として折り返したとき，線分 PD は線分 PM に移るから
$$PM=PD=(9-x)\ cm$$
→　△AMP で三平方の定理

○折り返しの問題では，折り返す前と後の線分の関係に着目する。

□ 練習 19

○例題 9 にならって考える。辺 AB は線分 PQ に移り，線分 BS は線分 QS に移る。

■ テキストの解答 ■

練習 19　(1)　BS
　　　　=SQ
　　　　=x cm
　　であるから
　　PS
　　=10−x−2
　　=**8−x (cm)**

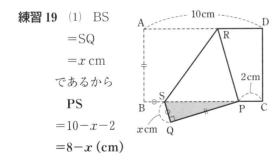

(2)　PQ=AB=6 cm であるから，直角三

三平方の定理を利用して，いろいろな図形の問題を考えよう。

例題 9　右の図のように，
　　　AB=6 cm，AD=9 cm
の長方形 ABCD を，頂点 D が辺 AB
の中点 M に重なるように折る。
折り目を PQ とするとき，AP の長さを求めなさい。

解答　AP=x cm とおくと，PD=$(9-x)$ cm であるから
　　　　　　　　PM=$(9-x)$ cm
AM=3 cm であるから，直角三角形 AMP において，三平方の定理により　$x^2+3^2=(9-x)^2$
よって　　　　　　　　$x=4$
したがって　　　　　AP=4 cm **答**

練習 19　右の図は，AD=10 cm の長方形 ABCD である。
辺 BC 上に，CP=2 cm となる点 P をとり，頂点 A が点 P に重なるように折り曲げるとき，次の問いに答えなさい。

(1)　SQ=x とするとき，PS の長さを x で表しなさい。
(2)　AB=6 cm のとき，△PSQ の面積を求めなさい。

角形 PSQ において，三平方の定理により　$(8-x)^2=x^2+6^2$

よって　　$x=\dfrac{7}{4}$

したがって，△PSQ の面積は
$$\frac{1}{2}\times SQ\times PQ=\frac{1}{2}\times\frac{7}{4}\times 6$$
$$=\frac{21}{4}\ (cm^2)$$

■ 実力を試す問題　　解答は本書 171 ページ

1　AB=4 cm，BC=6 cm である長方形 ABCD を，図のように，対角線 BD を折り目として折り曲げた。点 C が移る点を E とし，辺 AD と BE の交点を F とする。△FBD の面積を求めなさい。

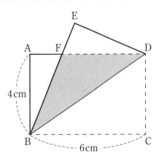

学習のめあて

特別な辺の比をもつ直角三角形の組み合わせでできる図形を考え，面積を求めること。

学習のポイント

特別な直角三角形の辺の比

[1] 30°，60°，90°の角をもつ直角三角形
→ 3辺の比は $1:2:\sqrt{3}$

[2] 45°，45°，90°の角をもつ直角三角形
→ 3辺の比は $1:1:\sqrt{2}$

どちらの三角形も1辺の長さがわかると，辺の比を利用して，残りの辺の長さを求めることができる。

■テキストの解説■

□例題10

○四角形 OEFG の面積は求めにくいので，この四角形を含む △OEB の面積から，△BGF の面積を除くことを考える。

○△OEB，△OCG，△BGF はすべて直角二等辺三角形である。そこで，辺の比 $1:1:\sqrt{2}$ を利用して，辺 OB の長さから，OE，OG，BG，GF の順に，各線分の長さを求めていく。

○四角形 OEFG を2つの合同な直角三角形 OEF と OGF に分けて考えると，求める面積は次のようになる。

$$2\times\left(\frac{1}{2}\times GF\times OG\right)$$
$$=2\times\frac{1}{2}\times(2-\sqrt{2})\times\sqrt{2}$$
$$=2\sqrt{2}-2\ (cm^2)$$

□練習20

○特別な直角三角形を重ねてできる図形の面積。まず，図形の各頂点を文字で表す。

○重なった部分も，3つの内角が30°，60°，90°の直角三角形である。よって，1つの辺

右の図の △OCD は，
$$OA=OB=2\ cm$$
の直角二等辺三角形 OAB を，点Oの周りに45°回転させたものである。

このとき，四角形 OEFG の面積を求めなさい。

解答 ∠EBO＝∠EOB＝45°より，△OEB は直角二等辺三角形で，OB＝2 cm であるから

$$OE=OB\times\frac{1}{\sqrt{2}}$$
$$=2\times\frac{1}{\sqrt{2}}$$
$$=\sqrt{2}\ (cm)$$

△OCG において，同様に
$$OG=\sqrt{2}\ cm$$

よって $BG=(2-\sqrt{2})\ cm$

△BGF も直角二等辺三角形であるから，求める面積は

$$\triangle OEB-\triangle BGF=\frac{1}{2}\times(\sqrt{2})^2-\frac{1}{2}\times(2-\sqrt{2})^2$$
$$=2\sqrt{2}-2\ (cm^2)\ \text{答}$$

練習20 右の図のように，1組の三角定規を重ねておくとき，重なっている部分の面積を求めなさい。

の長さがわかれば，残りの辺の長さもわかる。

■テキストの解答■

練習20 右の図のように点を定める。
△ABC は 45°，45°，90° の角をもつ直角二等辺三角形であるから

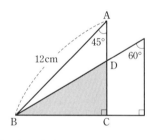

$$BC=AB\times\frac{1}{\sqrt{2}}=12\times\frac{1}{\sqrt{2}}=6\sqrt{2}\ (cm)$$

また，△DBC は 30°，60°，90° の角をもつ直角三角形であるから

$$CD=BC\times\frac{1}{\sqrt{3}}=6\sqrt{2}\times\frac{1}{\sqrt{3}}=2\sqrt{6}\ (cm)$$

したがって，重なっている部分，すなわち △DBC の面積は

$$\frac{1}{2}\times6\sqrt{2}\times2\sqrt{6}=\mathbf{12\sqrt{3}}\ (\mathbf{cm^2})$$

学習のめあて

三平方の定理を利用して，軌跡の長さを求めること。

学習のポイント

軌跡の長さ

ある点を中心にして図形が転がる

→ 図形の頂点の軌跡は扇形の弧

■■テキストの解説■■

□ 例題 11，練習 21

○軌跡は，いずれも扇形の弧を組み合わせた図形になる。

○各場合の図形の動きに合わせて，点の軌跡を考える。扇形の半径と中心角から，軌跡の長さを求める。

■■テキストの解答■■

練習 21 (1) △ABC は 30°，60°，90° の角をもつ AC＝2 cm の直角三角形であるから

$$BC＝AC×\sqrt{3}＝2×\sqrt{3}＝2\sqrt{3} \text{ (cm)}$$

$$AB＝AC×2＝2×2＝4 \text{ (cm)}$$

点 B の軌跡は，次の図のようになる。

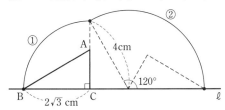

①は，半径 $2\sqrt{3}$ cm，中心角 90° の扇形の弧で，②は，半径 4 cm，中心角 120° の扇形の弧である。

よって，点 B の軌跡の長さは

$$2\pi×2\sqrt{3}×\frac{90}{360}+2\pi×4×\frac{120}{360}$$

$$=\left(\frac{8}{3}+\sqrt{3}\right)\pi \text{ (cm)}$$

軌跡の長さを求めることを考えよう。

例題 11 1辺が4 cm の正方形 ABCD がある。直線 ℓ 上において，この正方形を右の図のように，点 B が再び直線 ℓ 上にくるまですべることなく転がす。このとき，点 B の軌跡の長さを求めなさい。

解答 点 B の軌跡は，下の図のようになる。

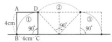

①と③は，半径 4 cm，中心角 90° の扇形の弧である。また，②は，半径が 1 辺 4 cm の正方形の対角線の長さ，すなわち $4\sqrt{2}$ cm，中心角 90° の扇形の弧であるから，点 B の軌跡の長さは

$$\left(2\pi×4×\frac{90}{360}\right)×2+2\pi×4\sqrt{2}×\frac{90}{360}=(4+2\sqrt{2})\pi$$

答 $(4+2\sqrt{2})\pi$ cm

練習 21 ∠B＝30°，∠C＝90°，AC＝2 cm の直角三角形 ABC がある。直線 ℓ 上において，この直角三角形を下の図のように，辺 AB が ℓ 上にくるまですべることなく転がす。このとき，次のものを求めなさい。

(1) 点 B の軌跡の長さ
(2) 点 C から斜辺 AB に引いた垂線の足を H とするとき，点 H の軌跡の長さ

---

(2) △ACH は 30°，60°，90° の角をもつ直角三角形であるから

$$CH＝AC×\frac{\sqrt{3}}{2}＝2×\frac{\sqrt{3}}{2}＝\sqrt{3} \text{ (cm)}$$

$$AH＝AC×\frac{1}{2}＝2×\frac{1}{2}＝1 \text{ (cm)}$$

点 H の軌跡は，次の図のようになる。

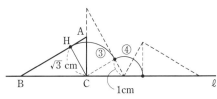

③は，半径 $\sqrt{3}$ cm，中心角 90° の扇形の弧で，④は，半径 1 cm，中心角 120° の扇形の弧である。

よって，点 H の軌跡の長さは

$$2\pi×\sqrt{3}×\frac{90}{360}+2\pi×1×\frac{120}{360}$$

$$=\left(\frac{2}{3}+\frac{\sqrt{3}}{2}\right)\pi \text{ (cm)}$$

3．三平方の定理と空間図形

学習のめあて

三平方の定理を利用して，直方体の対角線の長さを求めることができるようになること。

学習のポイント

直方体の対角線

直方体 ABCD-EFGH において，線分 AG，BH，CE，DF をこの直方体の対角線という。これら対角線の長さはすべて等しい。

▋▊テキストの解説▊▋

□ 例題 12，練習 22

○三平方の定理を利用して，直方体の対角線の長さを求める。

○空間における図形も，平面上の図形に分解して考えるとよい。

　　直方体の対角線 AG　→　△AEG の斜辺
　　長方形の対角線 EG　→　△EFG の斜辺

▋▊テキストの解答▊▋

練習 22　直方体を ABCD-EFGH として，縦を GF，横を EF，高さを AE とする。

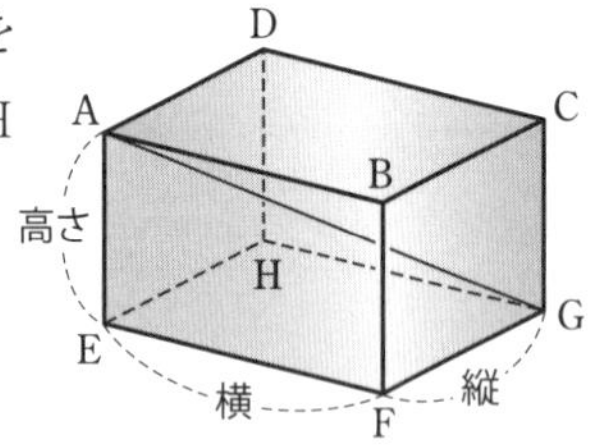

(1)　△EFG は直角三角形であるから，三平方の定理により

$$EG^2 = EF^2 + FG^2 \quad \cdots\cdots ①$$

△AEG も直角三角形であるから，三平方の定理により

$$AG^2 = AE^2 + EG^2 \quad \cdots\cdots ②$$

①，②から

3．三平方の定理と空間図形

◆ 直方体の対角線

三平方の定理を用いて，空間図形における線分の長さを求めよう。

例題 12　右の図のような直方体 ABCD-EFGH において，線分 AG の長さを求めなさい。

考え方　線分 AG を辺とする直角三角形を見つける。たとえば，底面の対角線 EG を引き，△AEG について考える。

解答　△EFG は直角三角形であるから，三平方の定理により

$$EG^2 = EF^2 + FG^2 \quad \cdots\cdots ①$$

△AEG も直角三角形であるから，三平方の定理により

$$AG^2 = AE^2 + EG^2 \quad \cdots\cdots ②$$

①，②から

$$AG^2 = AE^2 + EF^2 + FG^2$$
$$= 2^2 + 4^2 + 3^2 = 29$$

AG > 0 であるから　　AG = $\sqrt{29}$ cm **答**

例題 12 の直方体で，線分 AG をこの直方体の対角線という。線分 BH，CE，DF もこの直方体の対角線で，長さはすべて等しい。

練習 22　縦の長さ，横の長さ，高さがそれぞれ次のような直方体の対角線の長さを求めなさい。

(1)　2 cm，5 cm，6 cm　　　　(2)　4 cm，8 cm，8 cm

(3)　a cm，b cm，c cm　　　　(4)　a cm，a cm，a cm

$$AG^2 = AE^2 + EF^2 + FG^2$$
$$= 6^2 + 5^2 + 2^2 = 65$$

AG > 0 であるから　　AG = $\sqrt{65}$ cm

よって，対角線の長さは　　**$\sqrt{65}$ cm**

以下，(1)と同様にして

(2)　$AG^2 = AE^2 + EF^2 + FG^2$
　　　$= 8^2 + 8^2 + 4^2 = 144$

AG > 0 であるから　　AG = 12 cm

よって，対角線の長さは　　**12 cm**

(3)　$AG^2 = AE^2 + EF^2 + FG^2$
　　　$= c^2 + b^2 + a^2$

AG > 0 であるから

$$AG = \sqrt{a^2 + b^2 + c^2} \text{ cm}$$

よって，対角線の長さは

$\sqrt{a^2 + b^2 + c^2}$ cm

(4)　$AG^2 = AE^2 + EF^2 + FG^2$
　　　$= a^2 + a^2 + a^2 = 3a^2$

AG > 0 であるから　　AG = $\sqrt{3}\,a$ cm

よって，対角線の長さは　　**$\sqrt{3}\,a$ cm**

学習のめあて

三平方の定理を利用して，空間図形の体積や側面積を求めることができるようになること。

学習のポイント

角錐，円錐の体積

$$(角錐，円錐の体積)=\frac{1}{3}\times(底面積)\times(高さ)$$

■■ テキストの解説 ■■

□ 例題 13

○ 正四角錐の体積。底面積はすぐにわかるから，高さをどう求めるかがポイントになる。

○ H は底面の正方形の対角線の交点であるから，H は，二等辺三角形 OAC の底辺 AC の中点
　→　OH⊥AC

　H は，二等辺三角形 OBD の底辺 BD の中点
　→　OH⊥BD

○ 直線 OH は点 H で交わる 2 直線 AC，BD と垂直であるから，OH と底面は垂直である。

○ よって，線分 OH は正四角錐 O-ABCD の高さである。そこで，直角三角形 OAH に三平方の定理を利用して，高さ OH を求める。

□ 練習 23

○ 側面は二等辺三角形である。二等辺三角形の頂点から底辺に引いた垂線は，底辺を 2 等分する。

□ 練習 24

○ ともに底面積はすぐに求まる。三平方の定理を利用して，高さを求める。

■■ テキストの解答 ■■

練習 23 側面は 4 つの合同な二等辺三角形からつくられている。

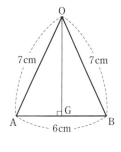

■ 空間図形への応用

空間における立体の体積などを求めることを考えよう。

例題 13 底面が 1 辺 6 cm の正方形 ABCD で，他の辺が 7 cm である正四角錐 O-ABCD がある。この正四角錐の体積を求めなさい。

考え方　　$(角錐の体積)=\frac{1}{3}\times(底面積)\times(高さ)$

であるから，正四角錐の体積を求めるには高さがわかればよい。

解答　底面の対角線の交点を H とすると，OH と面 ABCD は垂直になるから，線分 OH の長さは，正四角錐の高さである。

底面 ABCD は正方形であるから

$$AC=AB\times\sqrt{2}=6\sqrt{2} \text{ (cm)}$$

よって

$$AH=\frac{1}{2}AC=3\sqrt{2} \text{ (cm)}$$

△OAH は直角三角形であるから，三平方の定理により

$$(3\sqrt{2})^2+OH^2=7^2$$
$$OH^2=31$$

OH＞0 であるから　OH＝$\sqrt{31}$ cm

よって，求める体積は　$\frac{1}{3}\times 6^2\times\sqrt{31}=12\sqrt{31}$ (cm³) **答**

練習 23 ▶ 例題 13 の正四角錐の側面積を求めなさい。

練習 24 ▶ 次のような立体の体積を求めなさい。
(1) 1 辺の長さがすべて 8 cm の正四角錐
(2) 底面の直径と母線の長さがともに 6 cm の円錐

まず，側面の 1 つ △OAB の面積を求める。

頂点 O から辺 AB に引いた垂線の足を G とする。

△OAB は二等辺三角形であるから，点 G は辺 AB の中点である。

よって　　$AG=\frac{1}{2}AB=3$ (cm)

直角三角形 OAG において，三平方の定理により　　$3^2+OG^2=7^2$

　　　　　　$OG^2=40$

OG＞0 であるから　　OG＝$2\sqrt{10}$ cm

よって　　$△OAB=\frac{1}{2}\times 6\times 2\sqrt{10}$

　　　　　　$=6\sqrt{10}$ (cm²)

したがって，求める正四角錐の側面積は
$$6\sqrt{10}\times 4=\mathbf{24\sqrt{10}} \text{ (cm}^2)$$

（練習 24 の解答は次ページ）

129

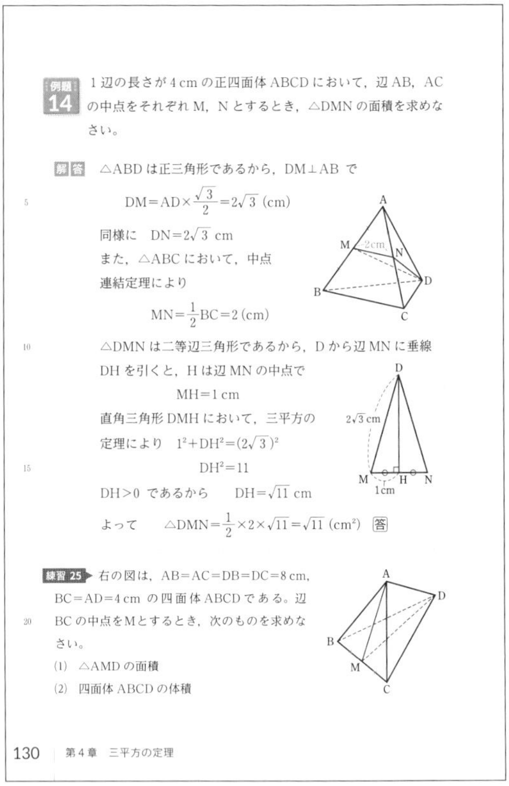

学習のめあて

三平方の定理を利用して，空間の三角形の
面積を求めることができるようになること。

学習のポイント

三角形の面積

空間の三角形の面積も，底辺と高さで決まる。

$$（三角形の面積）=\frac{1}{2}×（底辺）×（高さ）$$

■■テキストの解説■■

□ 例題 14

○△DMN は DM＝DN の二等辺三角形である。
まず，三角形の辺の長さを求める。

○ DM，DN→　正三角形の高さ

○空間における三角形についても，中点連結定
理は成り立つ。

□ 練習 25

○(1)　例題 14 にならって考える。

○(2)　四面体 ABCD を △AMD で 2 つに分け
る。

■■テキストの解答■■

（練習 24 は前ページの問題）

練習 24　それぞれ，図のように点を定める。

(1)　底面の対角
線の交点を
H とすると，
OH と面
ABCD は垂
直になるから，

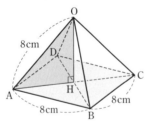

線分 OH の長さは，正四角錐の高さであ
る。底面 ABCD は正方形であるから

$$AC=AB×\sqrt{2}=8\sqrt{2}\ \text{(cm)}$$

よって　$AH=8\sqrt{2}×\frac{1}{2}=4\sqrt{2}\ \text{(cm)}$

△OAH は直角三角形であるから

例題14　1辺の長さが4cmの正四面体 ABCD において，辺 AB，AC
の中点をそれぞれ M，N とするとき，△DMN の面積を求めな
さい。

解答　△ABD は正三角形であるから，DM⊥AB で

$$DM=AD×\frac{\sqrt{3}}{2}=2\sqrt{3}\ \text{(cm)}$$

同様に　DN＝$2\sqrt{3}$ cm
また，△ABC において，中点
連結定理により

$$MN=\frac{1}{2}BC=2\ \text{(cm)}$$

△DMN は二等辺三角形であるから，D から辺 MN に垂線
DH を引くと，H は辺 MN の中点で
MH＝1 cm
直角三角形 DMH において，三平方の
定理により　$1^2+DH^2=(2\sqrt{3})^2$
$$DH^2=11$$
DH＞0 であるから　　DH＝$\sqrt{11}$ cm
よって　　△DMN＝$\frac{1}{2}×2×\sqrt{11}=\sqrt{11}\ \text{(cm}^2)$　**答**

練習 25　右の図は，AB＝AC＝DB＝DC＝8 cm，
BC＝AD＝4 cm の四面体 ABCD である。辺
BC の中点を M とするとき，次のものを求めな
さい。
(1)　△AMD の面積
(2)　四面体 ABCD の体積

$$OH^2=8^2-(4\sqrt{2})^2=32$$

OH＞0 であるから　　OH＝$4\sqrt{2}$ cm

よって，正四角錐の体積は

$$\frac{1}{3}×8^2×4\sqrt{2}=\frac{256\sqrt{2}}{3}\ \text{(cm}^3)$$

(2)　右の図にお
いて，
△OAB は 正
三角形である。
底面の円の中
心を H とす
ると，OH と

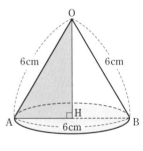

底面は垂直になるから，線分 OH の長さ
は，円錐の高さである。

△OAH は 30°，60°，90° の角をもつ直角
三角形で，AH＝3 cm であるから

$$OH=AH×\sqrt{3}=3\sqrt{3}\ \text{(cm)}$$

よって，円錐の体積は

$$\frac{1}{3}×\pi×3^2×3\sqrt{3}=9\sqrt{3}\pi\ \text{(cm}^3)$$

（練習 25 の解答は次ページ）

学習のめあて

立方体の切断面の面積を求めることができるようになること。

学習のポイント

立方体の切断面

三角形，四角形，五角形，六角形のどれかになる。形の特徴に注目する。

■■ テキストの解説 ■■

□ 例題 15，練習 26

○立方体の切断面が等脚台形やひし形になる場合に，切断面の面積を求める。

○等脚台形　→　上底，下底，高さ

ひし形　→　対角線の長さ

をそれぞれ求める。直角三角形に着目して，三平方の定理を利用する。

■■ テキストの解答 ■■

(練習 25 は前ページの問題)

練習 25 (1) △ABC は AB＝AC の二等辺三角形で，M は辺 BC の中点であるから

BM＝2 cm　　AM⊥BC

よって，△ABM は直角三角形であるから　AM²＝8²－2²＝60

AM＞0 であるから　　AM＝2√15 cm

同様に △DBC から　　DM＝2√15 cm

△MAD は MA＝MD の二等辺三角形であるから，点 M から辺 AD に垂線 MH を引くと，H は辺 AD の中点で

AH＝2 cm

直角三角形 AMH において

MH²＝(2√15)²－2²＝56

MH＞0 であるから　MH＝2√14 cm

よって

$$△AMD＝\frac{1}{2}×4×2\sqrt{14}＝4\sqrt{14} \text{ (cm}^2)$$

1辺の長さが 8 cm の立方体 ABCD-EFGH の辺 AD，CD の中点をそれぞれ M，N とするとき，四角形 MEGN の面積を求めなさい。

解答 MN＝MD×√2＝4√2 (cm)，EG＝EF×√2＝8√2 (cm)

また，直角三角形 MAE において，三平方の定理により

ME²＝4²＋8²＝80

ME＞0 であるから

ME＝4√5 cm

同様に　NG＝4√5 cm

よって　ME＝NG …… ①

また　MN∥EG …… ②

①，②から，四角形 MEGN は等脚台形である。

M，N から辺 EG に引いた垂線の足を，それぞれ P，Q とすると，PQ＝4√2 cm，EP＝GQ であるから

EP＝(8√2－4√2)×$\frac{1}{2}$＝2√2 (cm)

直角三角形 MEP において，三平方の定理により

(2√2)²＋MP²＝(4√5)²

MP²＝72

MP＞0 であるから　　MP＝6√2 cm

よって，求める面積は

$$\frac{1}{2}×(4\sqrt{2}＋8\sqrt{2})×6\sqrt{2}＝72 \text{ (cm}^2) \boxed{答}$$

練習 26 例題 15 において，辺 AE，GC の中点をそれぞれ I，J とするとき，四角形 DIFJ の面積を求めなさい。

---

(2) (1)より　AM⊥BC

△DBC においても，同様に，DM⊥BC であるから，辺 BC と △AMD は垂直である。

ゆえに，四面体 BAMD の体積は

$$\frac{1}{3}×△AMD×BM＝\frac{1}{3}×4\sqrt{14}×2$$

$$＝\frac{8\sqrt{14}}{3} \text{ (cm}^3)$$

よって，四面体 ABCD の体積は

$$\frac{8\sqrt{14}}{3}×2＝\frac{16\sqrt{14}}{3} \text{ (cm}^3)$$

練習 26 直角三角形 AID において，

DI²＝4²＋8²

＝80

DI＞0 から

DI＝4√5 cm

同様に　　IF＝FJ＝JD＝4√5 cm

（続きの解答は次ページ）

131

学習のめあて

立体の表面上の2点を結ぶ線を最も短くする問題を解くことができるようになること。

学習のポイント

最短距離

展開図で考える。

最短距離 → 展開図の2点を結ぶ線分

■■テキストの解説■■

□例題16，練習27

○平面上に2点A，Bがあるとき，2点A，Bを結ぶ線にはいろいろなものがある。そのうち長さが最も短いものは，線分ABである。

○例題16の場合，2点M，Gを結ぶ線は，2つの面AEFB，BFGC上にある。

○線分MP，PGの長さは，立体の表面上で考えても，展開図の上で考えても変わらない。

○展開図は1つの平面上にある。平面上の2点M，Gを結ぶ線のうち，最も短いものは線分MGであるから，線分MGとBFの交点をPとすれば，MP+PGは最小となる。

○練習27は，展開図の一部を利用する。

■■テキストの解答■■

（練習26は前ページの問題）

練習26（続き） ゆえに，四角形DIFJは4つの辺の長さが等しいから，ひし形である。

△EHF，△DHFは直角三角形であるから

$$HF^2=EH^2+EF^2, \quad DF^2=DH^2+HF^2$$

よって $DF^2=DH^2+EH^2+EF^2$

$$=8^2+8^2+8^2=192$$

DF>0であるから $DF=8\sqrt{3}$ cm

また $IJ=AC=AB\times\sqrt{2}=8\sqrt{2}$ (cm)

したがって，求める面積は

$$\frac{1}{2}\times8\sqrt{3}\times8\sqrt{2}=32\sqrt{6} \text{ (cm}^2)$$

最短距離

展開図を利用して，立体の表面上の2点を結ぶ線を最も短くする問題を考えよう。

例題16 右の図は，1辺の長さが4cmの立方体ABCD-EFGHであり，点Mは辺AEの中点である。辺BF上に点Pを，MPとPGの長さの和が最小となるようにとる。MPとPGの長さの和を求めなさい。

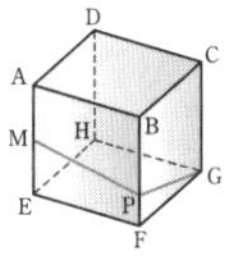

解答 右の図のような展開図の一部において，MPとPGの長さの和が最小になるのは，3点M，P，Gが一直線上にあるとき，すなわち線分MGとBFの交点の位置に点Pがあるときである。

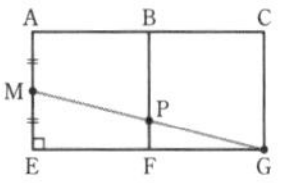

直角三角形MEGにおいて，三平方の定理により

$$MG^2=8^2+2^2=68$$

MG>0であるから $MG=2\sqrt{17}$ cm

よって，求める長さは $2\sqrt{17}$ cm **答**

練習27 右の図は，1辺の長さが4cmの正四面体ABCDであり，点Mは辺BDの中点である。辺AB上に点Pを，MPとPCの長さの和が最小となるようにとる。MPとPCの長さの和を求めなさい。

132 第4章 三平方の定理

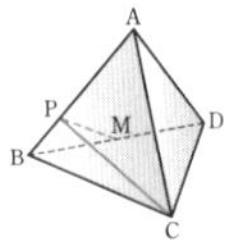

練習27 右の図のような展開図の一部において，MPとPCの長さの和が最小になるのは，3点M，P，Cが1つの直線上にあるとき，すなわち線分MCとABの交点の位置に点Pがあるときである。

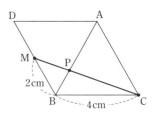

点Mから直線BCへ垂線MHを引く。

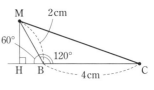

△MHBは，30°，60°，90°の角をもつ直角三角形で，BM=2cmであるから

$$BH=1 \text{ cm}, \quad MH=\sqrt{3} \text{ cm}$$

直角三角形MHCにおいて

$$MC^2=(1+4)^2+(\sqrt{3})^2=28$$

MC>0であるから $MC=2\sqrt{7}$ cm

よって，求める長さは **$2\sqrt{7}$ cm**

学習のめあて

円錐に内接する球を考え，その半径を求めること。

学習のポイント

円錐と球の問題

頂点を通り，底面に垂直な平面で切った切り口の図形（正面から見た図）を考える。

内接する球の問題 → 円と接線の問題

■■ テキストの解説 ■■

□ 例題 17

○円錐に内接する球の問題は，三角形に接する円の問題として考えることができる。

○円の接線は接点を通る半径に垂直である。

よって，△AOD と △ABC において

$\angle$ADO＝$\angle$ACB，$\angle$OAD＝$\angle$BAC

であり，2組の角がそれぞれ等しいから

△AOD∽△ABC

○求める球の半径は，△AOD の辺 OD の長さに等しいから，この長さを x cm とおいて，辺の比の関係式をつくる。

□ 練習 28

○円錐に球が2個内接している場合。例題17と同じように，三角形に内接する円の問題として考える。

■■ テキストの解答 ■■

練習 28 円錐の底面と球Pとの接点をHとし，円錐の母線 AC と球 O，P との接点を，それぞれ Q，R とする。

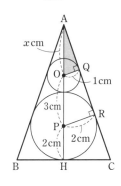

■ いろいろな問題への応用

三平方の定理を利用して，いろいろな立体の問題を考えよう。

例題 17 右の図のように，円錐に球Oが内接している。円錐の底面の半径が9cm，高さが12cmであるとき，球Oの半径を求めなさい。

考え方 円錐を正面から見た図で考える。

解答 円錐の底面と球との接点をC，円錐の母線 AB と球との接点をD，球Oの半径を x cm とする。

直角三角形 ABC において，三平方の定理により

$AB^2＝9^2＋12^2＝225$

$AB>0$ であるから　$AB＝15$ cm

△AOD∽△ABC であるから

$AO：AB＝OD：BC$

よって　$(12-x)：15＝x：9$

したがって　$x＝\dfrac{9}{2}$

答 $\dfrac{9}{2}$ cm

練習 28 右の図のように，円錐に2つの球 O，P が内接している。円錐の底面と球Pは接しており，さらに，球どうしも接している。
球 O，P の半径がそれぞれ1cmと2cmであるとき，次のものを求めなさい。
(1) 円錐の高さ　(2) 円錐の体積

---

(1) OQ∥PR であるから

$AO：AP＝OQ：PR$

$AO＝x$ cm とすると

$x：(x+3)＝1：2$

よって，$x＝3$ であるから　AO＝3 cm

このとき，円錐の高さ AH は

$AH＝AP＋PH$

$＝(3+3)＋2＝8$（cm）

(2) 直角三角形 AOQ において，三平方の定理により

$AQ^2＝3^2－1^2＝8$

$AQ>0$ であるから

$AQ＝2\sqrt{2}$ cm

△ACH∽△AOQ であるから

$CH：OQ＝AH：AQ$

$CH：1＝8：2\sqrt{2}$

よって　$CH＝2\sqrt{2}$ cm

したがって，円錐の体積は

$\dfrac{1}{3}×\pi×(2\sqrt{2})^2×8＝\dfrac{64}{3}\pi$（cm³）

学習のめあて

三平方の定理を利用して，回転体の体積を求めることができるようになること。

学習のポイント

回転体

回転体 → 円柱，円錐，球を考える
回転する図形に応じて，これらを組み合わせた立体ができる。

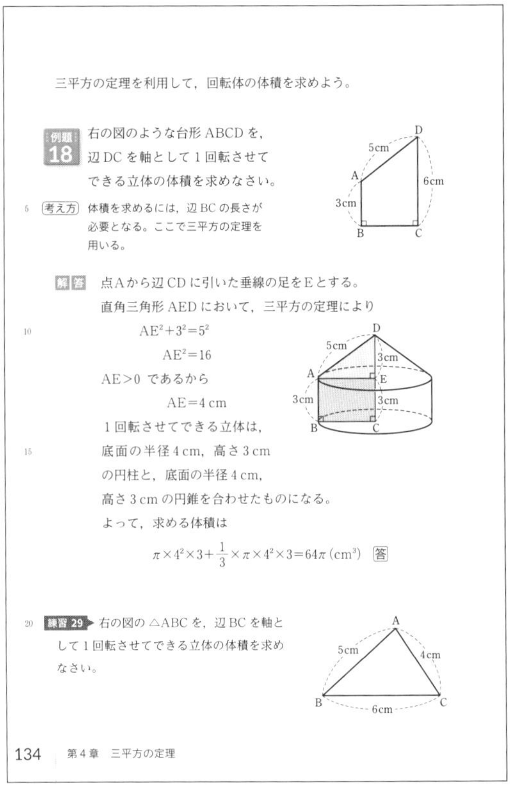

■■ テキストの解説 ■■

□ 例題 18

○まず，どのような立体ができるかを考える。

　　→ 円柱と円錐を組み合わせた立体

三平方の定理を利用して，円柱，円錐の底面の円の半径を求める。

□ 練習 29

○できる立体は，2つの円錐を組み合わせた立体である。まず，三平方の定理を利用して，これらの円錐の底面の円の半径を求める。

○2つの円錐の高さの和が，辺 BC の長さに等しいことに着目して，計算を工夫する。

■■ テキストの解答 ■■

練習 29 点Aから辺 BC に引いた垂線の足を H とし，

$$BH = x\,\text{cm}$$

とおく。

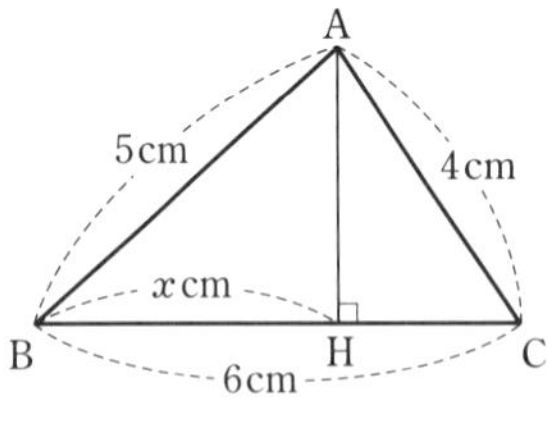

直角三角形 ABH において

$$AH^2 = 5^2 - x^2 \qquad \cdots\cdots ①$$

直角三角形 ACH において

$$AH^2 = 4^2 - (6-x)^2 \qquad \cdots\cdots ②$$

①，②から

$$5^2 - x^2 = 4^2 - (6-x)^2$$

三平方の定理を利用して，回転体の体積を求めよう。

例題 18 右の図のような台形 ABCD を，辺 DC を軸として 1 回転させてできる立体の体積を求めなさい。

考え方 体積を求めるには，辺 BC の長さが必要となる。ここで三平方の定理を用いる。

解答 点Aから辺 CD に引いた垂線の足をEとする。

直角三角形 AED において，三平方の定理により

$$AE^2 + 3^2 = 5^2$$
$$AE^2 = 16$$

AE>0 であるから

$$AE = 4\,\text{cm}$$

1 回転させてできる立体は，底面の半径 4 cm，高さ 3 cm の円柱と，底面の半径 4 cm，高さ 3 cm の円錐を合わせたものになる。

よって，求める体積は

$$\pi \times 4^2 \times 3 + \frac{1}{3} \times \pi \times 4^2 \times 3 = 64\pi\,(\text{cm}^3) \quad \boxed{答}$$

練習 29 右の図の △ABC を，辺 BC を軸として 1 回転させてできる立体の体積を求めなさい。

よって　　$x = \dfrac{15}{4}$

これを①に代入して

$$AH^2 = 5^2 - \left(\frac{15}{4}\right)^2 = \frac{175}{16}$$

AH>0 であるから　　$AH = \dfrac{5\sqrt{7}}{4}\,\text{cm}$

1 回転させてできる立体は，底面の半径 $\dfrac{5\sqrt{7}}{4}$ cm，高さ BH の円錐と，底面の半径 $\dfrac{5\sqrt{7}}{4}$ cm，高さ CH の円錐を組み合わせたものである。

よって，求める立体の体積は

$$\frac{1}{3} \times \pi \times \left(\frac{5\sqrt{7}}{4}\right)^2 \times BH$$
$$+ \frac{1}{3} \times \pi \times \left(\frac{5\sqrt{7}}{4}\right)^2 \times CH$$
$$= \frac{1}{3} \times \pi \times \left(\frac{5\sqrt{7}}{4}\right)^2 \times (BH + CH)$$
$$= \frac{1}{3} \times \pi \times \left(\frac{5\sqrt{7}}{4}\right)^2 \times 6 = \frac{175}{8}\pi\,(\text{cm}^3)$$

学習のめあて

等面四面体の体積は，直方体を利用して求めることができることを理解すること。

学習のポイント

等面四面体

4つの面が合同な四面体を **等面四面体** という。等面四面体は，直方体への埋め込みができ，直方体の辺の長さから，等面四面体の体積が求められる。

■ テキストの解説 ■

□ 等面四面体

○テキスト130ページ練習25の四面体について

$$AB=AC=DB=DC$$

→ 直方体の4つの面の対角線

$$BC=AD$$

→ 直方体の残りの2つの面の対角線

とすると，テキストに示したように直方体に埋め込むことができる。

○四面体ABCDの6つの辺は，直方体の6つの面の対角線であるから，四面体ABCDは直方体から4つの合同な三角錐を除いたものになることがわかる。

○テキストに示したように直方体の辺の長さを定めると，$AC^2=CD^2=8^2$，$BC^2=4^2$ である

から
$$\begin{cases} x^2+y^2=64 & \cdots\cdots ① \\ y^2+z^2=64 & \cdots\cdots ② \\ z^2+x^2=16 & \cdots\cdots ③ \end{cases}$$

○①－② から　$x^2-z^2=0$ $\cdots\cdots ④$

③＋④ から　$2x^2=16$

$x>0$ であるから　$x=2\sqrt{2}$

③－④ から　$2z^2=16$

$z>0$ であるから　$z=2\sqrt{2}$

これを②に代入すると　$y^2=56$

$y>0$ であるから　$y=2\sqrt{14}$

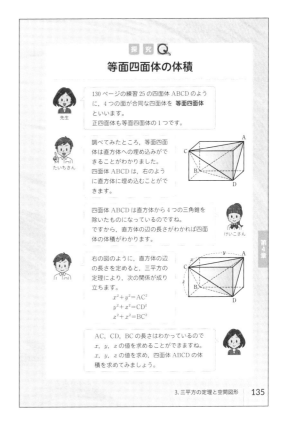

探究 Q

等面四面体の体積

先生：130ページの練習25の四面体ABCDのように，4つの面が合同な四面体を **等面四面体** といいます。
正四面体も等面四面体の1つです。

たいちさん：調べてみたところ，等面四面体は直方体への埋め込みができることがわかりました。
四面体ABCDは，右のように直方体に埋め込むことができます。

けいこさん：四面体ABCDは直方体から4つの三角錐を除いたものになっているのですね。
ですから，直方体の辺の長さがわかれば四面体の体積がわかります。

右の図のように，直方体の辺の長さを定めると，三平方の定理により，次の関係が成り立ちます。
$$x^2+y^2=AC^2$$
$$y^2+z^2=CD^2$$
$$z^2+x^2=BC^2$$

AC，CD，BC の長さはわかっているので x，y，z の値を求めることができますね。x，y，z の値を求め，四面体ABCDの体積を求めてみましょう。

よって　$x=2\sqrt{2}$，$y=2\sqrt{14}$，$z=2\sqrt{2}$

○直方体の体積は
$$2\sqrt{2}\times2\sqrt{2}\times2\sqrt{14}=16\sqrt{14} \ (\text{cm}^3)$$

○除かれる三角錐1つの体積は
$$\frac{1}{3}\times\frac{1}{2}\times2\sqrt{2}\times2\sqrt{2}\times2\sqrt{14}$$
$$=\frac{8\sqrt{14}}{3} \ (\text{cm}^3)$$

除かれる4つの三角錐の体積の合計は
$$\frac{8\sqrt{14}}{3}\times4=\frac{32\sqrt{14}}{3} \ (\text{cm}^3)$$

○したがって，四面体ABCDの体積は
$$16\sqrt{14}-\frac{32\sqrt{14}}{3}=\frac{16\sqrt{14}}{3} \ (\text{cm}^3)$$

○これは，テキスト130ページ練習25(2)の答えと一致する。

○左の連立方程式は，(①＋②＋③)÷2 から
$$x^2+y^2+z^2=72 \ \cdots\cdots ④$$

④－②，④－③，④－① から順に
$$x^2=8, \ y^2=56, \ z^2=8$$

こうして解を求めてもよい。

学習のめあて

三平方の定理を利用して，中線定理を証明すること。

学習のポイント

中線定理

$\triangle$ABC の辺 BC の中点を M とすると
$$AB^2+AC^2=2(AM^2+BM^2)$$

■■ テキストの解説 ■■

□中線定理

○三角形の中線と 3 辺の長さの関係を表す等式が中線定理である。中線定理を利用すると，三角形の 3 辺の長さから，中線の長さを求めることができる。

○$\triangle$ABC において，辺 BC の中点を M，A から BC に引いた垂線の足を H として，次の順に証明する。

[1] 2 つの直角三角形 ABH，ACH に三平方の定理を適用する。

→ AB^2+AC^2 を AH，BM，MH で表す

[2] 直角三角形 AMH に三平方の定理を適用する。

→ AB^2+AC^2 を AM，BM で表す

□練習

○中線定理に 3 辺の長さをあてはめて，3 つの中線の長さを求める。

■■ テキストの解答 ■■

練習　AB＝4，
　　　BC＝6，
　　　CA＝8
の $\triangle$ABC
において，

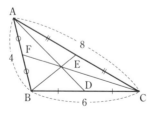

辺 BC，CA，AB の中点を，それぞれ D，E，F とすると，中線定理により

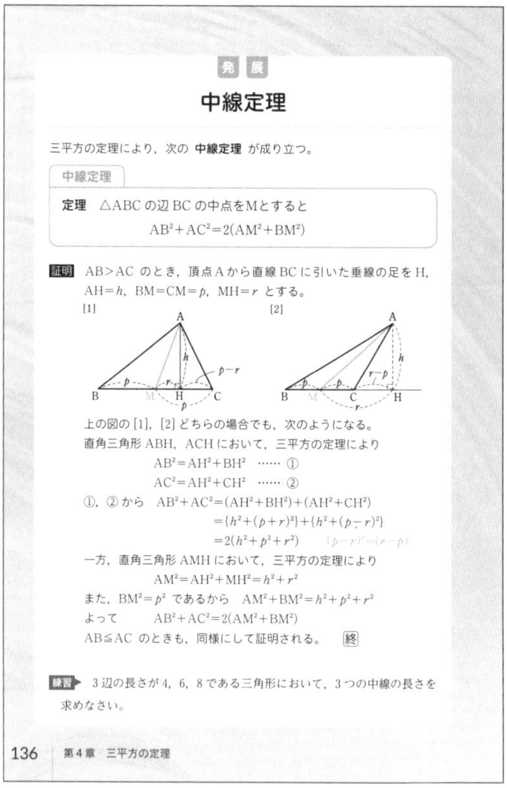

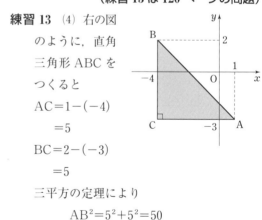

発展

中線定理

三平方の定理により，次の **中線定理** が成り立つ。

> 中線定理
>
> **定理** $\triangle$ABC の辺 BC の中点を M とすると
> $$AB^2+AC^2=2(AM^2+BM^2)$$

証明 AB>AC のとき，頂点 A から直線 BC に引いた垂線の足を H，
AH＝h，BM＝CM＝p，MH＝r とする。

[1]　　　　　　　　　　[2]

上の図の [1]，[2] どちらの場合でも，次のようになる。
直角三角形 ABH，ACH において，三平方の定理により
$$AB^2=AH^2+BH^2 \quad \cdots\cdots ①$$
$$AC^2=AH^2+CH^2 \quad \cdots\cdots ②$$
①，② から　$AB^2+AC^2=(AH^2+BH^2)+(AH^2+CH^2)$
$$=\{h^2+(p+r)^2\}+\{h^2+(p-r)^2\}$$
$$=2(h^2+p^2+r^2)$$
一方，直角三角形 AMH において，三平方の定理により
$$AM^2=AH^2+MH^2=h^2+r^2$$
また，$BM^2=p^2$ であるから　$AM^2+BM^2=h^2+p^2+r^2$
よって　　$AB^2+AC^2=2(AM^2+BM^2)$
AB≦AC のときも，同様にして証明される。　**終**

練習 3 辺の長さが 4，6，8 である三角形において，3 つの中線の長さを求めなさい。

$$4^2+8^2=2(AD^2+3^2)$$
$$AD^2=31$$
AD>0 であるから　　$AD=\sqrt{31}$
同様にして
$$4^2+6^2=2(BE^2+4^2) \quad から \quad BE=\sqrt{10}$$
$$6^2+8^2=2(CF^2+2^2) \quad から \quad CF=\sqrt{46}$$

（練習 13 は 120 ページの問題）

練習 13 (4) 右の図のように，直角三角形 ABC をつくると
$$AC=1-(-4)$$
$$=5$$
$$BC=2-(-3)$$
$$=5$$
三平方の定理により
$$AB^2=5^2+5^2=50$$
AB>0 であるから　　$AB=5\sqrt{2}$
よって，2 点 A，B 間の距離は　$5\sqrt{2}$

136

テキスト 137 ページ

確認問題

解答は本書 163 ページ

確認問題

1 右の図において，四角形はすべて正方形，三角形はすべて直角三角形である。
このとき，正方形 A，B，C，D の面積の和を求めなさい。

A
B
C
D
7cm

2 次の △ABC，四角形 DEFG の面積を求めなさい。

(1)
A
8cm
8cm
75°
B
C
(2)
D
$4\sqrt{5}$cm
G
6cm
E
8cm
F

3 半径 1 の円が 2 つあり，一方の円の中心は他方の円の周上にあるとする。
2 つの円の交点を A，B とするとき，線分 AB の長さを求めなさい。

4 次のような 3 点 A，B，C を頂点とする △ABC はどのような三角形であるか答えなさい。

A(0，2)，B(−1，−1)，C(3，1)

5 ある円錐の展開図は，右の図のようになる。
この円錐の体積を求めなさい。

4cm
4cm

第 4 章 三平方の定理　137

第4章

テキストの解説

□問題 1

○ 4 つの正方形の面積の和。

○三平方の定理は，次のことを意味している。
直角三角形の各辺を 1 辺とする正方形をつくるとき，直角をはさむ 2 辺をそれぞれ 1 辺とする正方形の面積の和は，斜辺を 1 辺とする正方形の面積に等しい。

□問題 2

○三角形と四角形の面積。

○(1)　特別な三角形の辺の比を利用する。

○(2)　対角線を引いて，2 つの直角三角形に分ける。

□問題 3

○ 2 つの円の共通な弦の長さを求める。

○ 2 つの円の中心を O，O′ とすると

　　OA＝OB＝OO′＝O′A＝O′B

→　△AOO′，△BOO′ は正三角形

□問題 4

○座標平面上の三角形。まず，△ABC の 3 辺の長さを求める。

○三平方の定理の逆にも注意する。

　→　直角三角形になるかどうかを判定

□問題 5

○展開図を利用して，円錐の体積を求める。

○展開図において

　扇形の半径　→　円錐の母線

　扇形の弧の長さ　→　底面の円の円周

テキストの解答

（練習 14 は 120 ページの問題）

練習 14　各線分を斜辺とする直角三角形をつくって考える。

y
4
B
A
3
C
−3
−1
O
5
x

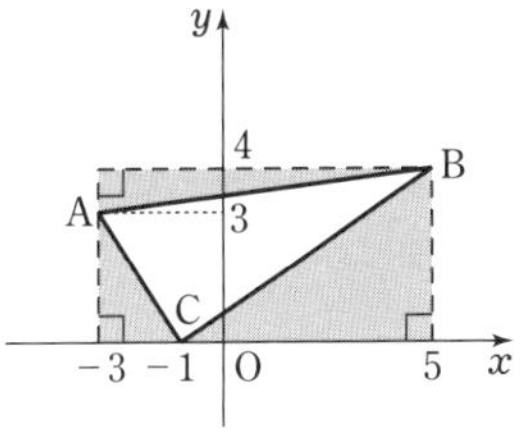

(1)　線分 AB について

$5-(-3)=8$，

$4-3=1$

三平方の定理により　　$AB^2=8^2+1^2=65$

$AB>0$ であるから　　$\mathbf{AB=\sqrt{65}}$

線分 BC について

$5-(-1)=6$，$4-0=4$

から　　$BC^2=6^2+4^2=52$

$BC>0$ であるから　　$\mathbf{BC=2\sqrt{13}}$

線分 CA について

$-1-(-3)=2$，$3-0=3$

から　　$CA^2=2^2+3^2=13$

$CA>0$ であるから　　$\mathbf{CA=\sqrt{13}}$

(2)　$52+13=65$ であるから，(1)より

$BC^2+CA^2=AB^2$ が成り立つ。

よって，△ABC は，**辺 AB を斜辺とする直角三角形** である。

演習問題 A

解答は本書 164 ページ

▌テキストの解説▐

□問題 1

○3つの半円を組み合わせてできる図形と面積。
斜線部分の面積は，次のようにして求めることができる。

（線分 AC を直径とする半円の面積）

＋（線分 BC を直径とする半円の面積）

＋（直角三角形 ABC の面積）

－（線分 AB を直径とする半円の面積）

○計算の結果は $\dfrac{ab}{2}$ になる。このことは，斜
線部分の面積が，△ABC の面積に等しいことを示している。

□問題 2

○正三角形の辺上の点と線分の長さの和。
AX$=x$ cm とおいて BP，CY を x の式で表す。

○点 P は辺 BC 上のどこにとってもよい。
そこで，P を頂点 B の位置にとると，X は
B に一致し，Y は B から辺 AC に引いた垂
線の足，すなわち辺 AC の中点になる。
このとき，AX$=$AB$=2$ cm，BP$=0$ cm，
CY$=1$ cm であるから，求める線分の長さ
の和は 3 cm になることが予想できる。

○この問題の結果からわかるように，3つの線
分 AX，BP，CY の長さの和は，P の位置
に関係なく一定である。

○△BPX，△PCY がいずれも 30°，60°，90°
の角をもつ直角三角形であることに注目して，
辺 AB，BC に結びつけてもよい。

○線分 PX，PY に着目して，△ABC の面積
を考えると，△PAB＋△PAC＝△ABC から

$$\frac{1}{2}\times 2\times PX+\frac{1}{2}\times 2\times PY=\frac{1}{2}\times 2\times\sqrt{3}$$

---

1 ∠C$=90°$，BC$=a$，CA$=b$ の直角三角形
ABC の各辺を直径とする半円が3つ組み合
わされた右の図について，斜線部分の面積を
a，b を用いて表しなさい。

2 1辺の長さが2cmの正三角形 ABC がある。
右の図のように，辺 BC 上の点Pから辺 AB，
AC に引いた垂線の足をそれぞれ X，Y とする。
このとき，3つの線分 AX，BP，CY の長さの
和を求めなさい。

3 関数 $y=x^2$ のグラフ上に2点 A，B があり，x 座標はそれぞれ -1，2
である。このとき，2点 A，B 間の距離を求めなさい。

4 右の図の三角柱 ABC-DEF において，
AB$=7$，BC$=8$，∠ABC$=120°$，
∠DBF$=90°$ である。この三角柱の体積
を求めなさい。

138　第4章　三平方の定理

よって　PX＋PY$=\sqrt{3}$

したがって，2つの線分 PX，PY の長さの
和も，P の位置に関係なく一定で，その値は
$\sqrt{3}$ cm になる。

□問題 3

○放物線上にある2点の間の距離。

○2点 A，B の x 座標と放物線の式から，ま
ず A，B の y 座標を求める。

□問題 4

○三角柱の体積。底面は △ABC で，2辺 AB，
BC の長さと ∠ABC の大きさがわかってい
る。∠ABC$=120°$ に着目して，特別な三角
形の辺の比の関係を利用する。

　　→　△ABC の面積，辺 AC の長さがわ
　　　　かる

○体積を求めるのに必要なものは高さであり，
残った条件は　∠DBF$=90°$

　　→　直角三角形 DBF に着目
高さを x cm とおいて考える。

演習問題B

解答は本書 165 ページ

┃┃ テキストの解説 ┃┃

□ 問題 5

○長さ 1 の線分をもとにして，長さ $\sqrt{2}$，$\sqrt{3}$ の線分を作図する。

○AB＝BC＝1，∠ABC＝90° である直角二等辺三角形の斜辺 AC の長さは $\sqrt{2}$ である。また，AD＝$\sqrt{2}$，DE＝1，∠ADE＝90° である直角三角形の斜辺 AE の長さは $\sqrt{3}$ である。

○長さ $\sqrt{4}$，$\sqrt{5}$，$\sqrt{6}$，…… の線分も，同じように考えて作図することができる。

□ 問題 6

○座標平面上で外接する 2 つの円。y 軸は 2 つの円の共通接線であるから，円 A の半径 4 はすぐにわかる。

○ B から x 軸に垂線 BH を引いて，直角三角形 ABH をつくる。

○円 B の半径を r とすると，BH＝4 で
$$AB＝r＋4, \quad AH＝4－r$$

□ 問題 7

○立方体の 8 個のかどを切り落としてできる立体の体積と表面積。まず，どのような立体ができるかを考える。

○できる立体は，正方形の面 6 個と正三角形の面 8 個からなる十四面体である。

○(1) この立体の体積を直接求めることはむずかしい。複雑な形をした立体の体積は，次のようにくふうして考えると，求めやすくなることが多い。

　[1] いくつかの立体に分けて考える。

　[2] その立体を含むある立体から，余分な部分を除いて考える。

ここでは [2] の方針で考え，立方体の体積から切り落とした 8 個の三角錐の体積をひく。

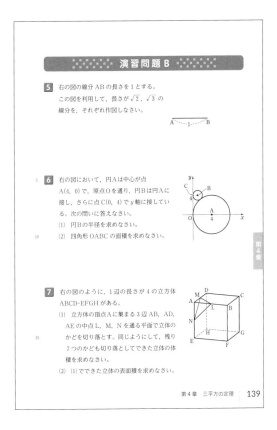

演習問題B

5 右の図の線分 AB の長さを 1 とする。この図を利用して，長さが $\sqrt{2}$，$\sqrt{3}$ の線分を，それぞれ作図しなさい。

6 右の図において，円 A は中心が点 A(4, 0) で，原点 O を通り，円 B は円 A に接し，さらに点 C(0, 4) で y 軸に接している。次の問いに答えなさい。
　(1) 円 B の半径を求めなさい。
　(2) 四角形 OABC の面積を求めなさい。

7 右の図のように，1 辺の長さが 4 の立方体 ABCD-EFGH がある。
　(1) 立方体の頂点 A に集まる 3 辺 AB，AD，AE の中点 L，M，N を通る平面で立体のかどを切り落とす。同じようにして，残り 7 つのかども切り落としてできた立体の体積を求めなさい。
　(2) (1) でできた立体の表面積を求めなさい。

○(2) 正方形の面と正三角形の面は，各辺を共有している。どちらの図形の 1 辺の長さも $2\sqrt{2}$ になる。

┃実力を試す問題

解答は本書 172 ページ

1 立方体 ABCD-EFGH について，次の問いに答えなさい。

(1) 三角錐 A-FGH と C-HEF の共通部分でできる立体を P とする。P の面の数を答えなさい。

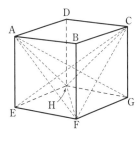

(2) 立方体の 1 辺の長さが 6cm であるとき，P の体積を求めなさい。

ヒント　**1**　(2) 立体 P を 2 つに分けて考える。

学習のめあて

フェルマーの最終定理と，定理にまつわる
ことがらについて知ること。

学習のポイント

フェルマーの最終定理

3 以上の自然数 n について
$$x^n + y^n = z^n$$
を満たす自然数 x, y, z は存在しない。

■■ テキストの解説 ■■

□ フェルマーの最終定理

○ フェルマーの最終定理（フェルマーの大定理
ともよばれる）の見た目は簡単であるが，そ
の証明はたいへん困難なもので，およそ 350
年もの間，証明に成功する者はいなかった。

○ x, y, z がどんな数でもよければ，どんな
自然数 n についても，等式 $x^n + y^n = z^n$ を満
たす数 x, y, z は存在する。

○ たとえば，0 は何乗しても 0 であるから，
$x = y = z = 0$ は等式 $x^n + y^n = z^n$ を満たす。

○ $n = 1$ のとき，等式は　$x + y = z$
この等式を満たす自然数 x, y, z が存在す
ることは明らかである。

○ $n = 2$ のとき，等式は　$x^2 + y^2 = z^2$
$x = 3$, $y = 4$, $z = 5$ のように，この等式を満
たす自然数 x, y, z が存在することもわか
る。

○ ところが，n が 3 以上の自然数になると，こ
の等式を満たす自然数 x, y, z は存在しな
くなる。

○ $n = 2$ のときの等式 $x^2 + y^2 = z^2$ は，三平方の
定理と同じであり，3 辺の長さがすべて自然
数となる直角三角形については，いくつかの
ものを学んだ。たとえば，3 辺の長さが 5,
12, 13 である三角形は直角三角形であり，
$x = 5$, $y = 12$, $z = 13$ は，等式 $x^2 + y^2 = z^2$ を

コ ラ ム

フェルマーの最終定理と三平方の定理

17 世紀のフランスの数学者フェルマーは，古代ギリシャの数学者ディオフ
ァントスが記した「算術」という本を研究していました。フェルマーは本
を読んで気がついたことを余白に書き込んでいました。書き込みのうちの
1 つが，次の定理です。

3 以上の自然数 n について
$$x^n + y^n = z^n$$
を満たす自然数 x, y, z は存在しない

フェルマーは同時に
「私はこの定理の驚くべき証明を見つけたが，
　この余白はそれを書くには狭すぎる」
と書き残していました。

フェルマーはこの他にも数多くの書き込みを残し，それらは正しいかどう
かの決着がつけられていましたが，この定理だけは，だれも証明すること
も正しくない例を挙げることもできませんでした。
そのため，この定理は **フェルマーの最終定理** と呼ばれるようになりまし
た。

数多くの数学者がフェルマーの最終定理の証明に挑みましたが，350 年も
の間解決されず，1994 年になり，イギリスの数学者ワイルズによって証明
されました。その証明には，日本人数学者の研究成果も利用されています。

フェルマーの最終定理は 3 以上の自然数 n についてでしたが，n が 2 のと
きはどうなるのでしょうか。

フェルマーの最終定理の n を 2 とすると
$$x^2 + y^2 = z^2$$
となり，三平方の定理（ピタゴラスの定理）の等式と同じ形になります。

満たす。

○ 等式 $x^2 + y^2 = z^2$ を満たす自然数 x, y, z の
組には，これら以外にも，たとえば次のよう
なものがある。

$x = 7$, $y = 24$, $z = 25$

→　113 ページ練習 3 (6)

$x = 20$, $y = 21$, $z = 29$

→　116 ページ練習 6 ②

○ また，次のような自然数 x, y, z の組も，
等式 $x^2 + y^2 = z^2$ を満たす。

$x = 8$, $y = 15$, $z = 17$

→　$8^2 + 15^2 = 64 + 225 = 289$
$17^2 = 289$

$x = 9$, $y = 40$, $z = 41$

→　$9^2 + 40^2 = 81 + 1600 = 1681$
$41^2 = 1681$

$x = 12$, $y = 35$, $z = 37$

→　$12^2 + 35^2 = 144 + 1225 = 1369$
$37^2 = 1369$

学習のめあて

ピタゴラス数の意味を理解するとともに,
その性質について知ること。

学習のポイント

ピタゴラス数

$a^2+b^2=c^2$ を満たす自然数の組 (a, b, c)
をピタゴラス数という。
ピタゴラス数の正の整数倍も,ピタゴラス
数である。

■テキストの解説■

□ピタゴラス数

○本書前ページで述べた自然数の組

$(3, 4, 5)$,$(5, 12, 13)$,$(7, 24, 25)$,

$(20, 21, 29)$,$(8, 15, 17)$,

$(9, 40, 41)$,$(12, 35, 37)$

は,どれもピタゴラス数である。

○ m, n を自然数とするとき,

$$(m^2-n^2)^2+(2mn)^2$$
$$=m^4-2m^2n^2+n^4+4m^2n^2$$
$$=m^4+2m^2n^2+n^4$$
$$=(m^2+n^2)^2$$

であるから,

$$a=m^2-n^2,\ b=2mn,\ c=m^2+n^2$$

は,等式 $a^2+b^2=c^2$ を満たす。

○互いに素であるピタゴラス数は,自然数 m,
n を用いて,テキストに示した形に表される。
また,互いに素であるピタゴラス数には,テ
キストに示した性質①,②,③がある。

○これらの証明は簡単ではないが,性質②は次
のようにして証明することができる。

○自然数を 3 でわった余りで分類すると

$$3n,\ 3n+1,\ 3n+2\ (n は自然数)$$

のいずれかの形になる。このとき

$$(3n)^2=9n^2=3(3n^2)$$

よって,3 の倍数の 2 乗は 3 の倍数である。

三平方の定理 $a^2+b^2=c^2$ を満たす自然数の組 (a, b, c) を **ピタゴラス数**
といいます。
ピタゴラス数は無数に存在し,有名なものとしては,

$$(3, 4, 5),\ (5, 12, 13),\ (8, 15, 17)\ \cdots\cdots\ (*)$$

などが挙げられます。

$$(6, 8, 10),\ (10, 24, 26),\ (16, 30, 34)$$

など,ピタゴラス数の正の整数倍もピタゴラス数です。

$(*)$ のように公約数が 1 のみであるものを,互いに素であるピタゴラス数
といいます。
互いに素であるピタゴラス数 (a, b, c) は,自然数 m, n を用いて,以下の
式で表されます。

自然数 m, n が

$m>n$, m と n の公約数が 1 のみ, $m-n$ は奇数

を満たすとき

$$(a, b, c)=(m^2-n^2,\ 2mn,\ m^2+n^2)$$
$$または\ (2mn,\ m^2-n^2,\ m^2+n^2)$$

また,互いに素であるピタゴラス数 (a, b, c) について,次のような性質が
成り立ちます。

① a, b のうち少なくとも一方は 4 の倍数
② a, b のうち少なくとも一方は 3 の倍数
③ a, b, c のうち少なくとも 1 つは 5 の倍数

互いに素であるピタゴラス数を求めてみましょう。
また,それらが上の①,②,③の性質を満たして
いるか調べてみましょう。

先生

また　　$(3n+1)^2=9n^2+6n+1$
$$=3(3n^2+2n)+1$$
$$(3n+2)^2=9n^2+12n+4$$
$$=3(3n^2+4n+1)+1$$

よって,3 の倍数でない数の 2 乗を 3 でわる
と,その余りは必ず 1 になる。

○互いに素であるピタゴラス数 (a, b, c) に
ついて,a も b も 3 の倍数でないと仮定する。
このとき,a^2+b^2 を 3 でわった余りは 2 で
ある。このことは,c^2 を 3 でわった余りが
0 または 1 であることに矛盾する。

このような不合理は,「a も b も 3 の倍数で
ない」と仮定したことにある。

したがって,a または b は 3 の倍数である。

○この証明は,背理法とよばれる証明法によっ
ている。

証明は少しむずかしいけれど
理解できたでしょうか。

補足　作図

学習のめあて

平行線と線分の比の性質を利用して，線分を指定された比に内分する点や，外分する点の作図ができるようになること。

学習のポイント

内分点，外分点の作図

△ABC の辺 AB，AC またはその延長上に，それぞれ点 D，E をとるとき

DE∥BC ならば　　AD：DB＝AE：EC

■■ テキストの解説 ■■

□例1

○線分 AB を 3：2 に内分する点の作図。

○まず，与えられた線分 AB をかく。

① A を通り，直線 AB と異なる直線 ℓ を引く。

② ℓ上に，AC：CD＝3：2 となる点 C，D をとる。

③ CE∥DB となるように，直線 AB 上に点 E をとる。

このとき，点 E が求める点となる。

□練習1

○例1と同じように考える。

■■ テキストの解答 ■■

練習1　(1) ① A を通り，直線 AB と異なる直線 ℓ を引く。

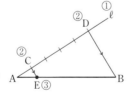

② ℓ上に，AC：CD＝1：4 となるような点 C，D をとる。

ただし，C は線分 AD 上にとる。

（右ページ）

「体系数学2 幾何編」で学んだことを利用する作図について考えよう。

■ 内分点，外分点の作図

線分を指定された比に内分する点や，外分する点の作図を考えよう。

例1 線分 AB を 3：2 に内分する点の作図

① A を通り，直線 AB と異なる直線 ℓ を引く。

② ℓ上に，AC：CD＝3：2 となるような点 C，D をとる。

ただし，C は線分 AD 上にとる。

③ C を通り，BD に平行な直線を引き，線分 AB との交点を E とする。

このとき，点 E は線分 AB を 3：2 に内分する点である。

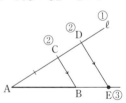

例1において，EC∥BD であるから

AE：EB＝AC：CD＝3：2

である。

練習1 線分 AB が与えられたとき，次の点を作図しなさい。

(1) 線分 AB を 1：4 に内分する点
(2) 線分 AB を 3：1 に外分する点

142　補足

---

③ C を通り，BD に平行な直線を引き，線分 AB との交点を E とする。

このとき，点 E は線分 AB を 1：4 に内分する点である。

［考察］　EC∥BD であるから

AE：EB＝AC：CD＝1：4

(2) ① A を通り，直線 AB と異なる直線 ℓ を引く。

② ℓ上に，AC：CD＝2：1 となるような点 C，D をとる。

ただし，C は線分 AD 上にとる。

③ D を通り，BC に平行な直線を引き，直線 AB との交点を E とする。

このとき，点 E は線分 AB を 3：1 に外分する点である。

［考察］　BC∥ED であるから

AE：EB＝AD：DC＝3：1

学習のめあて

平行線と線分の比の性質を利用して，指定された長さの線分の作図ができるようになること。

学習のポイント

長さ $\dfrac{b}{a}$ の線分の作図

△ABC の辺 AB，AC 上に，それぞれ点 D，E をとるとき，

DE∥BC ならば　　AD：DB＝AE：EC

■■■ テキストの解説 ■■■

□例2

○長さ 1 の線分 AB と，長さ a，b の線分を利用して，長さ $\dfrac{b}{a}$ の線分を作図する。

○まず，長さ 1 の線分 AB をかく。

① A を通り，直線 AB と異なる直線 ℓ を引く。

② ℓ 上に，AC＝a，CD＝b となる点 C，D をとる。

③ BC∥DE となるように，直線 AB 上に点 E をとる。

このとき，線分 BE が求める線分となる。

□練習2

○例2と同じように考え，線分 AB の延長上に BC＝a，ℓ 上に AD＝b となる点 C，D をとり，平行線と線分の比の性質を利用する。

□長さが与えられた線分の作図

○例2，練習2では，長さ 1 に対する長さ $\dfrac{b}{a}$，ab の線分を作図しているから，作図によって，2つの正の数 a，b について，商 $\dfrac{b}{a}$，積 ab の計算を行っていると考えられる。

■ いろいろな長さの線分の作図

指定された長さの線分について考えよう。

例2 長さ $\dfrac{b}{a}$ の線分の作図

長さ 1 の線分 AB と，長さ a，b の 2 つの線分が与えられたとき，長さ $\dfrac{b}{a}$ の線分を作図する。

① A を通り，直線 AB と異なる直線 ℓ を引く。

② ℓ 上に，AC＝a，CD＝b となるような点 C，D をとる。
ただし，C は線分 AD 上にとる。

③ D を通り，BC に平行な直線を引き，直線 AB との交点を E とする。

このとき，線分 BE が求める線分である。

例2において，BE＝x とすると，BC∥ED であるから

$$1 : x = a : b$$
$$x = \frac{b}{a}$$

したがって，線分 BE は長さ $\dfrac{b}{a}$ の線分である。

練習2 長さ 1 の線分 AB と，長さ a，b の 2 つの線分が与えられたとき，長さ ab の線分を作図しなさい。

例2，練習2では，作図によって，2つの正の数 a，b について，商 $\dfrac{b}{a}$，積 ab の計算を行っていると考えられる。

■■■ テキストの解答 ■■■

練習2 ① A を通り，直線 AB と異なる直線 ℓ を引く。

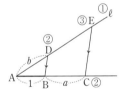

② 線分 AB の B を越える延長線上に，BC＝a となるような点 C をとり，ℓ 上に，AD＝b となるような点 D をとる。

③ C を通り，BD に平行な直線を引き，ℓ との交点を E とする。

このとき，線分 DE が求める線分である。

[考察] DE＝x とすると，BD∥CE であるから

$$1 : a = b : x$$
$$x = ab$$

別解 ②において，

BC＝b，AD＝a としてもよい。

学習のめあて

方べきの定理を利用して，長さ $\sqrt{a}$ の線分の作図ができるようになること。

学習のポイント

長さ $\sqrt{a}$ の線分の作図

円の 2 つの弦 AB，CD の交点を P とすると，PA×PB＝PC×PD が成り立つ。

■■ テキストの解説 ■■

□ 例題 1，練習 3

○長さ $\sqrt{a}$ の線分の作図。

○方べきの定理において，PA＝AB＝1，PB＝BC＝a，PC＝PD＝x とすると

$$x^2=a \text{ から } x=\sqrt{a}$$

○①，② 線分 AC を直径とする円をかく。

③ OA⊥DE より，弦 DE は半径に垂直であるから BD＝BE

○練習 3 例題 1 において，$a=3$ の場合。

□ 練習 4

○例題 1 において，AB＝a，BC＝b，BD＝BE＝x とすると

$$x^2=ab \text{ から } x=\sqrt{ab}$$

■■ テキストの解答 ■■

練習 3 ① 線分 AB の B を越える延長線上に，BC＝3 となる点 C をとる。

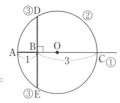

② 線分 AC を直径とする円 O をかく。

③ B を通り，直線 AB に垂直な直線を引き，円 O との交点を D，E とする。

このとき，線分 BD が求める線分である。

［考察］ 方べきの定理により

$$BA×BC=BD×BE$$

例題 1 長さ $\sqrt{a}$ の線分の作図

長さ 1 の線分 AB と，長さ a の線分が与えられたとき，長さ $\sqrt{a}$ の線分を作図しなさい。

解答 ① 線分 AB の B を越える延長線上に，BC＝a となる点 C をとる。

② 線分 AC を直径とする円 O をかく。

③ B を通り，直線 AB に垂直な直線を引き，円 O との交点を D，E とする。

このとき，線分 BD が求める線分である。 **終**

考察 方べきの定理により

$$BA×BC=BD×BE$$

AB＝1，BC＝a，BD＝BE であるから BD^2＝a

したがって，線分 BD は長さ $\sqrt{a}$ の線分である。

注意 ②の円の中心Oは，線分 AC の中点である。

よって，線分 AC の垂直二等分線と線分 AC との交点をOとし，Oを中心として，半径 OA の円をかけばよい。

練習 3 長さ 1 の線分 AB が与えられたとき，長さ $\sqrt{3}$ の線分を作図しなさい。

練習 4 長さ a，b の 2 つの線分が与えられたとき，長さ $\sqrt{ab}$ の線分を作図しなさい。

AB＝1，BC＝3，BD＝BE であるから

$$BD^2=3$$

したがって，線分 BD は長さ $\sqrt{3}$ の線分である。

練習 4 ① 長さ a の線分を AB とし，線分 AB の B を越える延長線上に，BC＝b となる点 C をとる。

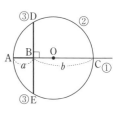

② 線分 AC を直径とする円 O をかく。

③ B を通り，直線 AB に垂直な直線を引き，円 O との交点を D，E とする。

このとき，線分 BD が求める線分である。

［考察］ 方べきの定理により

$$BA×BC=BD×BE$$

AB＝a，BC＝b，BD＝BE であるから

$$BD^2=ab$$

したがって，線分 BD は長さ $\sqrt{ab}$ の線分である。

144

学習のめあて

「体系数学1幾何編」の 25 ページで示した正五角形の作図法で，正五角形が作図できることが説明できるようになること。

学習のポイント

正五角形の作図の説明

正五角形の 1 辺の長さと対角線の長さの比は $1:\dfrac{1+\sqrt{5}}{2}$ である。

▌▌テキストの解説▌▌

□ 正五角形の辺の長さと対角線の長さの比

○テキストで示したように，

△DAB∽△BFA であることから，正五角形の 1 辺の長さと対角線の長さの比は

$1:\dfrac{1+\sqrt{5}}{2}$ となることが導かれる。

□ 正五角形が作図できることの説明

○（※）の作図法によって，五角形の対角線の長さが $\dfrac{1+\sqrt{5}}{2}$ であり，各辺の長さが等しくなることを説明する。

○① 直線 ℓ は，線分 AB の垂直二等分線であるから，点 M は線分 AB の中点であり，

$$AM=BM=\dfrac{1}{2}$$

② PM は半径 AB に等しいから

$$PM=AB=1$$

③ PQ＝AM であるから $PQ=\dfrac{1}{2}$

△PAM は ∠M＝90° の直角三角形であるから，三平方の定理により

$$AP^2=AM^2+PM^2=\left(\dfrac{1}{2}\right)^2+1^2=\dfrac{5}{4}$$

AP＞0 であるから $AP=\dfrac{\sqrt{5}}{2}$

よって $AQ=\dfrac{1+\sqrt{5}}{2}$

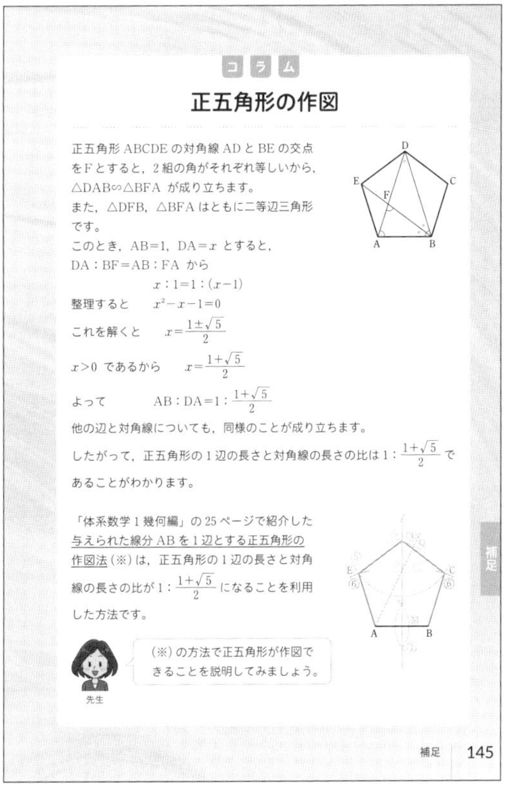

④ AD＝AQ であるから $AD=\dfrac{1+\sqrt{5}}{2}$

⑤，⑥ E と A，D をそれぞれ結び，C と B，D をそれぞれ結ぶと

$$BC=CD=DE=EA=AB=1$$

○各辺の長さが等しいから，五角形 ABCDE は，正五角形である。

○（※）の作図法は，正五角形の対角線の長さを利用する方法であり

$$AB:DA=1:\dfrac{1+\sqrt{5}}{2}$$

である。

○作図の③を，半直線 BP を引き，P を越える延長上に PQ＝AM となる点 Q をとる。④を，B を中心とする半径 AQ の円と直線 ℓ の交点を D とする。としても，同じように，正五角形 ABCDE を作図できる。

> $1:\dfrac{1+\sqrt{5}}{2}$ は黄金比といい，人が美しいと感じる比率として知られています。

（右上のコラム）

コラム

正五角形の作図

正五角形 ABCDE の対角線 AD と BE の交点を F とすると，2 組の角がそれぞれ等しいから，△DAB∽△BFA が成り立ちます。

また，△DFB，△BFA はともに二等辺三角形です。

このとき，AB＝1，DA＝x とすると，

DA：BF＝AB：FA から

$$x:1=1:(x-1)$$

整理すると $x^2-x-1=0$

これを解くと $x=\dfrac{1\pm\sqrt{5}}{2}$

$x>0$ であるから $x=\dfrac{1+\sqrt{5}}{2}$

よって $AB:DA=1:\dfrac{1+\sqrt{5}}{2}$

他の辺と対角線についても，同様のことが成り立ちます。

したがって，正五角形の 1 辺の長さと対角線の長さの比は $1:\dfrac{1+\sqrt{5}}{2}$ であることがわかります。

「体系数学1幾何編」の 25 ページで紹介した<u>与えられた線分 AB を 1 辺とする正五角形の作図法</u>（※）は，正五角形の 1 辺の長さと対角線の長さの比が $1:\dfrac{1+\sqrt{5}}{2}$ になることを利用した方法です。

> （※）の方法で正五角形が作図できることを説明してみましょう。
> 先生

補足 145

総合問題

■■テキストの解説■■

□問題1

○長方形のプリントを3等分に折る方法。

○手順5の図に着目すると，テキスト18ページで学んだ，三角形と線分の比(1)の定理[2]が利用できる。

○ED∥BC より，△FDE∽△FBC であるから
   FD：FB＝DE：BC
  E は AD の中点であり，AD＝BC であるから
   FD：FB＝1：2
がそれぞれ成り立つ。

○手順5の図に手順6の線分 GH を加えると，△DBC において，FH∥BC であるから，
   DH：HC＝DF：FB＝1：2
が成り立つ。

○手順6，7により，長方形のプリントを3等分できることがわかる。

■■テキストの解答■■

問題1 手順5の図において，ED∥BC より

$$FD：FB$$
$$＝DE：BC$$
$$＝1：2$$

FH∥BC より

$$DH：HC$$
$$＝DF：FB$$
$$＝1：2$$

手順7の図において，

$$HD＝DC$$

である。

よって，加奈さんが麻衣さんに教えた方法で，長方形のプリントを3等分することができる。

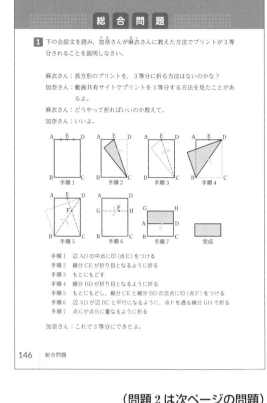

① 下の会話文を読み，加奈さんが麻衣さんに教えた方法でプリントが3等分されることを説明しなさい。

麻衣さん：長方形のプリントを，3等分に折る方法はないのかな？

加奈さん：動画共有サイトでプリントを3等分する方法を見たことがあるよ。

麻衣さん：どうやって折ればいいのか教えて。

加奈さん：いいよ。

手順1　辺 AD の中点に印（点E）をつける
手順2　線分 CE が折り目となるように折る
手順3　もとにもどす
手順4　線分 BD が折り目となるように折る
手順5　もとにもどし，線分 CE と線分 BD の交点に印（点F）をつける
手順6　辺 BC と平行になるように，点 F を通る線分 GH を折る
手順7　点 G が点 B に重なるように折る

加奈さん：これで3等分にできたよ。

146 　総合問題

（問題2は次ページの問題）

問題2 (1) 建物の上端を S，マンションの上端を T，A 地点にお父さんが立った

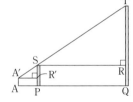

ときの視点の位置を A′ とおくと，A′，S，T は同じ直線上にある。

また，S を通り PQ に平行な直線と TQ との交点を R，A′ を通り PQ に平行な直線と SP との交点を R′ とおく。

△STR と △A′SR′ において

TQ∥SP より，同位角は等しいから

$$∠STR＝∠A′SR′$$
$$∠TRS＝∠SR′A′＝90°$$

2組の角がそれぞれ等しいから

$$△STR∽△A′SR′$$

ここで，SR＝36 m，TR＝20－5＝15 (m)，

（続きは次ページ）

▐▌ テキストの解説 ▐▌

□問題2

○(1)は建物とA地点の距離, (2)はマンション
の上端からその下の見える長さを求める。

○いずれも, 相似な図形の性質を利用して求め
ることができる。

○(1) 前ページの解答の図のように, S, T,
R, A′, R′とおくと, A′, S, Tは同じ直線
上にあり, △STR∽△A′SR′となる。

○相似な三角形では, 対応する辺の比がそれぞ
れ等しいから

$$SR : A'R' = TR : SR'$$

A′R′=APと SR, TR, SR′の距離から,
APの距離を求める。

○(2) 次の解答の図のように, (1)の図に加えて
B′, A″, R″, Uをとると △STR∽△B′SR″
辺の比から, A″R′の距離を求める。

○同様に, △SUR∽△A″SR′から, URの長
さを求める。

▐▌ テキストの解答 ▐▌

問題2 (続き)

SR′=5−1.8=3.2 (m), A′R′=APである
から, SR : A′R′=TR : SR′ より

$$36 : AP = 15 : 3.2$$
$$AP = 7.68 (m)$$

したがって, 建物の端PからA地点まで

7.7 m

(2)

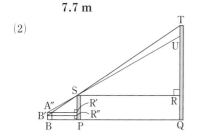

---

2 ゆみさんは, お父さんと弟と3人で散歩に出かけたとき, 後ろをふり返
ってみると, ゆみさんの自宅のマンションが, ある建物の陰になって見
えなくなることに気がついた。

このことをお父さんと弟に尋ねると, お父さんはA地点で, 弟はB地点
で初めて見えなくなることがわかった。

そこで, 家に帰って簡単に図示したところ, 下の図のようになった。

なお, 距離や建物の高さは, 地図などで調べてわかったものである。

また, お父さんと弟の目の高さは, それぞれ180 cm, 120 cmである。

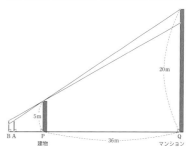

このとき, 次の問いに答えなさい。ただし, 答えは小数第2位を四捨五
入して, 小数第1位までの数で答えること。

(1) 建物の端PからA地点まで何mあるか求めなさい。

(2) お父さんがB地点に立ったとき, マンションの上端から何m下ま
で見えているか求めなさい。

B地点に弟が立ったときの視点の位置を
B′, お父さんが立ったときの視点の位置
をA″とおくと, B′, S, Tは同じ直線上
にあり, 直線A″SとTQの交点Uが, お
父さんが見えるマンションの下端である。
B′を通りPQに平行な直線とSPとの交
点をR″とおく。

(1)と同様に考えると △STR∽△B′SR″

SR″=5−1.2=3.8 (m), B′R″=A″R′であ
るから, SR : B′R″=TR : SR″ より

$$36 : A''R' = 15 : 3.8$$
$$A''R' = 9.12 (m)$$

また, △SUR∽△A″SR′ より,

UR : SR′=SR : A″R′ であるから

$$UR : 3.2 = 36 : 9.12$$
$$UR = 12.63\cdots (m)$$

よって TU=15−12.63=2.37 (m)

したがって, マンションの上端から

2.4 m 下まで見えている。

■■テキストの解説■■

□問題3

○四角錐を平面で切断した体積の問題。線分の
　比が与えられているから，比の関係を考える。

○(1)　△OAB と直線 PT に，メネラウスの定
　理を用いる。

○(2)　OS：SH＝2：1 である。

　直線 PC と OH の交点を S′ とし，メネラウ
　スの定理を利用して，OS′：S′H を求め，S
　と S′ が一致することから，P，S(S′)，C が
　一直線上にあることを示す。

○(3)　［よしのりさんの考え方］

　高さが等しい三角形の面積比はその底辺の長
　さの比に等しい。

　また，高さが等しい三角錐の体積比はその底
　面の面積比に等しいことを利用している。

○　［みずきさんの考え方］

　底面積が等しい三角錐の体積比はその高さの
　比に等しいことを利用し，大きな立体の体積
　を求め，余分な立体の体積を除いている。

■■テキストの解答■■

問題3　(1)　△OAB
　と直線 PT に，
　メネラウスの定
　理を用いると

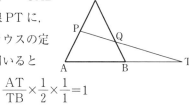

$$\frac{AT}{TB}\times\frac{1}{2}\times\frac{1}{1}=1$$

$$\frac{AT}{TB}=2$$

　よって　　AT：TB＝2：1
　したがって　AB：BT＝**1：1**

(2)

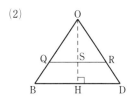 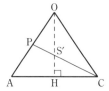

148　総合問題

3 正方形 ABCD を底面とし，側面が合同な
二等辺三角形である四角錐 OABCD にお
いて，O から底面 ABCD に下ろした垂線
を OH とすると，H は正方形 ABCD の
対角線の交点になる。

また，OA の中点を P とし，OB，OD を
2：1 に内分する点をそれぞれ Q，R とす
る。さらに，線分 QR と OH の交点を S，
直線 PQ と直線 AB の交点を T とする。
このとき，次の問いに答えなさい。

(1) AB：BT を求めなさい。

(2) 直線 PS は点 C を通ることを証明しなさい。

(3) よしのりさんとみずきさんは，次の問題について考えている。

（問題）四角錐 OABCD は平面 PQR により 2 つの部分に分けら
れる。四角錐 OABCD の体積を V とするとき，立体 OPQCR の
体積を，V を用いて表しなさい。

次のページのよしのりさんとみずきさんのそれぞれの考え方について，
①～⑨ に当てはまる値を答えなさい。

△OBD において，

OQ：QB＝OR：RD＝2：1 より，

QR∥BD であるから

　　　OS：SH＝2：1

直線 PC と OH の交点を S′ とおく。

△OAH と直線 PC に，メネラウスの定理
を用いると

$$\frac{2}{1}\times\frac{HS'}{S'O}\times\frac{1}{1}=1$$

$$\frac{HS'}{S'O}=\frac{1}{2}$$

よって　　HS′：S′O＝1：2

すなわち　　OS′：S′H＝2：1

OS：SH＝OS′：S′H が成り立つから，S
と S′ は一致する。

したがって，3 点 P，S(S′)，C は一直線
上にあるから，直線 PS は点 C を通る。

(3)　［よしのりさんの考え方］

　　OP：PA＝1：1 であるから

$$\triangle OPB = \overset{①}{\frac{1}{2}}\times\triangle OAB$$

■■テキストの解答■■

問題3（続き） OQ：QB＝2：1であるから

$$\triangle OPQ = \overset{②}{\frac{2}{3}} \times \triangle OPB$$

$$= \frac{2}{3} \times \frac{1}{2} \times \triangle OAB$$

$$= \overset{③}{\frac{1}{3}} \times \triangle OAB$$

よって （三角錐 OPQC の体積）

$$= \frac{1}{3} \times （三角錐 OABC の体積）$$

$$= \frac{1}{3} \times \frac{1}{2} V = \overset{④}{\frac{1}{6}} V$$

したがって，立体 OPQCR の体積は

$$2 \times （三角錐 OPQC の体積）$$

$$= 2 \times \frac{1}{6} V = \overset{⑤}{\frac{1}{3}} V$$

［みずきさんの考え方］

　三角錐 OATC に注目する。
(1)より AB＝BT であるから，
△ABC の面積と
△TBC の面積は等しい。

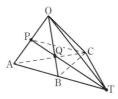

よって，三角錐 OBTC の体積は $\overset{⑥}{\frac{1}{2}} V$ である。

また，三角錐 OATC の体積は

$$\frac{1}{2} V \times 2 = V$$

である。

三角錐 PATC の高さは三角錐 OATC の

高さの $\frac{1}{2}$ 倍であるから，三角錐 PATC

の体積は

$$\frac{1}{2} \times （三角錐 OATC の体積）= \frac{1}{2} V$$

同様に，三角錐 QBTC の高さは三角錐

［よしのりさんの考え方］
OP：PA＝1：1であるから
$$\triangle OPB = \boxed{①} \times \triangle OAB$$
OQ：QB＝2：1であるから
$$\triangle OPQ = \boxed{②} \times \triangle OPB$$
$$= \boxed{②} \times \boxed{①} \times \triangle OAB$$
$$= \boxed{③} \times \triangle OAB$$
よって （三角錐 OPQC の体積）
$$= \boxed{③} \times （三角錐 OABC の体積）$$
$$= \boxed{④} V$$
したがって，立体 OPQCR の体積は $\boxed{⑤} V$ である。

［みずきさんの考え方］
　三角錐 OATC に注目する。
(1)の結果から，三角錐 OBTC の体積は $\boxed{⑥} V$ である。
　立体 PQABC は三角錐 PATC から三角錐 QBTC を除いた部分であるから，立体 PQABC の体積は $\boxed{⑦} V$ である。
　よって，三角錐 OPQC の体積は $\boxed{⑧} V$ である。
したがって，立体 OPQCR の体積は $\boxed{⑨} V$ である。

OBTC の高さの $\frac{1}{3}$ 倍であるから，三角錐

QBTC の体積は

$$\frac{1}{3} \times （三角錐OBTCの体積）$$

$$= \frac{1}{3} \times \frac{1}{2} V = \frac{1}{6} V$$

よって，立体 PQABC の体積は

（三角錐 PATC の体積）

$$-（三角錐 QBTC の体積）$$

$$= \frac{1}{2} V - \frac{1}{6} V = \overset{⑦}{\frac{1}{3}} V$$

ゆえに，三角錐 OPQC の体積は

$$\frac{1}{2} V - \frac{1}{3} V = \overset{⑧}{\frac{1}{6}} V$$

したがって，立体 OPQCR の体積は

$$2 \times （三角錐OPQCの体積）$$

$$= 2 \times \frac{1}{6} V = \overset{⑨}{\frac{1}{3}} V$$

▐▌テキストの解説▐▌

□問題4

○(1) 円に内接する四角形の性質を利用。

(2) △O″AB は直角二等辺三角形となる。

(3) O″ は正三角形 BCD の重心。(1)の結果を利用し，辺の比を考える。

▐▌テキストの解答▐▌

問題4 (1) △PAC と △PDB において，四角形 ABDC は円 O″ に内接しているから

$$\angle PAC = \angle PDB = 60° \quad \cdots\cdots ①$$

共通な角であるから

$$\angle APC = \angle DPB \quad \cdots\cdots ②$$

①，②より，2組の角がそれぞれ等しいから △PAC∽△PDB

(2) $\overparen{AB} : \overparen{AC} = 3 : 1$
であるから

$$\angle ADB = 60° \times \frac{3}{4}$$
$$= 45°$$

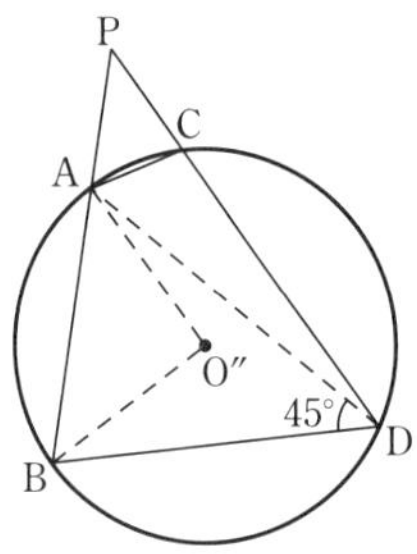

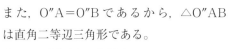

円周角の定理により

$$\angle AO″B = 2 \times 45°$$
$$= 90°$$

また，O″A＝O″B であるから，△O″AB は直角二等辺三角形である。

よって，円 O″ の半径は

$$O″A = AB \times \frac{1}{\sqrt{2}} = 2\sqrt{2}$$

(3) 四角形 ABDC は円 O″ に内接しているから

$$\angle PCA = \angle ABD$$
$$= 75°$$

また

$$\angle ADC = 60° - 45°$$
$$= 15°$$

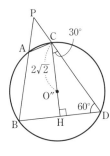

下の図のように2円 O, O′ が2点で交わるように位置している。2円の外部に点 P をとり，P を通る直線と円 O との交点を A, B，円 O′ との交点を C, D とすると，PA＝2，AB＝4，∠PAC＝60°，∠PCA＝75° である。

また，4点 A, B, C, D を通る円 O″ が存在し，円 O″ において，$\overparen{AB} : \overparen{AC} = 3 : 1$ である。

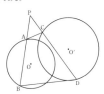

このとき，次の問いに答えなさい。

(1) △PAC∽△PDB であることを証明しなさい。

(2) 円 O″ の半径を求めなさい。

(3) AC の長さを求めなさい。

であるから，円周角の定理により

$$\angle ABC = 15°$$

よって $\angle CBD = 75° - 15° = 60°$

したがって，△BCD は正三角形である。

点 O″ は △BCD の外心であるから，点 O″ は △BCD の重心になる。

点 C から辺 BD に引いた垂線の足を H とすると $CH = \frac{3}{2}CO″ = \frac{3}{2} \times 2\sqrt{2} = 3\sqrt{2}$

△CDH は，30°，60°，90° の角をもつ直角三角形であるから

$$CD = CH \times \frac{2}{\sqrt{3}} = 3\sqrt{2} \times \frac{2}{\sqrt{3}} = 2\sqrt{6}$$

(1)より，△PAC∽△PDB であるから

$$PA : PD = PC : PB$$
$$2 : (PC + 2\sqrt{6}) = PC : (2 + 4)$$

これを解くと $PC = -\sqrt{6} \pm 3\sqrt{2}$

PC＞0 であるから $PC = -\sqrt{6} + 3\sqrt{2}$

また $PA : PD = AC : DB$
$$2 : \{(-\sqrt{6} + 3\sqrt{2}) + 2\sqrt{6}\} = AC : 2\sqrt{6}$$

したがって $AC = 2\sqrt{3} - 2$

■■テキストの解説■■

□問題5

○(1) ① 座標平面上の2点間の距離。

② 三平方の定理を利用する。

③ 座標平面上の2点間の距離。

○(2) ①，③の連立方程式を解き，点Pの座標を求める。

○原点と点Pを通る直線 ℓ の式を求める。

○円の外部の点からその円に引いた接線は2本あることに注意する。

○1本は，テキストの図。もう1本は，直線 ℓ を y 軸に関して折り返した位置にある。

○点Pから，辺OAへ垂線PQを引くと

$$\triangle PAQ \propto \triangle OAP$$

AQ＝a とおき，辺の比から a の値を求めると，OQ，PQの長さが求められる。

これらから，点Pの座標を求めることもできる。

■■テキストの解答■■

問題5 (1) ① 2点 (0, 13)，(x, y) の距離を考えると $(x-0)^2+(y-13)^2=5^2$

すなわち $\boldsymbol{x^2+(y-13)^2=25}$

$(\sqrt{x^2+(y-13)^2}=5$ でもよい$)$

② △AOP において，三平方の定理により

$$OP^2+5^2=13^2$$
$$OP^2=144$$

OP＞0 であるから OP＝**12**

③ 2点 (0, 0)，(x, y) の距離を考えると

$$x^2+y^2=12^2$$

すなわち $\boldsymbol{x^2+y^2=144}$

$(\sqrt{x^2+y^2}=12$ でもよい$)$

(2) 次の連立方程式を解く。

$$\begin{cases} x^2+(y-13)^2=25 & \cdots\cdots ① \\ x^2+y^2=144 & \cdots\cdots ③ \end{cases}$$

①から $x^2+y^2-26y=-144$

---

5 みかさんと悠斗さんは，次の問題について話し合っている。

（問題）点 A(0, 13) を中心とする半径5の円がある。この円の周上の点Pを通る接線 ℓ が，原点を通っている。このとき，接線 ℓ の式を求めなさい。

下の会話文を読み，問いに答えなさい。

みかさん：円と関数が混ざっている。どうしたらいいのかな？

悠斗さん：まずは，接点Pの座標を (x, y) としよう。
点Aと接点Pとの距離は半径5に等しいから ① という式が成り立つね。

みかさん：△AOP は直角三角形だから OP＝ ② だよ。

悠斗さん：点Oと接点Pとの距離が ③ だから，③ という式も成り立つよ。

みかさん：そっか。① と ③ から接点Pの座標がわかるんだね。

(1) ① ～ ③ に当てはまる式や値を答えなさい。①，③ は x, y を使った式で，② は値で答えること。

(2) 接線 ℓ の式をすべて求めなさい。

総合問題 151

これに③を代入すると

$$144-26y=-144$$
$$y=\frac{144}{13}$$

$y=\dfrac{144}{13}$ を③に代入すると

$$x^2+\left(\frac{144}{13}\right)^2=144$$
$$x^2=\frac{3600}{169}$$

よって $x=\pm\dfrac{60}{13}$

原点と $\left(\dfrac{60}{13},\ \dfrac{144}{13}\right)$ を通る直線の式は，

$\dfrac{144}{13}\div\dfrac{60}{13}=\dfrac{12}{5}$ より $y=\dfrac{12}{5}x$

原点と $\left(-\dfrac{60}{13},\ \dfrac{144}{13}\right)$ を通る直線の式は，

$\dfrac{144}{13}\div\left(-\dfrac{60}{13}\right)=-\dfrac{12}{5}$ より $y=-\dfrac{12}{5}x$

したがって，求める接線 ℓ の式は

$$y=\frac{12}{5}x,\quad y=-\frac{12}{5}x$$

151

▌テキストの解説▌

□問題6

○(1) ① 半径が r の球の体積 V は

$$V=\frac{4}{3}\pi r^3$$

② 半径が r, 弧の長さが ℓ である扇形の面積 S は $\quad S=\frac{1}{2}\ell r$

円錐の母線の長さと底面の円周の長さを求めればよい。

③ アイスクリームはコーンの中に少しうずまることに注意する。

○(2) 断面図を考える。コーンからはみ出た部分の高さを考えればよい。

▌テキストの解答▌

問題6 (1) ① $y=\frac{4}{3}\pi x^3$

② 円錐の母線の長さを a cm とすると, 三平方の定理により
$$a^2=3^2+9^2=90$$
$a>0$ であるから $\quad a=3\sqrt{10}$

側面の扇形の弧の長さは, 底面の円周の長さに等しく $\quad 2\pi\times3=6\pi$ (cm)

よって, 求める側面積は
$$\frac{1}{2}\times6\pi\times3\sqrt{10}$$
$$=9\sqrt{10}\,\pi\ (\text{cm}^2)$$

③ アイスクリームはコーンの中に少しうずまるから, 実際の長さは 17 cm よりも **短** くなっている。

(2) 右の図のような断面を考えると
$$OA=4\ \text{cm} \qquad AH=3\ \text{cm}$$
△OAH に, 三平方の定理を用いると

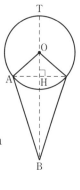

$$3^2+OH^2=4^2$$
$$OH^2=7$$
OH>0 であるから $\quad OH=\sqrt{7}$ cm

TO=4 cm, HB=9 cm であるから, M サイズの全体の長さは
$$4+\sqrt{7}+9=\boldsymbol{13+\sqrt{7}}\ (\textbf{cm})$$

▌実力を試す問題▌　解答は本書173ページ

1 半径1の球 O と, 頂点 A を共有する 2 つの正四面体 ABCD と APQR があり, 次の 2 つの条件①, ②を満たしている。

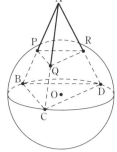

① 点 O, B, C, D は同じ平面上にある。

② 点 B, C, D, P, Q, R は球 O の球面上にある。

このとき, 次の線分の長さを求めなさい。

(1) 線分 AB 　(2) 線分 AP

（右側のテキスト本文）

6 恵さんと亮さんが, アイスクリーム店にやってきました。下の会話文を読み, 問いに答えなさい。

恵さん：この店のアイスクリームは完全な球形をしているんだ。

亮さん：そうだね。それに, いろいろなサイズがあるよ。
半径を x cm として, アイスクリームの体積を y cm³ とすると, y は x の関数になっているよ。

恵さん：y を x の式で表すと $\boxed{①}$ だね。

亮さん：その通りだね。ところで, どのサイズを買うの？

恵さん：M サイズのものを買うよ。

亮さん：M サイズのコーンは円錐の形で, 底面にあたる部分の直径は 6 cm, 高さは 9 cm だよ。

恵さん：このコーンの側面積は $\boxed{②}$ cm² だね。

亮さん：M サイズのアイスクリームの直径は 8 cm だよ。これをコーンにのせたとき, 全体の長さ, つまりコーンの先からアイスクリームのてっぺんまでは何 cm になるのかな？

恵さん：アイスクリームの直径は 8 cm, コーンの高さは 9 cm だから, 合わせて 17 cm じゃない？

亮さん：でも, 実際の長さは 17 cm よりも $\boxed{③}$ くなっているよ。

恵さん：そうか, これはちょっと複雑だね。図をかいて考えてみよう。

(1) $\boxed{①}$ ～ $\boxed{③}$ に当てはまる式や値, 語句を答えなさい。

(2) M サイズのアイスクリームの全体の長さを求めなさい。

確認問題，演習問題の解答

第1章　図形と相似

確認問題（テキスト 39 ページ）

問題1　△ADE と △FBD において
仮定より
$$\angle EAD = \angle DFB = 90° \quad \cdots\cdots ①$$
DE∥BC であり，同位角が等しいから
$$\angle ADE = \angle FBD \quad \cdots\cdots ②$$
①，②より，2組の角がそれぞれ等しいから
$$△ADE \backsim △FBD$$

問題2　(1)　DE∥BC より
$$AD : AB = AE : AC$$
$$2 : (2+1) = 4 : x$$
よって　　　$x = 6$
また　　　$AD : AB = DE : BC$
$$2 : (2+1) = y : 6$$
よって　　　$y = 4$

(2)　$\ell \parallel m \parallel n$ より
$$x : 15 = 8 : 12$$
よって　　　$x = 10$

(3)　$\ell \parallel m$ より
$$2 : 5 = x : (x+4)$$
$$2(x+4) = 5x$$
よって　　　$x = \dfrac{8}{3}$

$\ell \parallel n$ より
$$2 : y = \dfrac{8}{3} : \left(\dfrac{8}{3} + 4 + 2 \right)$$
$$= \dfrac{8}{3} : \dfrac{26}{3}$$
$$= 4 : 13$$
よって　　　$y = \dfrac{13}{2}$

問題3　(1)　△ABC において，AD は
∠BAC の二等分線であるから
$$BD : DC = AB : AC$$
$$= 8 : 5$$

(2)　(1)の結果から
$$BD : BC = 8 : (8+5)$$
$$BD : 7 = 8 : 13$$
よって　　　$BD = \dfrac{56}{13}$ cm

△ABD において，BE は ∠ABD の二等
分線であるから
$$AE : ED = BA : BD$$
$$= 8 : \dfrac{56}{13}$$
$$= \mathbf{13 : 7}$$

問題4　△AEC において，点 D，F は，それ
ぞれ辺 AE，AC の中点であるから，中点連
結定理により
$$DF \parallel EC \quad \cdots\cdots ①$$
$$DF = \dfrac{1}{2} EC$$
すなわち　　$EC = 2x$ cm　$\cdots\cdots ②$
また，△BFD において，①より EG∥DF で
あるから
$$EG : DF = BE : BD = 1 : 2$$
よって　　$EG = \dfrac{1}{2} DF = \dfrac{1}{2} x$ (cm)　$\cdots\cdots ③$
EC−EG＝3 (cm) であるから，この式に②，
③を代入して
$$2x - \dfrac{1}{2} x = 3$$
よって　　　$x = 2$

演習問題A（テキスト 40 ページ）

問題1　直線 EF と AC において，同位角
∠BEF と ∠BAC がともに 90° で等しいか
ら　　　EF∥AC
△ADC と △BEF において
$$\angle ADC = \angle BEF = 90° \quad \cdots\cdots ①$$
EF∥AC であり，同位角が等しいから
$$\angle ACD = \angle BFE \quad \cdots\cdots ②$$
①，②より，2組の角がそれぞれ等しいから

$$\triangle ADC \backsim \triangle BEF$$

よって　　AD : BE＝AC : BF

$$5 : 3 = AC : 4$$

したがって　　$AC = \dfrac{20}{3}$ cm

問題2　(1)　AB∥CD より

$$AE : ED = AB : CD$$
$$= 8 : 12$$
$$= 2 : 3$$

　AB∥EF より

$$BF : FD = AE : ED$$

よって　　BF : FD＝**2 : 3**

(2)　AB∥EF より

$$EF : AB = DF : DB$$
$$EF : 8 = 3 : (3+2)$$
$$= 3 : 5$$

よって　　$EF = \dfrac{24}{5}$ cm

問題3　△ABD において，中点連結定理により

$$EG \parallel AB \quad \cdots\cdots ①$$
$$EG = \frac{1}{2} AB \quad \cdots\cdots ②$$

△BCD において，中点連結定理により

$$GF \parallel DC \quad \cdots\cdots ③$$
$$GF = \frac{1}{2} DC \quad \cdots\cdots ④$$

(1)　①より　　$\angle EGD = 30°$

　③より，$\angle BGF = 80°$ であるから

$$\angle FGD = 180° - 80° = 100°$$

　よって　　$\angle EGF = 30° + 100° = \mathbf{130°}$

(2)　②，④と，仮定の AB＝CD より

$$EG = GF$$

よって，△EFG は，**EG＝GF の二等辺三角形**である。

問題4　$\triangle ADF \backsim \triangle ABC$ であり，相似比は

$$AF : AC = 6 : (6+8) = 3 : 7$$

よって，△ADF と △ABC の面積比は

$$\triangle ADF : \triangle ABC = 3^2 : 7^2 = 9 : 49$$

したがって

$$\triangle ADF : 98 = 9 : 49$$
$$\triangle ADF = 18 \ (cm^2)$$

また，$\triangle FEC \backsim \triangle ABC$ であり，相似比は

$$FC : AC = 8 : (6+8) = 4 : 7$$

よって，△FEC と △ABC の面積比は

$$\triangle FEC : \triangle ABC = 4^2 : 7^2 = 16 : 49$$

したがって

$$\triangle FEC : \triangle ABC = 16 : 49$$
$$\triangle FEC = 32 \ (cm^2)$$

よって

$$(四角形 BEFD の面積)$$
$$= \triangle ABC - \triangle ADF - \triangle FEC$$
$$= 98 - 18 - 32$$
$$= \mathbf{48 \ (cm^2)}$$

演習問題B（テキスト 41 ページ）

問題5　四角形 DBEF は正方形であるから

$$DF \parallel BC$$

　したがって　　DF : BC＝AD : AB

　正方形 DBEF の 1 辺の長さを x cm とすると　　$x : 8 = (6-x) : 6$

$$6x = 8(6-x)$$
$$x = \frac{24}{7}$$

よって，正方形 DBEF の 1 辺の長さは

$$\frac{24}{7} \ \mathbf{cm}$$

問題6　AB∥DR であるから

$$AP : PR = BP : PD$$

AD∥BQ であるから

$$PQ : AP = BP : PD$$

よって　　AP : PR＝PQ : AP

したがって　　$AP^2 = PQ \times PR$

問題7 辺HD, GQ, EP の延長の交点を O とすると, 三角錐 O-PQD と三角錐 O-EGH は相似である。CD＝GH より

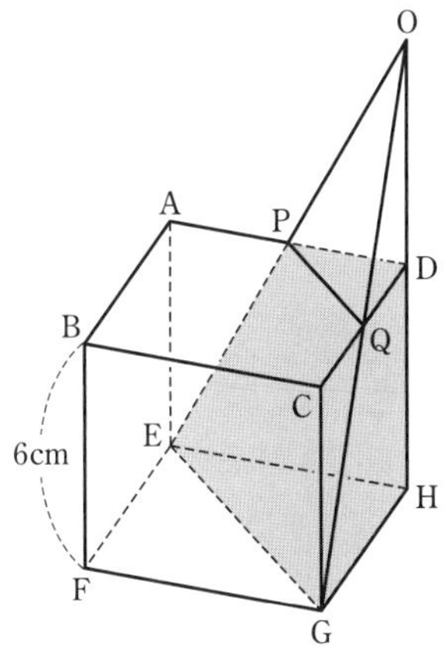

$$QD＝\frac{1}{2}GH$$

であるから,

相似比は   1：2

よって, 体積比は $1^3：2^3＝1：8$

したがって, 三角錐 O-EGH と立体 PQD-EGH の体積比は

$$8：(8-1)＝8：7$$

OD：OH＝1：2 であるから

OH＝12 cm

よって, 立体 PQD-EGH の体積は

$$\frac{1}{3}×\left(\frac{1}{2}×6×6\right)×12×\frac{7}{8}＝63 \,(cm^3)$$

立方体 ABCD-EFGH の体積は

$$6×6×6＝216 \,(cm^3)$$

したがって, 求める体積比は

$$216：63＝\mathbf{24：7}$$

第2章　線分の比と計量

確認問題（テキスト 61 ページ）

問題1 (1) AD，BE は △ABC の中線であるから，その交点 G は △ABC の重心である。

よって　　AG：GD＝**2：1**

(2) GE∥DF であるから

$$GE：DF＝AG：AD$$
$$＝2：(2+1)$$
$$＝\textbf{2：3}$$

問題2 (1) $△ABD：△ABC＝BD：BC$
$$＝3：(3+4)$$
$$＝\textbf{3：7}$$

(2) △ABP と △ABD について

$$△ABP：△ABD＝AP：AD$$
$$＝2：(2+3)$$
$$＝2：5$$

△ABC＝S とすると

$$△ABP＝\frac{2}{5}△ABD$$
$$＝\frac{2}{5}×\frac{3}{7}S$$
$$＝\frac{6}{35}S$$

よって　$△ABP：△ABC＝\frac{6}{35}S：S$
$$＝\textbf{6：35}$$

問題3 (1) 仮定から

$$\frac{CQ}{QA}＝\frac{4}{3}, \quad \frac{AR}{RB}＝\frac{2}{1}$$

△ABC にチェバの定理を用いると

$$\frac{BP}{PC}×\frac{4}{3}×\frac{2}{1}＝1$$
$$\frac{BP}{PC}＝\frac{3}{8}$$

よって　BP：PC＝**3：8**

(2) 仮定から

$$\frac{CQ}{QA}＝\frac{1}{1+4}＝\frac{1}{5}, \quad \frac{AR}{RB}＝\frac{5+2}{2}＝\frac{7}{2}$$

△ABC にチェバの定理を用いると

$$\frac{BP}{PC}×\frac{1}{5}×\frac{7}{2}＝1$$
$$\frac{BP}{PC}＝\frac{10}{7}$$

よって　BP：PC＝**10：7**

参考 (1)，(2)で求めた BP：PC の結果も利用して，メネラウスの定理を利用すると

[1]　AO：OP　　　[2]　BO：OQ

[3]　CO：OR

も求めることができる。

（略解）

(1) [1]　△ABP と直線 CR について

$$\frac{BC}{CP}×\frac{PO}{OA}×\frac{AR}{RB}＝1$$
$$\frac{11}{8}×\frac{PO}{OA}×\frac{2}{1}＝1$$
$$\frac{PO}{OA}＝\frac{4}{11}$$

よって　　PO：OA＝4：11

すなわち　**AO：OP＝11：4**

[2]　△BAQ と直線 CR について

$$\frac{AC}{CQ}×\frac{QO}{OB}×\frac{BR}{RA}＝1$$
$$\frac{7}{4}×\frac{QO}{OB}×\frac{1}{2}＝1$$
$$\frac{QO}{OB}＝\frac{8}{7}$$

よって　　QO：OB＝8：7

すなわち　**BO：OQ＝7：8**

[3]　△CAR と直線 BQ について

$$\frac{AB}{BR}×\frac{RO}{OC}×\frac{CQ}{QA}＝1$$
$$\frac{3}{1}×\frac{RO}{OC}×\frac{4}{3}＝1$$
$$\frac{RO}{OC}＝\frac{1}{4}$$

よって　　RO：OC＝1：4

すなわち　**CO：OR＝4：1**

(2) [1]　次の[2]の結果 BO：OQ＝8：7 を利用する。

△AOQ と直線 BC について

$$\frac{QB}{BO} \times \frac{OP}{PA} \times \frac{AC}{CQ} = 1$$

$$\frac{15}{8} \times \frac{OP}{PA} \times \frac{4}{1} = 1$$

$$\frac{OP}{PA} = \frac{2}{15}$$

よって　OP：PA＝2：15

すなわち　**AO：OP＝17：2**

[2]　△QAB と直線 RC について

$$\frac{AR}{RB} \times \frac{BO}{OQ} \times \frac{QC}{CA} = 1$$

$$\frac{7}{2} \times \frac{BO}{OQ} \times \frac{1}{4} = 1$$

$$\frac{BO}{OQ} = \frac{8}{7}$$

よって　**BO：OQ＝8：7**

[3]　△RAC と直線 QB について

$$\frac{AQ}{QC} \times \frac{CO}{OR} \times \frac{RB}{BA} = 1$$

$$\frac{5}{1} \times \frac{CO}{OR} \times \frac{2}{5} = 1$$

$$\frac{CO}{OR} = \frac{1}{2}$$

よって　**CO：OR＝1：2**

問題4　(1)　仮定から

$$\frac{CE}{EA} = \frac{1}{4}, \quad \frac{AD}{DB} = \frac{2}{1}$$

△ABC と直線 DF にメネラウスの定理を用いると

$$\frac{BF}{FC} \times \frac{1}{4} \times \frac{2}{1} = 1$$

$$\frac{BF}{FC} = 2$$

よって　BF：FC＝**2：1**

(2)　仮定から

$$\frac{EC}{CA} = \frac{1}{1+4} = \frac{1}{5}, \quad \frac{AB}{BD} = \frac{2+1}{1} = \frac{3}{1}$$

△ADE と直線 BF にメネラウスの定理を用いると

$$\frac{DF}{FE} \times \frac{1}{5} \times \frac{3}{1} = 1$$

$$\frac{DF}{FE} = \frac{5}{3}$$

よって　　DF：FE＝**5：3**

演習問題 A（テキスト 62 ページ）

問題1　DG∥BE であるから

$$AG : GE = AD : DB$$

$$= 1 : 1$$

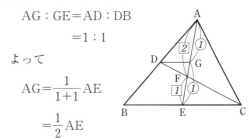

よって

$$AG = \frac{1}{1+1} AE$$

$$= \frac{1}{2} AE$$

また，AE，CD は △ABC の中線であるから，その交点 F は △ABC の重心である。

よって　　AF：FE＝2：1

したがって　　$AF = \frac{2}{2+1} AE = \frac{2}{3} AE$

よって

$$AG : GF = \frac{1}{2} AE : \left(\frac{2}{3} AE - \frac{1}{2} AE \right)$$

$$= \frac{1}{2} AE : \frac{1}{6} AE$$

$$= 3 : 1$$

問題2　△AEF の面積を S とする。

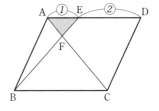

AE∥BC であるから

$$EF : BF$$

$$= AF : CF$$

$$= AE : BC = 1 : 3$$

よって　　△ABF＝3△AEF＝3S

$$△ABC = (1+3)△ABF$$

$$= 4 \times 3S$$

$$= 12S$$

▱ABCD の面積は

$$2△ABC = 2 \times 12S = 24S$$

したがって，▱ABCD の面積は △AEF の面積の　**24 倍**

別解　AE∥BC であるから

△AEF∽△CBF であり

$$EF : BF = AE : CB = 1 : 3$$

したがって

$$△AEF : △CBF = 1^2 : 3^2 = 1 : 9$$

また　△AEF : △ABF = 1 : 3

△ABC = △ABF + △CBF であるから

$$△AEF : △ABC = 1 : (3+9)$$
$$= 1 : 12$$

よって，△AEF と □ABCD の面積比は

$$1 : (12×2) = 1 : 24$$

したがって　**24 倍**

問題3　△ABC にチェバの定理を用いると

$$\frac{BD}{DC} × \frac{CE}{EA} × \frac{AF}{FB} = 1 \quad ……①$$

また，△ABC と直線 FP にメネラウスの定理を用いると

$$\frac{BP}{PC} × \frac{CE}{EA} × \frac{AF}{FB} = 1 \quad ……②$$

①，②から　　$\dfrac{BD}{DC} = \dfrac{BP}{PC}$

したがって　　BD : DC = BP : PC

問題4　(1)　仮定から

$$\frac{CQ}{QA} = \frac{3}{2}, \quad \frac{AR}{RB} = \frac{5}{3}$$

△ABC にチェバの定理を用いると

$$\frac{BP}{PC} × \frac{3}{2} × \frac{5}{3} = 1$$

$$\frac{BP}{PC} = \frac{2}{5}$$

よって　BP : PC = **2 : 5**

(2)　(1)から

$$\frac{BC}{CP} = \frac{2+5}{5} = \frac{7}{5}, \quad \frac{AR}{RB} = \frac{5}{3}$$

△ABP と直線 CR にメネラウスの定理を用いると

$$\frac{7}{5} × \frac{PO}{OA} × \frac{5}{3} = 1$$

$$\frac{PO}{OA} = \frac{3}{7}$$

よって　　PO : OA = 3 : 7

したがって

$$△ABC : △OBC = AP : OP$$
$$= (7+3) : 3$$
$$= \textbf{10 : 3}$$

演習問題B（テキスト 63 ページ）

問題5　(1)　△BAC において，中点連結定理により　　DE ∥ AC

△CAB において，中点連結定理により

$$EF ∥ BA$$

よって，四角形 ADEF は，2 組の対辺がそれぞれ平行であるから，平行四辺形である。

平行四辺形の対角線は，それぞれの中点で交わるから，DP = PF となる。

(2)　BF と DE の交点を Q，CD と EF の交点を R とする。

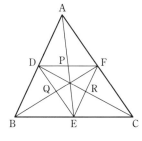

(1)より，AE は線分 DF の中点 P を通るから，

線分 EP は △DEF の中線である。

同様に，線分 FQ，DR も △DEF の中線である。

よって，△ABC の重心と △DEF の重心は，ともに 3 直線 AE，BF，CD の交点であるから，2 点は一致する。

参考　△ABC の重心を G，△DEF の重心を G′ とすると，2 点 G，G′ が一致することを証明してもよい。

そのため，G′ が中線 AE を 2 : 1 に内分することを示す。

(証明)　△ABC の重心を G，△DEF の重心を G′ とする。

(1)の結果より，EP は △DEF の中線であるから，G と G′ は △ABC の中線 AE 上にある。

四角形 ADEF は平行四辺形であるから，

△DEF と △FAD において，3組の辺がそれぞれ等しいから

$$△DEF≡△FAD$$

△FAD の重心を G″ とすると

$$AG″：G″P$$
$$=2：1$$

であるから

$$G″P=\frac{1}{3}AP$$

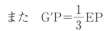

また $G′P=\frac{1}{3}EP$

AP=EP であるから $G″P=G′P$

ゆえに $G″G′=\frac{2}{3}AP=\frac{2}{3}EP$

よって，AG″=G″G′=G′E となり，G′ は中線 AE を 2：1 の比に内分する。

したがって，G と G′ は一致する。

問題6 (1) △APQ=△PQR=△QRS=S とすると

$$AQ：QS=△ARQ：△QRS$$
$$=(S+S)：S$$
$$\boldsymbol{=2：1}$$

(2) (1)と同様に考えると

$$AS：AB=△ACS：△ACB=4：5$$

である。

よって，AB=15 cm のとき

$$AS=15×\frac{4}{5}=12\,(cm)$$

(1)の結果により，AQ：QS=2：1 であるから

$$AQ=12×\frac{2}{2+1}=\boldsymbol{8\,(cm)}$$

問題7 △ABC にチェバの定理を用いると

$$\frac{BF}{FC}×\frac{CE}{EA}×\frac{AD}{DB}=1 \quad ……①$$

また，DE∥BC であるから

$$AD：DB=AE：EC$$

すなわち $\frac{AD}{DB}=\frac{AE}{EC}$

これを①に代入すると

$$\frac{BF}{FC}×\frac{CE}{EA}×\frac{AE}{EC}=1$$
$$\frac{BF}{FC}=1$$

よって $BF=FC$

したがって，F は辺 BC の中点である。

第3章　円

確認問題（テキスト103ページ）

問題1　(1) 四角形 ABCD は円に内接しているから

$$\angle ABC + \angle ADC = 180°$$

よって　　$\angle ABC = 180° - 110° = 70°$

したがって　$\angle x = 70° - 38° = \mathbf{32°}$

△OBC は OB＝OC の二等辺三角形であるから

$$\angle BOC = 180° - 32° × 2 = 116°$$

円周角の定理により

$$\angle y = \frac{1}{2}\angle BOC = \frac{1}{2} × 116° = \mathbf{58°}$$

(2) △CDE において，内角と外角の性質から

$$\angle AEC = 40° + 30° = 70°$$

接線と弦のつくる角の定理により

$$\angle BAC = \angle AEC = 70°$$

$$\angle BCA = \angle AEC = 70°$$

よって，△ABC の内角について

$$\angle x = 180° - 70° × 2 = \mathbf{40°}$$

問題2　△BCD の内角について

$$\angle BCD = 180° - (30° + 50°)$$
$$= 100°$$

よって　　$\angle BAD + \angle BCD = 80° + 100°$
$$= 180°$$

したがって，対角の和が 180° であるから，四角形 ABCD は円に内接する。

円周角の定理により

$$\angle x = \angle CBD = \mathbf{30°}$$

問題3　(1) BP＝6－2＝4

円の外部の1点から引いた2本の接線について，2つの接線の長さは等しいから

$$BQ = BP = 4$$

AR＝AP＝2 より，CR＝7－2＝5であるから　　CQ＝CR＝5

このとき　　$x = BQ + CQ = 4 + 5 = \mathbf{9}$

(2) 方べきの定理により

$$PA × PB = PC × PD$$

$$4 × (4 + 5) = 3 × (3 + x)$$

よって　　　　$x = \mathbf{9}$

さらに，方べきの定理により

$$PA × PB = PE^2$$

$$4 × (4 + 5) = y^2$$

$y > 0$ であるから　　$y = \mathbf{6}$

問題4　点 E を通る共通接線 FG を引く。

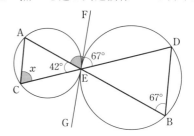

接線と弦のつくる角の定理により

$$\angle DEF = \angle DBE = 67°$$

よって　　$\angle AEF = 180° - (42° + 67°) = 71°$

さらに，接線と弦のつくる角の定理により

$$\angle x = \angle AEF = \mathbf{71°}$$

演習問題 A（テキスト104ページ）

問題1　B と C を結ぶ。

AB∥CD であるから

$$\angle ABC = \angle BCD$$

よって，$\overset{\frown}{AC}$ に対する円周角と $\overset{\frown}{BD}$ に対する円周角は等しい。

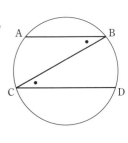

等しい円周角に対する弧の長さは等しいから

$$\overset{\frown}{AC} = \overset{\frown}{BD}$$

問題2　A と D を結ぶ。四角形 ABCD は円に内接しているから

$$\angle C + \angle BAD$$
$$= 180°$$

四角形 ADEF も円に内接しているから

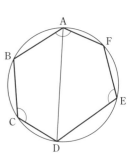

160

∠E＋∠FAD＝180°

このとき

∠A＋∠C＋∠E

＝（∠BAD＋∠FAD）＋∠C＋∠E

＝（∠C＋∠BAD）＋（∠E＋∠FAD）

＝180°＋180°

＝**360°**

問題3 △ABC
の内接円と辺
BC，CA，AB
との接点をそ
れぞれD，E，
Fとする。

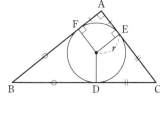

AE＝AF＝r，BD＝BF，CD＝CE
であるから

AB＋AC－BC

＝（r＋BF）＋（r＋CE）－（BD＋CD）

＝2r＋（BF－BD）＋（CE－CD）

＝**2r**

問題4 接線
と弦のつく
る角の定理
により

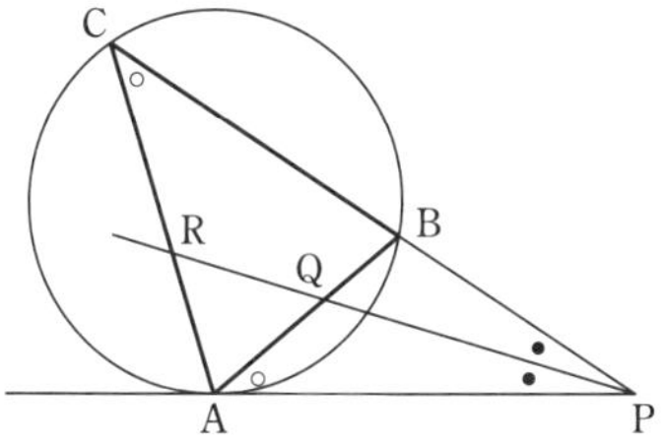

∠BAP

＝∠BCA
仮定から

∠APQ＝∠CPR
△APQ において，内角と外角の性質から

∠AQR＝∠BAP＋∠APQ
△CPR において，内角と外角の性質から

∠ARQ＝∠BCA＋∠CPR
よって　∠AQR＝∠ARQ
したがって，△AQR は ∠AQR＝∠ARQ の
二等辺三角形で，AQ＝AR である。

演習問題B（テキスト 105 ページ）

問題5　円の中心
をOとする。 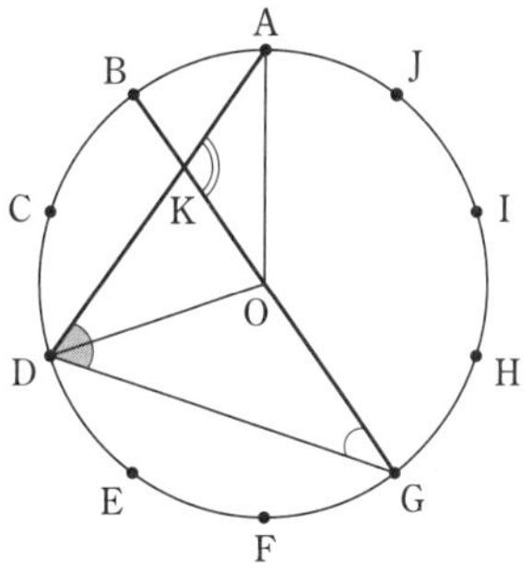
円周角の定理に
より

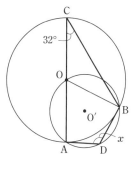

∠ADG

＝$\dfrac{1}{2}$∠AOG

＝$\dfrac{1}{2}$×360°×$\dfrac{4}{10}$

＝72°

∠BGD＝$\dfrac{1}{2}$∠BOD＝$\dfrac{1}{2}$×360°×$\dfrac{2}{10}$

＝36°

よって，△DGK において，内角と外角の性
質から

∠AKG＝72°＋36°＝**108°**

問題6　円 O の半
径 OB を引く。
∠AOB は，円 O
の $\overset{\frown}{AB}$ に対する
中心角であるか
ら，円周角の定
理により

∠AOB＝2∠ACB

＝2×32°

＝64°

∠x の頂点を D とすると，四角形 OADB は
円 O′ に内接しているから

∠AOB＋∠ADB＝180°

64°＋∠x＝180°

よって　　　**∠x＝116°**

問題7　B と T を結び，∠ATC＝a とする。
接線と弦のつ
くる角の定理
により

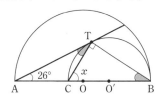

∠TBC＝a
また，円O′に

おいて，CB は直径であるから，円周角の定理により　∠CTB＝90°

したがって，△TAB において

$$26°+(a+90°)+a=180°$$
$$a=32°$$

よって，△TAC において，内角と外角の性質から

$$∠x=26°+32°=\mathbf{58°}$$

問題8　半直線 AI_1 は，△ABC の ∠A の二等分線であり，半直線 AI_2 は，△ABC の ∠A の外角の二等分線である。

内角と外角の和は 180° であるから

$$∠I_1AC+∠I_2AC=\frac{1}{2}×180°=90°$$

$$\cdots\cdots ①$$

同様に，$∠I_1AB+∠I_3AB=90°$ もわかる。

よって，3 点 I_2，A，I_3 は一直線上にある。

ゆえに，①より　　　$I_1A⊥I_2I_3$　……②

同様に　　　　　　　$I_2B⊥I_3I_1$　……③

　　　　　　　　　　$I_3C⊥I_1I_2$　……④

したがって，②，③，④より，I は $△I_1I_2I_3$ の垂心である。

第4章　三平方の定理

確認問題（テキスト 137 ページ）

問題1　下の図のように正方形，直角三角形に
　　　名前をつける。

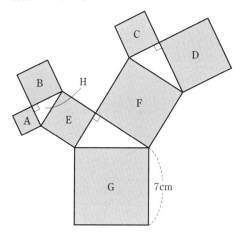

正方形 A，B，E の 1 辺の長さを，それぞれ
a cm，b cm，e cm とすると

　　正方形 A の面積は　　a^2 cm^2

　　正方形 B の面積は　　b^2 cm^2

　　正方形 E の面積は　　e^2 cm^2

また，直角三角形 H において，三平方の定
理により　　　　$a^2+b^2=e^2$

よって，正方形 A と B の面積の和は，
　　　　正方形 E の面積に等しい。

同様に，正方形 C と D の面積の和は，
　　　　正方形 F の面積に等しい。

さらに，正方形 E と F の面積の和は，
　　　　正方形 G の面積に等しい。

したがって，求める正方形の面積の和は，正
方形 G の面積に等しく

$$7\times7=\textbf{49}\ (\textbf{cm}^2)$$

問題2　(1)　△ABC は AB＝AC の二等辺三
　　　角形であるから，
$$\angle ABC＝\angle ACB$$
　　　である。
　　　よって　　$\angle BAC＝180°-75°\times2$
$$＝30°$$

点 B から辺 AC
に引いた垂線の足
を H とすると，
△ABH は　30°，
60°，90° の直角三
角形であるから

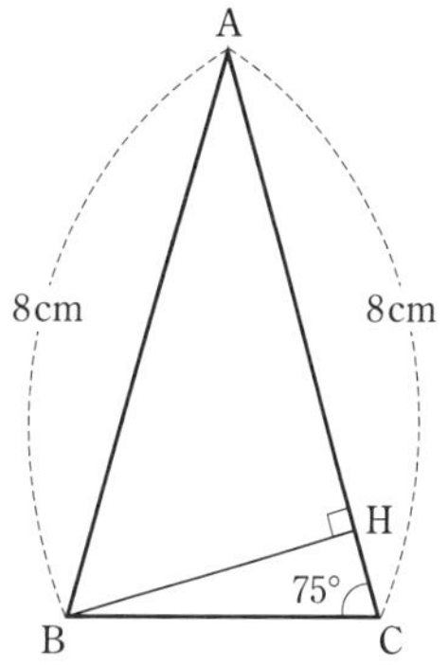

$$BH＝AB\times\frac{1}{2}$$
$$＝4\ (cm)$$

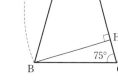

したがって，求める面積は

$$\frac{1}{2}\times8\times4＝\textbf{16}\ (\textbf{cm}^2)$$

(2)　2 つの三角
　　形に分けて考
　　える。直角三
　　角形 DEF に
　　おいて，三平
　　方の定理により

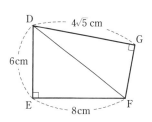

$$DF^2＝8^2+6^2＝100$$

DF＞0 であるから　　DF＝10 cm

直角三角形 DFG において，三平方の定理
により

$$GF^2＝10^2-(4\sqrt{5})^2＝20$$

GF＞0 であるから　　GF＝$2\sqrt{5}$ cm

よって，四角形 DEFG の面積は

$$△DEF＋△DFG$$
$$＝\frac{1}{2}\times8\times6+\frac{1}{2}\times2\sqrt{5}\times4\sqrt{5}$$
$$＝\textbf{44}\ (\textbf{cm}^2)$$

問題3　2 つの円
　　の中心をそれぞ
　　れ O，O′ とす
　　ると

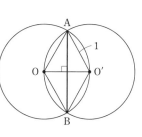

$$OO′\perp AB$$
△AOO′，
△BOO′ は 1 辺の長さが 1 の正三角形である

から，その高さは　　$1\times\dfrac{\sqrt{3}}{2}＝\dfrac{\sqrt{3}}{2}$

よって　　AB＝$2\times\dfrac{\sqrt{3}}{2}＝\sqrt{3}$

問題4 三平方の定理により

$$AB^2=\{(-1)-0\}^2$$
$$+\{(-1)-2\}^2=10$$

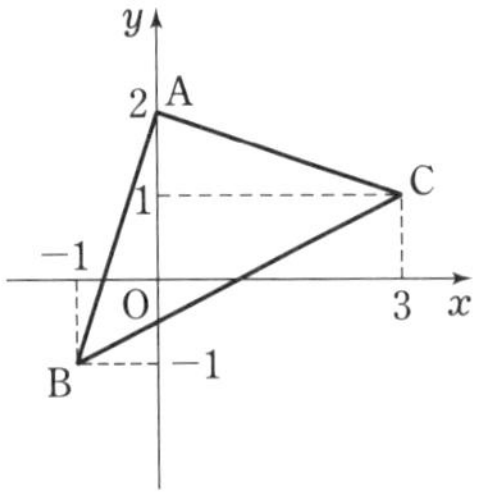

AB>0 であるから

AB=$\sqrt{10}$

$$BC^2=\{3-(-1)\}^2$$
$$+\{1-(-1)\}^2=20$$

BC>0 であるから　　BC=$2\sqrt{5}$

$$AC^2=(3-0)^2+(1-2)^2=10$$

AC>0 であるから　　AC=$\sqrt{10}$

よって　　AB=AC

また，$BC^2=AB^2+AC^2$ であるから，三平方の定理の逆により，△ABC は ∠A=90° の直角三角形である。

したがって，△ABC は

∠A=90°，AB=AC の直角二等辺三角形

である。

問題5 円錐は，母線の長さが 4 cm であり，右の図のように点を定める。

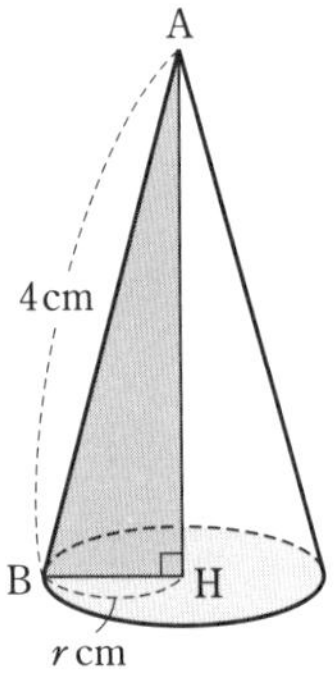

展開図における扇形の弧の長さは

$$2\pi\times4\times\frac{90}{360}$$
$$=2\pi\,(cm)$$

この円錐の底面の円の半径を r cm とすると，底面の周の長さについて

$$2\pi r=2\pi$$
$$r=1$$

直角三角形 ABH において，三平方の定理により

$$AH^2=4^2-1^2=15$$

AH>0 であるから　　AH=$\sqrt{15}$ cm

よって，求める体積は

$$\frac{1}{3}\times\pi\times1^2\times\sqrt{15}=\frac{\sqrt{15}}{3}\pi\,(cm^3)$$

演習問題 A （テキスト 138 ページ）

問題1　△ABC において，三平方の定理により　　$AB^2=a^2+b^2$

AB>0 であるから　　AB=$\sqrt{a^2+b^2}$

よって，斜線部分の面積は

$$\pi\times\left(\frac{b}{2}\right)^2\times\frac{1}{2}+\pi\times\left(\frac{a}{2}\right)^2\times\frac{1}{2}$$
$$+\frac{1}{2}\times a\times b-\pi\times\left(\frac{\sqrt{a^2+b^2}}{2}\right)^2\times\frac{1}{2}$$

$$=\frac{\pi}{8}b^2+\frac{\pi}{8}a^2+\frac{ab}{2}-\frac{\pi}{8}(a^2+b^2)$$

$$=\frac{ab}{2}$$

問題2　AX=x cm とおくと

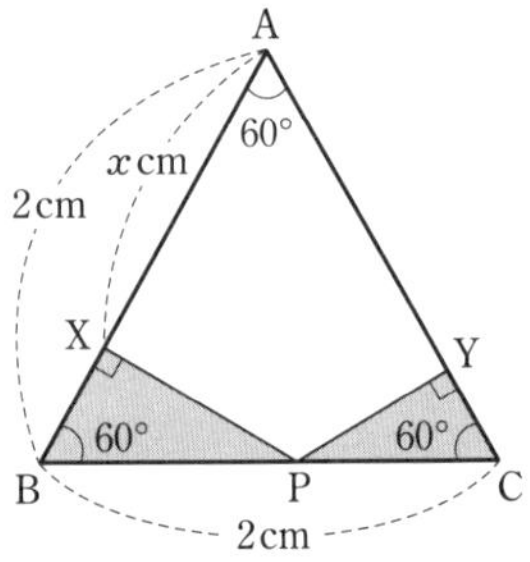

BX=$(2-x)$ cm

△BPX は 30°，60°，90° の角をもつ直角三角形であるから

BP=2BX=$4-2x$ (cm)

よって　　CP=$2-(4-2x)=2x-2$ (cm)

△PCY も 30°，60°，90° の角をもつ直角三角形であるから　　CY=CP×$\frac{1}{2}$=$x-1$ (cm)

したがって，求める長さは

$$x+(4-2x)+(x-1)=3\,(cm)$$

別解　△BPX，△PCY はいずれも 30°，60°，90° の角をもつ直角三角形であるから

$$BP=2BX,\ CY=\frac{1}{2}CP$$

よって　　AX+BP+CY

$$=AX+2BX+\frac{1}{2}CP$$

$$=AX+BX+BX+\frac{1}{2}CP$$

$$=AX+BX+\frac{1}{2}BP+\frac{1}{2}CP$$

$$=(AX+XB)+\frac{1}{2}(BP+PC)$$

$$=AB+\frac{1}{2}BC$$

$$=2+\frac{1}{2}\times2=3\ (\text{cm})$$

問題 3　2 点 A，B は，$y=x^2$ のグラフ上にあるから，$x=-1$，$x=2$ を $y=x^2$ にそれぞれ代入して

$$y=(-1)^2=1,\ y=2^2=4$$

よって，2 点 A，B の座標は

A$(-1,\ 1)$

B$(2,\ 4)$

右の図のように，直角三角形 ABC をつくると

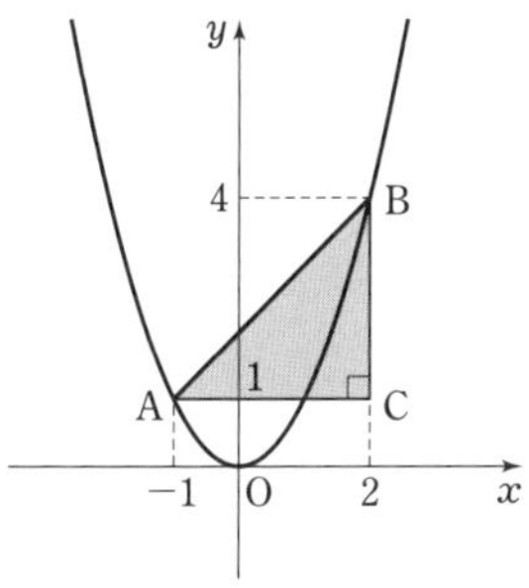

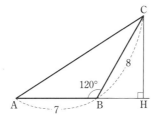

$$AC=2-(-1)=3,\ BC=4-1=3$$

三平方の定理により

$$AB^2=3^2+3^2=18$$

AB>0 であるから　　AB$=3\sqrt{2}$

よって，2 点 A，B 間の距離は　　**$3\sqrt{2}$**

問題 4　$\triangle$ABC において，点 C から直線 AB に引いた垂線の足を H とする。

$\triangle$CBH は $30°$，$60°$，$90°$ の角をもつ直角三角形であるから

$$BH=BC\times\frac{1}{2}=4$$

$$CH=BC\times\frac{\sqrt{3}}{2}=4\sqrt{3}$$

直角三角形 CAH において，三平方の定理により

$$AC^2=(7+4)^2+(4\sqrt{3})^2=169$$

AC>0 であるから　　AC$=13$

AD$=x$ とおくと

直角三角形 ABD において，三平方の定理により

$$BD^2=x^2+7^2$$

直角三角形 BCF において，三平方の定理により

$$BF^2=x^2+8^2$$

ここで，DF$=$AC$=13$ であるから，直角三角形 DBF において，三平方の定理により

$$(x^2+7^2)+(x^2+8^2)=13^2$$
$$x^2=28$$

$x>0$ であるから　　　$x=2\sqrt{7}$

$$\triangle ABC=\frac{1}{2}\times7\times4\sqrt{3}=14\sqrt{3}$$

であるから，求める体積は

$$14\sqrt{3}\times2\sqrt{7}=28\sqrt{21}$$

演習問題 B（テキスト 139 ページ）

問題 5　［長さが $\sqrt{2}$ の線分の作図］

①　点 B を中心とする円をかき，直線 AB との交点をそれぞれ P，Q とする。

②　2 点 P，Q をそれぞれ中心として，等しい半径の円をかく。その交点の 1 つを R とし，直線 BR を引く。

③　直線 BR 上に，CB$=1$ となるように点 C をとる。

このとき，AC が長さが $\sqrt{2}$ の線分となる。

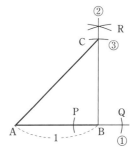

［考察］　CB$\perp$AB であるから，$\triangle$CAB は $\angle$B$=90°$ の直角三角形となる。

三平方の定理により

$$AC^2=AB^2+CB^2=1^2+1^2=2$$

AC>0 であるから　　AC$=\sqrt{2}$

［長さが $\sqrt{3}$ の線分の作図］

①　点 A を中心として，半径 AC の円と直線 AB との交点を D とする。

②　点 D を通り，直線 AB に垂直な直線上

に，ED＝1 となるように点 E をとる。

このとき，AE が長さが $\sqrt{3}$ の線分となる。

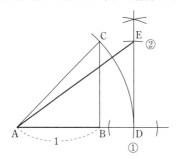

[考察]　直角三角形 EAD において
$$AE^2＝AD^2＋ED^2＝(\sqrt{2})^2＋1^2＝3$$
AE＞0 であるから　　　$AE＝\sqrt{3}$

問題6 (1)　円 B の半径を r とする。点 B から x 軸に引いた垂線の足を H とすると，四角形 OHBC は長方形である。

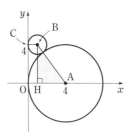

よって　BH＝4，AH＝4－r

また　　AB＝r＋4

したがって，直角三角形 ABH において，三平方の定理により
$$AB^2＝BH^2＋AH^2$$
$$(r＋4)^2＝4^2＋(4－r)^2$$
$$16r＝16$$
$$r＝1$$

よって，円 B の半径は　　**1**

(2)　四角形 OABC は台形で
$$CB＝1,\ OA＝4,\ OC＝4$$
であるから，求める面積は
$$\frac{1}{2}×(CB＋OA)×OC＝\frac{1}{2}×(1＋4)×4$$
$$＝\textbf{10}$$

問題7　できた立体は，下の図のようになる。

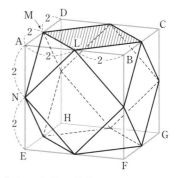

(1)　求める立体の体積は
　　（立方体 ABCD-EFGH の体積）
　　　－（三角錐 N-AML の体積）×8
$$＝4^3－\left\{\frac{1}{3}×\left(\frac{1}{2}×2^2\right)×2\right\}×8$$
$$＝64－\frac{32}{3}$$
$$＝\frac{\textbf{160}}{\textbf{3}}$$

(2)　できた立体は，図の斜線部分のような正方形の面が 6 面と，△MNL と合同な正三角形の面が 8 面からなる。

$MN＝AM×\sqrt{2}＝2\sqrt{2}$ より，正三角形 MNL の 1 辺の長さは $2\sqrt{2}$ であるから，その高さは
$$\frac{\sqrt{3}}{2}×2\sqrt{2}＝\sqrt{6}$$

また，正方形の 1 辺の長さは $2\sqrt{2}$ であるから，求める表面積は
$$(2\sqrt{2})^2×6＋\frac{1}{2}×2\sqrt{2}×\sqrt{6}×8$$
$$＝\textbf{48}＋\textbf{16}\sqrt{\textbf{3}}$$

確かめの問題の解答

第 1 章　図形と相似

(本書 26 ページ)

問題 1　B と D を結ぶ。△ABD と △CDB において，中点連結定理により

$$EH /\!\!/ BD, \quad EH = \frac{1}{2}BD$$

$$FG /\!\!/ BD, \quad FG = \frac{1}{2}BD$$

よって　　$EH /\!\!/ FG, \quad EH = FG$

したがって，1 組の対辺が平行でその長さが等しいから，四角形 EFGH は平行四辺形である。

(1)　　$EH = \frac{1}{2}BD, \quad FG = \frac{1}{2}BD$

　　　　$EF = \frac{1}{2}AC, \quad HG = \frac{1}{2}AC$

　　$AC = BD$ であるとすると

　　　　$EH = FG = EF = HG$

　　よって，四角形 EFGH は 4 辺の長さが等しいから，**ひし形**である。

(2)　　$EH /\!\!/ BD, \quad FG /\!\!/ BD$

　　　　$EF /\!\!/ AC, \quad HG /\!\!/ AC$

　　$AC \perp BD$ であるとすると

　　　　$\angle HEF = \angle EFG = \angle FGH = \angle GHE$

　　　　　　$= 90°$

　　よって，四角形 EFGH は 4 つの角の大きさが 90° で等しいから，**長方形**である。

(本書 30 ページ)

問題 1　$AB /\!\!/ CE$ であるから

　　　　　　$\triangle ABF \backsim \triangle CEF$

$CE : ED = 2 : 3$ であるから

　　　　　　$CD : CE = 5 : 2$

$AB = CD$ であるから

　　　　　　$AB : CE = 5 : 2$

したがって，△ABF と △CEF の相似比は $5 : 2$ であるから，面積比は

　　　　$\triangle ABF : \triangle CEF = 5^2 : 2^2 = \mathbf{25 : 4}$

(本書 40 ページ)

問題 1　(1)　$AE /\!\!/ BC$ であるから

　　　　　　$AF : FC = AE : BC$

$AE : ED = 2 : 3$ であるから

　　　　　　$AE : AD = 2 : (2+3) = 2 : 5$

$AD = BC$ であるから

　　　　　　$AE : BC = 2 : 5$

したがって　　$AF : FC = \mathbf{2 : 5}$

(2)　$FG /\!\!/ BC$ であるから

　　　　　　$FH : HC = FG : BC$

$AF : FC = 2 : 5$ であるから

　　　　　　$FC : AC = 5 : (2+5) = 5 : 7$

$AD /\!\!/ FG$ であるから

　　　　　　$FG : AD = FC : AC$

　　　　　　　　$= 5 : 7$

$AD = BC$ であるから

　　　　　　$FG : BC = 5 : 7$

したがって　　$FH : HC = \mathbf{5 : 7}$

第 2 章　線分の比と計量

(本書 48 ページ)

問題 1　(1)　△ABC において，点 D，E はそれぞれ辺 BC，CA の中点であるから，F は △ABC の重心である。

　　よって　　$BF : FE = 2 : 1$

　　　　　　$BF : BE = 2 : (2+1) = 2 : 3$

　　$BE = 15$ cm であるから

　　　　　　$BF : 15 = 2 : 3$

　　したがって　$BF = \mathbf{10}$ **cm**

(2)　△AFC において，点 G，E はそれぞれ辺 AF，CA の中点であるから，H は △AFC の重心である。

　　よって　　$FH : HE = 2 : 1$

　　　　　　$FE : HE = (2+1) : 1 = 3 : 1$

　　$FE = 15 - 10 = 5$ (cm) であるから

　　　　　　$5 : EH = 3 : 1$

　　したがって　　$EH = \dfrac{5}{3}$ **cm**

167

（本書 60 ページ）

問題1 （1） 仮定から $\dfrac{CE}{EA}=\dfrac{2}{3}$, $\dfrac{AD}{DB}=\dfrac{1}{1}$

△ABC にチェバの定理を用いると

$$\frac{BF}{FC}\times\frac{2}{3}\times\frac{1}{1}=1$$

$$\frac{BF}{FC}=\frac{3}{2}$$

よって　　BF：FC＝**3：2**

（2） （1）の結果から　$\dfrac{BC}{CF}=\dfrac{3+2}{2}=\dfrac{5}{2}$

また，仮定から　$\dfrac{AD}{DB}=\dfrac{1}{1}$

△ABF と直線 CD に，メネラウスの定理を用いると

$$\frac{5}{2}\times\frac{FO}{OA}\times\frac{1}{1}=1$$

$$\frac{FO}{OA}=\frac{2}{5}$$

よって　　AO：OF＝**5：2**

別解 （2） E と F を結ぶ。（1）の結果より

CF：FB

＝CE：EA

であるから

EF∥AB

よって

EF：AB

＝CF：CB＝2：（2＋3）＝2：5

したがって　　AO：OF＝AB：EF

$$＝\mathbf{5：2}$$

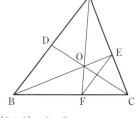

第3章　円

（本書 77 ページ）

問題1　2 点 D, E は直線 BC について同じ側にあり

$$\angle BEC=\angle BDC=90^\circ$$

よって，円周角の定理の逆により，4 点 B, C, D, E は 1 つの円周上にある。

次に，∠AEF＝90° であるから，点 E は線分 AF を直径とする円周上にある。

また，∠ADF＝90° であるから，点 D は

線分 AF を直径とする円周上にある。

これらの円は直径が同じであるから，4 点 A, E, F, D は 1 つの円周上にある。

（なお，テキスト 81 ページを学習した後なら，次のようにしてもよい。

∠AEF＋∠ADF＝180° であるから，四角形 AEFD は円に内接する。

よって，4 点 A, E, F, D は 1 つの円周上にある。）

したがって，1 つの円周上にある 4 点は

　　B, C, D, E と A, E, F, D

（本書 84 ページ）

問題1　まず，点 O を中心として，半径 3 cm の円をかく。次に，点 O から 7 cm の位置に点 P をとり，次の手順で作図する。

①　2 点 O, P をそれぞれ中心として，等しい半径の円をかき，その交点を通る直線を引く。

②　①でかいた直線と OP との交点を M とする。M を中心として，線分 PM を半径とする円をかく。

③　②の円と円 O の交点をそれぞれ A, B として，直線 PA, PB を引く。

この直線 PA, PB が円 O の接線である。

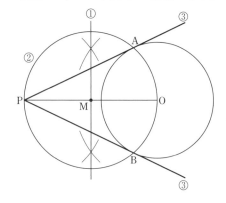

問題1 △ABCの重心と外心をGとし，直線AGと辺BCの交点をMとする。

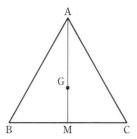

△ABMと△ACMにおいて

共通な辺であるから

$$AM=AM \qquad \cdots\cdots ①$$

Gは重心であるから，AMは中線である。

よって　$BM=CM$ 　$\cdots\cdots ②$

Gは外心であるから，GM⊥BCである。

よって　$∠AMB=∠AMC=90°$ $\cdots\cdots ③$

①，②，③より，2組の辺とその間の角がそれぞれ等しいから

$$△ABM≡△ACM$$

よって　$AB=AC$

同様にして，BC=BAであることが示され，△ABCの3辺が等しいことがわかる。したがって，重心と外心が一致する三角形は正三角形である。

（本書103ページ）

問題1　Oから直線に下ろした垂線の足をHとする。外側の円について

$$AH=BH$$

内側の円について

$$CH=DH$$

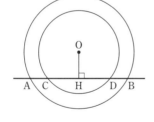

よって　$AH-CH=BH-DH$

すなわち　$AC=BD$

問題2　(1)　円周角の定理により

$$∠BOC=2∠BAC$$
$$=61°×2=122°$$

$∠OBC=∠OCB$ であるから

$$∠x=(180°-122°)÷2=29°$$

(2)　ACは円の直径であるから，円周角の定理により

$$∠ADC=90°$$

よって　$∠BDC=90°-38°=52°$

したがって　$∠x=∠BDC=52°$

実力を試す問題の解答

第1章　図形と相似

（本書 41 ページ）

問題1 (1) 面 BFGC と面 AEHD は平行であるから

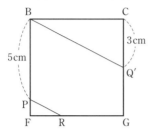

$$AQ /\!/ PR$$

辺 CG 上に
CQ′=3 cm
となる点 Q′
をとると

$$AQ /\!/ BQ'$$

よって　　$PR /\!/ BQ'$

このとき，△PFR∽△Q′CB が成り立つから　　$PF : Q'C = FR : CB$

$$1 : 3 = FR : 6$$

よって　　　　　$FR = \textbf{2 cm}$

同じように，辺 CG 上に CP′=5 cm となる点 P′ をとると

$$\triangle DCP' \backsim \triangle SHQ$$

$$DC : SH = CP' : HQ$$

$$6 : SH = 5 : 3$$

よって　　　$SH = \dfrac{18}{5}\ \textbf{cm}$

(2)　2直線 AP，SR は直線 EF 上で交わり，2直線 AQ，RS は直線 EH 上で交わる。その交点を，それぞれ X，Y とする。

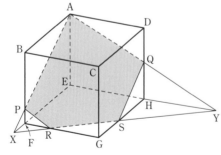

小さい方の立体は，三角錐 A-EXY から，2つの三角錐 P-FXR，Q-HSY を除いたものである。

AB∥XF であるから

$$AB : XF = BP : FP$$

$$6 : XF = 5 : 1$$

$$XF = \frac{6}{5}$$

また，AD∥HY であるから

$$AD : YH = DQ : HQ$$

$$6 : YH = 3 : 3$$

$$YH = 6$$

よって，三角錐 A-EXY の体積は

$$\frac{1}{3} \times \left\{ \frac{1}{2} \times \left(6 + \frac{6}{5}\right) \times (6+6) \right\} \times 6$$

$$= \frac{432}{5}\ (\text{cm}^3)$$

三角錐 P-FXR の体積は

$$\frac{1}{3} \times \left(\frac{1}{2} \times \frac{6}{5} \times 2 \right) \times 1 = \frac{2}{5}\ (\text{cm}^3)$$

三角錐 Q-HSY の体積は

$$\frac{1}{3} \times \left(\frac{1}{2} \times \frac{18}{5} \times 6 \right) \times 3 = \frac{54}{5}\ (\text{cm}^3)$$

したがって，求める体積は

$$\frac{432}{5} - \left(\frac{2}{5} + \frac{54}{5} \right) = \frac{376}{5}\ (\textbf{cm}^3)$$

第2章　線分の比と計量

（本書 60 ページ）

問題1　△ABP において，PR は ∠APB の二等分線であるから

$$PA : PB = AR : RB$$

すなわち

$$\frac{PA}{PB} = \frac{AR}{RB}$$

△ACP において，PQ は ∠APC の二等分線であるから

$$PA : PC = AQ : QC$$

すなわち　　$\dfrac{PA}{PC} = \dfrac{AQ}{QC}$

よって　　$\dfrac{AR}{RB} \times \dfrac{BP}{PC} \times \dfrac{CQ}{QA}$

$$= \frac{PA}{PB} \times \frac{BP}{PC} \times \frac{PC}{PA}$$

$$= 1$$

したがって，チェバの定理の逆により，3
直線 AP，BQ，CR は 1 点で交わる。

問題 2 直線 AG
と辺 BC の交
点を M とす
る。

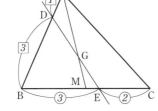

三角形の重心
は，各中線を
2：1 に内分するから
$$AG：GM＝2：1$$
また，$BM＝\dfrac{1}{2}BC$ であるから
$$ME＝BE－BM＝\dfrac{3}{3＋2}BC－\dfrac{1}{2}BC$$
$$＝\dfrac{1}{10}BC$$
よって　　$BE：EM＝\dfrac{3}{5}BC：\dfrac{1}{10}BC$
$$＝6：1$$
このとき，△ABM と直線 DE にメネラ
ウスの定理を用いると
$$\dfrac{BE}{EM}×\dfrac{MG}{GA}×\dfrac{AD}{DB}＝\dfrac{6}{1}×\dfrac{1}{2}×\dfrac{1}{3}$$
$$＝1$$
したがって，メネラウスの定理の逆により，
3 点 D，G，E は一直線上にある。

第 3 章　円

(本書 105 ページ)

問題 1　　　∠ADB＝∠AEB＝90°
であるから，4 点 A，B，D，E は 1 つの
円周上にある。
ゆえに，方べきの定理により
$$AH×HD＝BH×HE　……①$$
また　　∠BEC＝∠BFC＝90°
であるから，4 点 B，C，E，F は 1 つの
円周上にある。
よって，方べきの定理により
$$BH×HE＝CH×HF　……②$$
したがって，①，②から

$$AH×HD＝BH×HE＝CH×HF$$
すなわち AH×HD，BH×HE，CH×HF
の値は等しい。

問題 2　四角形 BDHF
において，
　∠BDH＝∠BFH
　　　＝90°
であるから，この
四角形は BH を
直径とする円に内接する。

よって，円周角の定理により
$$∠HDF＝∠HBF　……①$$
同様に，四角形 DCEH も円に内接するか
ら，円周角の定理により
$$∠HDE＝∠HCE　……②$$
また，直角三角形 ABE と ACF において，
∠A は共通であるから
$$∠EBA＝∠FCA$$
よって，①，②より　∠HDF＝∠HDE
同様に考えると
$$∠HED＝∠HEF，∠HFE＝∠HFD$$
したがって，H は，△DEF の各頂角の二
等分線の交点，すなわち △DEF の内心で
ある。

第 4 章　三平方の定理

(本書 125 ページ)

問題 1　BD を折り目として折り曲げているか
ら
$$∠FBD＝∠CBD$$
AD∥BC であるから，錯角は等しく
$$∠FDB＝∠CBD$$
よって　　∠FBD＝∠FDB
したがって，△FBD は FB＝FD の二等辺
三角形である。
FD＝x cm とおくと
$$FB＝x \text{ cm}，AF＝(6－x) \text{ cm}$$
△ABF において，三平方の定理により

$$(6-x)^2+4^2=x^2$$

これを解くと $x=\dfrac{13}{3}$

よって，求める面積は

$$\dfrac{1}{2}\times\dfrac{13}{3}\times4=\dfrac{26}{3}\ (\text{cm}^2)$$

（本書 139 ページ）

問題1 (1) 線分
AG と CE
の交点を I
とする。ま
た，線分 AG
と 面 CHF
の交点を J

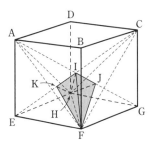

とし，線分 CE と面 AHF の交点を K
とする。

立体 P は，点 K，I，H，F，J を頂点と
する立体で，面の数は **6** である。

(2) 2つの三角錐 J-IHF と K-IHF は大
きさも形も同じであるから，立体 P の
体積は，三角錐 J-IHF の体積の 2 倍で
ある。

I から面 EFGH に下ろした垂線の足を
L とする。L は線分 EG，FH の交点で
ある。

また，J から面 IHF に下ろした垂線の
足を M とする。M は線分 IL 上にある。
このとき，△IHF を三角錐 J-IHF の底
面とすると，高さは線分 JM である。
面 AEGC について考える。

IL∥CG で
あるから
　IJ：JG
＝IL：CG
＝3：6
＝1：2

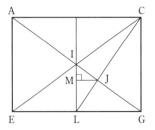

△GEF において
　EG＝EF×$\sqrt{2}$＝$6\sqrt{2}$ (cm)
L は線分 EG の中点であるから

GL＝$3\sqrt{2}$ cm
JM∥GL であるから
　JM：GL＝IJ：IG
　JM：$3\sqrt{2}$＝1：(1+2)＝1：3
　　　　JM＝$\sqrt{2}$ cm
FH＝$6\sqrt{2}$ cm，IL＝3 cm であるから
　　△IHF＝$\dfrac{1}{2}\times6\sqrt{2}\times3=9\sqrt{2}$ (cm^2)

したがって，求める体積は

$$2\times\left(\dfrac{1}{3}\times9\sqrt{2}\times\sqrt{2}\right)=\textbf{12}\ (\textbf{cm}^3)$$

総合問題

（本書 152 ページ）

問題1 (1) △BCD

は円 O に内接す

る正三角形である。

点 O から辺 CD

に垂線を引き，垂

線の足を E とする。

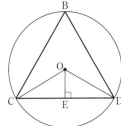

∠CBD＝60° であ

るから，円周角の定理により

$$∠COD＝60°×2＝120°$$

線分 OE は ∠COD の二等分線であるから

$$∠COE＝120°÷2＝60°$$

よって，△COE は，3 つの内角が 30°，

60°，90° の角をもつ直角三角形であるから

$$CE＝OC×\frac{\sqrt{3}}{2}＝1×\frac{\sqrt{3}}{2}＝\frac{\sqrt{3}}{2}$$

したがって　　$CD＝\dfrac{\sqrt{3}}{2}×2＝\sqrt{3}$

正四面体 ABCD の辺の長さはすべて等し

いから　　$AB＝\sqrt{3}$

(2) この球を 3 点

A，B，O を通る

平面で切ると，右

の図のような半円

の周上に点 P が

ある。

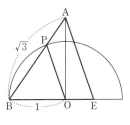

(1)の点 E について　　$OE＝\dfrac{1}{2}OC＝\dfrac{1}{2}$

点 E は辺 CD の中点であるから

$$AE＝BE$$

である。

また，O は，半円の中心，P，B は半円の

周上の点であるから

$$PO＝BO$$

である。

△ABE と △PBO はともに二等辺三角形

で，底角が等しいから

$$△ABE∽△PBO$$

よって，PO∥AE であるから

$$AP：PB＝EO：OB$$

$$＝\frac{1}{2}：1$$

$$＝1：2$$

したがって

$$AP＝\frac{1}{3}AB＝\frac{1}{3}×\sqrt{3}＝\frac{\sqrt{3}}{3}$$

初版

第 1 刷　2017 年 5 月 1 日　発行

新課程

第 1 刷　2021 年 4 月 1 日　　発行

ISBN978-4-410-14419-6

新課程

実力をつける，実力をのばす

体系数学 2　幾何編
パーフェクトガイド

編　者　数研出版編集部

発行者　星野　泰也

発行所　**数研出版株式会社**

　　　　〒101-0052　東京都千代田区神田小川町 2 丁目 3 番地 3
　　　　　　　　　　〔振替〕00140-4-118431

　　　　〒604-0861　京都市中京区烏丸通竹屋町上る大倉町205番地
　　　　〔電話〕代表 (075)231-0161

ホームページ　https://www.chart.co.jp

印刷　株式会社太洋社